U0260180

材料科学经典著作选译

Jinshu Gaowen Yanghua Daolun 第二版

金属高温氧化导论

Introduction to the High-Temperature Oxidation of Metals

Neil Birks, Gerald H. Meier, Frederick S. Pettit　著

辛丽　王文　译

吴维岌　审校

中国教育出版传媒集团

高等教育出版社·北京

图字：01－2008－2628 号

Introduction to the High-Temperature Oxidation of Metals, 2nd Edition, ISBN：9780521480420, by Neil Birks, Gerald H. Meier, Frederick S. Pettit, first published by Cambridge University Press 2006.
All rights reserved.
This simplified Chinese edition for the People's Republic of China is published by arrangement with the Press Syndicate of the University of Cambridge, Cambridge, United Kingdom.
© Cambridge University Press & Higher Education Press, 2010

This book is in copyright. No reproduction of any part may take place without the written permission of Cambridge University Press or Higher Education Press.
This edition is for sale in the mainland of China only, excluding Hong Kong SAR, Macao SAR and Taiwan, and may not be bought for export therefrom.

此版本仅限于在中华人民共和国境内（但不允许在香港、澳门和中国台湾）销售。不得出口。

图书在版编目（CIP）数据

金属高温氧化导论：第 2 版/（美）伯格斯（Birks, N.），（美）迈尔（Meier, G. H.），（美）佩蒂特（Pettit, F. S.）著；辛丽，王文译. —北京：高等教育出版社，2010.11（2024.9 重印）
（材料科学经典著作选译）
书名原文：Introduction to the High Temperature Oxidation of Metals
ISBN 978－7－04－030273－8

Ⅰ. ①金… Ⅱ. ①伯…②迈…③佩…④辛…⑤王… Ⅲ. ①金属材料－高温腐蚀②金属表面保护 Ⅳ. ①TG172.82

中国版本图书馆 CIP 数据核字（2010）第 173421 号

出版发行	高等教育出版社	网　　址	http://www.hep.edu.cn
社　　址	北京市西城区德外大街 4 号		http://www.hep.com.cn
邮政编码	100120	网上订购	http://www.hepmall.com.cn
印　　刷	固安县铭成印刷有限公司		http://www.hepmall.com
开　　本	787mm×1092mm 1/16		http://www.hepmall.cn
印　　张	19.75		
字　　数	360 千字	版　　次	2010 年 11 月第 1 版
购书热线	010－58581118	印　　次	2024 年 9 月第 3 次印刷
咨询电话	400－810－0598	定　　价	69.00 元

本书如有缺页、倒页、脱页等质量问题，请到所购图书销售部门联系调换。
版权所有　侵权必究
物 料 号　30273－A0

本书简明地论述了金属与合金高温氧化过程问题。在新版中，保留了原版的基础理论，增添了有关材料高温退化现象研究的最新进展。对复杂体系的氧化过程的讨论涉及复杂环境中的反应乃至防护技术，包括涂层和气氛控制。作者试图按知识的逻辑性并从专业的角度梳理整个论题，使得修订版更适合学习材料高温退化知识的学生，也是相关研究工作者了解这一重要过程的指南。

内尔·伯格斯(NEIL BIRKS)，匹兹堡(Pittsburgh)大学材料科学与工程系荣誉教授。

杰拉德·迈尔(GERALD H. MEIER)，匹兹堡大学材料科学与工程系威廉·怀特福德(William Kepler Whiteford)讲座教授。

弗雷德·佩蒂特(FREDERICK S. PETTIT)，匹兹堡大学材料科学与工程系哈利·塔克(Harry S. Tack)讲座教授。

内尔·伯格斯教授

此书献给作者之一内尔·伯格斯教授,他在编写第二版时去世了。内尔是一位才华横溢的科学家和教育家,在高温氧化、腐蚀、冲蚀和过程冶金学等很多领域造诣颇深。他也是我们的一个好朋友。

内尔发表的许多学术著作和他所培养的众多学生是他在科学和工程方面贡献的极好见证。我们期望这本书为他在学术方面的成就画上一个圆满的句号。

杰拉德·迈尔

弗雷德·佩蒂特

译 者 序

《金属高温氧化导论》第一版 1983 年出版，第二版 2006 年出版。第一版被译成中文发表后，在一段时间内，曾经是国内高温腐蚀领域唯一的一本中文参考书，在我们成为高温腐蚀领域的研究生的那段时间，还是我们学习的教材和主要的参考书籍。书中涉及的金属与合金高温氧化基础理论等指引我们走进这一学科，爱上这一学科，并成为在这一学科耕耘多年的科技工作者。每当我们在科研工作中遇到难题时，我们还会经常翻看这本书，它也总是能给我们一些新的启示。

新版《金属高温氧化导论》，在保留原版的基础理论的基础上，增添了有关材料高温退化现象研究的最新进展，对复杂体系的氧化过程的讨论涉及复杂环境中的反应乃至防护技术，包括涂层和气氛控制。随着材料性能的提高，材料服役的环境更加苛刻恶劣，因此增添上述部分内容非常必要。第二版涉猎的内容更加丰富，更加贴近实际，更加符合科学技术迅猛发展的趋势。这本书脉络清晰，深入浅出，适合本专业的学生以及相关科技工作者参考。

有幸受高等教育出版社的邀约，我们把该书的新版译成中文奉献给读者。本书的序，引言，第 1、2、3、4、8、10、11 章及附录由辛丽译，第 5、6、7、9 章由王文译。译文经吴维𡘾先生审定。在翻译过程中，译者所在的中国科学院金属研究所、金属腐蚀与防护国家重点实验室的诸多同事：王福会、朱圣龙、彭晓、牛焱、曾潮流等曾给予帮助并提出了有益的建议，在此表示衷心的感谢。

在本书的翻译过程中，我们对原书中的一些错误作了订正并采纳于译文中。

由于时间仓促和译者水平所限，译文仍难免有欠妥之处，盼读者不吝赐教。

译 者

2010 年 4 月 9 日于沈阳

目录

致 谢

作者衷心感谢以往和现在的学生们在学术上的贡献。J. M. Rakowski，M. J. Stiger，N. M. Yanar 和 M. C. Maris – Sida 博士协助准备了本书的图表，在此表示感谢。

J. L. Beuth 教授（Carnegie Mellon University），H. J. Grabke 教授（Max-Planck Institüt für Eisenforschung），R. A. Rapp 教授（Ohio State University）对部分手稿给予了有益的评论，在此表示衷心的谢意。

序

　　暴露在不论是高温和低温的气氛中，几乎所有的金属，尤其是那些工业上常用的金属，都是不稳定的。因而，大多数金属在使用时，或在室温因腐蚀或在高温因氧化而发生退化。腐蚀的程度相差很大，一些金属，例如铁，会迅速生锈并氧化，而另一些金属，例如镍和铬，腐蚀速率相对要慢许多。金属表面氧化膜的性质对材料在腐蚀性气氛中的行为起决定作用。

　　金属的高温氧化是一个值得深入研究和理论探讨的课题，也是非常吸引人的研究课题。其理论探讨涵盖了冶金学、化学和物理学的原理，具有不同学科背景的人都可涉足，也因此可以共同努力，取长补短。

　　起初，人们研究这个课题的主旨在于，如何能够有效防止暴露在高温氧化性气氛中的金属材料的退化。近年来，已经有大量涉及这类反应过程动力学和机制的数据公开发表。这些数据覆盖了众多的实验现象，例如通过氧化膜中的传质、氧化物和金属组元的挥发、氧化过程中应力的作用、含多氧化剂的复杂环境中氧化膜的生长、合金的组成、显微组织与氧化之间的重要关系等。这些信息的获得实际上当归因于多种物理和化学分析技术在本领域的应用。

　　本书旨在将金属高温氧化这一学科介绍给有需要的学生和专业工程技术人员，重点放在阐明与氧化有关的基本的或基础的过程。

　　围绕这一宗旨，本书并没有试图进行繁琐甚至广泛的文献综述，在我们看来，这只会增加实验事实方面的内容，而不会增进对学科的理解；只会增加这本书的页数和提高它的价格，而不会强化将这本书作为学科概述这一目标。本领域先前发表的书籍和综述文章中已经引用了大量相关文献，可供参考。同样，对研究手段的阐述也限于令读者能够理解所涉课题的研究是怎样进行，而不涉及繁琐的实验细节。至于后者，则可参考其他文献。

　　本书前五章介绍有关金属与合金的简单氧化过程的经典理论，后几章则把讨论扩展到复杂环境中的反应，即含多氧化剂的环境、热腐蚀过程涉及凝聚相的反应，以及冲蚀颗粒的加入引起的复杂反应过程等。最后，介绍了高温环境中应用的一些典型涂层以及制备过程中保护气氛的应用。

杰拉德·迈尔和弗雷德·佩蒂特

2005 年于匹兹堡

引 言

写本书的目的在于向读者介绍有关固体材料(通常指金属材料)与活性气体环境(氧通常是其组元之一)之间高温下反应过程的基本原理。这些原理用途繁多,包括那些需要利用氧化反应的场合,诸如在硅基半导体表面形成氧化硅绝缘层或在钢板坯的生产流程中借助快速表面氧化去除其表面缺陷等。然而,更多地是用在材料与气体环境之间有不良反应,人们想要尽可能地降低反应速率的场合。

术语"高温"需赋予定义。与水溶液腐蚀不同,本书所涉及的温度,是指某一系统的温度应足够高,若系统中有水的话,它只能以蒸汽而非液体的形式存在。须知,大多数金属和合金露置于 $100 \sim 500 ℃$ 的氧化性环境中会形成生长非常缓慢的薄的腐蚀产物,对后者的细致表征需要透射电镜。尽管本书中的一些理论可能适用于薄膜,"高温"则是指 $500 ℃$ 及以上的温度。

就设计高温服役的合金而论,这些合金必须不仅能耐氧的侵蚀,还要耐环境中的其他氧化剂的侵蚀。此外,实际的环境并非只是气相,合金表面还常有沉积灰分。因此,对于实际的情况而言,与其说是材料的抗氧化,不如说是抗高温腐蚀的问题更确切。

反应发生的速率取决于生成的反应产物的性质。碳等材料的反应产物是气态的(CO 和 CO_2),不能阻止反应的进一步发生。因此,设计在高温下使用的材料的防护是通过形成一层固态反应产物(通常为氧化物)将气氛与部件隔离开。由于进一步的反应速率受制于反应剂通过这层固态产物层的迁移速率,因此,耐高温材料是这样的材料,即它们生成的氧化物(通常为 $\alpha - Al_2O_3$ 或 SiO_2)具有最低的反应剂迁移速率,也就是说它们的氧化物具有最低的生长速率。而其他材料,如果它们的氧化速率'足够慢',而且具有较好的力学性能(强度、蠕变抗力),更易加工成器件(优良的可成形性和可焊性),或者比较便宜,经常会被用在温度较低的场合。

在某些情况下,可以适当地调整结构合金的组成,使其表面形成能够满足所需耐蚀性的阻挡层。但在实际应用过程中,由于合金物理性能的限制,很多情况下合金的成分不能按照这种需求进行调整,这时就要通过在结构合金表面施加涂层来实现必需的成分优化,在涂层表面形成所需的反应产物阻挡层。

普通工程合金按照使用温度粗略划分为以下等级:

- 低合金钢：表面形成 $M_3O_4(M=Fe,Cr)$ 表面层，用于约 500 ℃ 以下。
- 钛合金：表面形成 TiO_2 层，用于约 600 ℃ 以下。
- 铁素体不锈钢：表面形成 Cr_2O_3 层，用于约 650 ℃ 以下，这个温度极限的确定是基于材料的蠕变性能而不是氧化速率。
- 奥氏体 Fe – Ni – Cr 合金：表面形成 Cr_2O_3 层，具有比铁素体合金更高的蠕变强度，用于约 850 ℃ 以下。
- 奥氏体 Ni – Cr 合金：表面形成 Cr_2O_3 层，用于约 950 ℃ 以下，950 ℃ 是通过形成 Cr_2O_3 层来实现氧化防护的上限。
- 奥氏体 Ni – Cr – Al 合金、渗铝和 MCrAlY(M=Ni,Co,Fe) 涂层，表面形成 Al_2O_3 层，用于约 1 100 ℃ 以下。
- 1 100 ℃ 以上需使用陶瓷和难熔合金，后者发生灾难性氧化，必须施加抗氧化性能更好的涂层，通常是形成 SiO_2 的材料。

按照指定的需求进行"合金选择"必须考虑以上所有因素。虽然有时也会提及其他性能，本书的重点是氧化和腐蚀行为。

1

研究方法

研究高温氧化可采取多种方法。人们通常关注氧化过程动力学，同时也想了解氧化过程的本质即氧化机制。图 1.1 是金属或合金表面生成的氧化膜的截面示意图。机理性研究一般需要对反应产物的组成和形貌，以及金属或合金基材进行仔细检测。本章将介绍有关氧化动力学测量和反应产物形貌检测的通用技术。

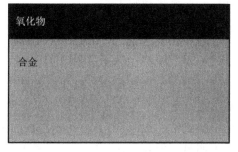

图 1.1　金属或合金表面生成的氧化膜的截面示意图

为厘清服役时材料的退化过程动力学和相应的显微组织特征，选用的实验条件很有讲究。实验条件应该与实际工况一致。但是实际工况一般难以精确地获知，即使有时可以完全知道实际工况，但要依照实际工况建立一种条件可控的实验也很难。而且真实的模拟实验通常是不切实际的，因为所设计材料的实际服役时限很长，要在实验室做一个如此长时间的实验并非切实可行。针对这个问题给出的解决方案就是进行加速模拟实验。

设计加速模拟实验需要了解材料显微组织和形貌变化方面的知识。所有的工程材料从制备开始到使用寿命终结的全过程，其显微组织都伴随着发生演化。加速模拟实验必须要选择适当的实验条件，使实验材料的显微组织发生的变化能代表实际工况的情形，而且要求在较短的时间内完成。因此设计加速模拟实验必须了解材料退化过程的相关知识。

反应动力学测量

在实验室研究中，实验方法通常很简单，样品放入炉中，控制在要求的温度，氧化适当的时间，然后取出，冷却，检测。

尽管过程很简单，但是反应开始的时间不好确定。经常会用下面几种方法开始实验：

（1）将样品直接置于加热到设定温度的含有反应气体的反应室中。

（2）将样品低温下置于含有反应气体的反应室中，再加热。

（3）先将样品低温下置于反应室中，将反应室抽真空或充入惰性气体，然后加热，至设定温度后再充入反应气体。

上述几种方法中，反应开始的时间均是不确定的，这是由于样品加热需要一定的时间，而且即使在惰性气体中或真空条件下，金属表面也不可避免地形成薄氧化膜，尤其对活泼金属更是如此，因此当通入反应气体使反应开始时，样品表面已经存在一层氧化物膜了。

为解决这一问题，人们尝试在氢气中加热样品，然后充入反应气体将反应室中的氢气赶出，但这同样需要一定的时间，因此反应开始的时间又不好确定了。

采用薄的样品可以缩短样品加热的时间，但要注意样品不要太薄，以免由于氧化初期甚低的氧化增重产生的反应热快速释放导致样品严重过热。

反应开始的不确定性一般只会对 10 min 左右的短期暴露结果有影响，对长时间氧化影响不明显。但是，在一些情况下例如合金中一种组元发生选择性氧化，其影响就要持续较长时间。因此实际设计样品和实验方案时要将这些因素考虑进去。

很多早期的研究只是简单地侧重于氧化速率的测量而不是氧化机制的探索。若金属的氧化反应按反应式(1.1)进行：

$$2M + O_2 \Longrightarrow 2MO \tag{1.1}$$

其表面氧化物的生长速率可采取几种方法测量，反应进行的程度可由下面几个量来描述。

（1）金属的消耗量；

（2）氧的消耗量；

（3）生成氧化物的量。

其中只有(2)可直接地连续地追踪测量。

金属的消耗量

可通过测量样品的失重量或剩余的金属厚度来确定。这两种情况都要将样品从炉中取出，使氧化过程中断。

氧的消耗量

可通过测量样品的氧化增重量或氧的消耗量来确定。这两种测量方法都可建立在连续自动记录的基础上。

生成氧化物的量

可通过测量生成的氧化物的质量或氧化层的厚度确定。当然，两者之中后者必须破坏样品，与方法(1)类似。

在上述方法中，只有测量样品的氧化增重和氧的消耗量的方法才有可能获得连续的实验数据，其他方法在测量前必须破坏样品。这样就有一个缺点，即为了获得一系列动力学数据，必须用数个样品。而对于能获得连续实验数据的方法，仅一个样品就可以给出一个完全的反应动力学的结果。

在表征氧化动力学时，可使用上述任一个量，并作为时间的函数进行测量，因为它们都能表明氧化进行的程度。现在，最常用的是测量暴露于氧化环境中的样品的质量变化。

实验发现氧化速率遵从几种规律，基本的有线性规律、抛物线规律和对数规律。

（1）线性规律：氧化反应速率与氧化时间无关，反应控制步骤为表面反应或气相扩散。

（2）抛物线规律：氧化反应速率与氧化时间的平方根的倒数成正比，反应控制步骤为氧化膜内扩散。

（3）对数规律：只在形成非常薄的氧化膜（2～4 nm）的情形下才能观察到，一般金属的低温氧化遵循这种规律。

某些条件下金属的氧化速率还可能呈混合型，例如，铌在 1 000 ℃ 空气中氧化时，开始时氧化速率遵循抛物线规律，后来转变为线性规律，即氧化速率长时间保持恒定。

反应速率的不连续测量法

这种情况下，先将样品称量、测量尺寸，然后置于高温氧化环境中保温一段时间，取出，冷却后再称量，或将氧化膜从样品表面剥除后再称量。氧化反应程度的表征可简单地通过测量样品的氧化增重，即氧化膜中氧的摄取量，或测量氧化膜剥除后样品的失重，即生成氧化膜消耗的金属量得到。再者，可通过测量样品尺寸的变化获得。如前面提到的，在这种测量方法中，由于一种样品只能给出一个数据点，因此存在以下缺点：（a）测出一条完整的反应动力学曲线需要很多样品；（b）由于实验中的变数使得从每种样品得到的数据之间的相关性较差；（c）无法观察各个实验数据点之间的反应进程。但另一方面，这种方法也有其明显的优势，即所需的仪器装置非常简单，而且可获得每个数据点的显微组织信息。

反应速率的连续测量法

主要分为两种类型：连续称量法和反应气的气体消耗量连续测量法。

连续称量法

最简单的连续称量法是使用弹簧天平。将样品悬挂在一个高灵敏度的弹簧上，当样品因氧化而增重时，弹簧就会伸长，其伸长量可用高差计测量出来。这是一个监测反应过程的半连续的方法，其测量装置示意图见图 1.2[1]。该装置的一个重要特色就是上部悬挂点的设计，在图 1.2 中显示为一个中空的、同时也可作为排气管的玻璃管，它可以旋动、升降，以便于样品准确定位和弹簧的对中；一个悬挂件刚性地固定在该玻璃管上，其底部做成锯齿形刃口，以便弹簧在悬挂时可水平移动调整，这是由于悬挂有弹簧的玻璃管和炉管之间的匹配不可能非常完美，为谨慎起见，弹簧丝的位置必须可调，从而保证样品放在合适的位置。若弹簧天平配以差动变压器，还可以借电信号测量并自动记录氧化增重。虽然这种简单的弹簧天平只能作为一种半定量的测量方法，但它的优点在于用单个样品可得到整个动力学曲线，它的缺点就是要平衡测量精度和灵敏度之间的矛盾。要提高精度，就需要用大的样品。而要提高灵敏度，就需要精细的弹簧，而精细的弹簧相对较易碎。很明显，使用一个精细弹簧来承载一个大的样品是不可能的，所以天平的精度只能在这两种矛盾的因素之间协调。

到目前为止，应用最广泛、最方便，但也是最昂贵的测量氧化反应动力学的设备就是自动连续记录天平了。很明显，操作者首先要确定期望用天平得到什么样的精度和灵敏度，一般简单的氧化实验选择一台承重量为 25 g、最大测量精度为 100 μg 的天平就比较合适。这不是一种特别灵敏的天平，然而让人

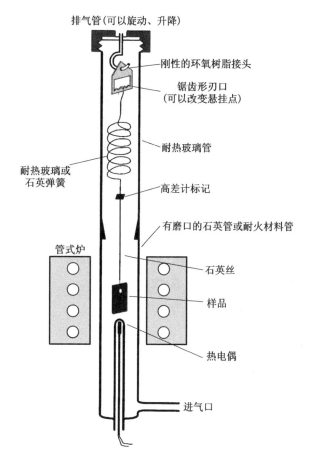

图 1.2 简单弹簧天平结构图(更先进的设计见文献 1)

奇怪的是很多研究者选用更复杂、昂贵的半－微天平做这种工作。实际上使用非常灵敏的天平和小样品以期达到高的准确度会带来很多问题。当气体成分和温度变化时，由于阿基米得浮力发生变化设备会产生测量误差，而且通过样品的气体流速变化时，动力学浮力发生变化，也导致设备产生测量误差。因此为避免这些问题出现，建议使用具有大平面面积的大样品和中等精度的天平。图 1.3 是笔者实验室使用的连续测量热天平的示意图。

自动记录天平为连续记录反应速率提供了可能性，用这种方法测量可获得用其他方法测量可能漏掉的许多细节，例如，氧化层发生少量剥落时就会立即被天平以失重的形式记录下来；当天平显示的氧化速率远低于按正常的氧化反应规律应有的氧化速率，则表示氧化膜从金属表面剥离；氧化增重速率的微小增加则表示氧化膜发生开裂，如图 1.4 所示。正确解释从自动记录热天平获得的数据需要技巧和耐心，但从各方面来讲都是值得的。

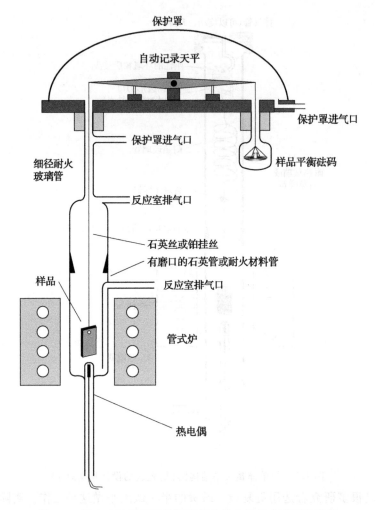

保护罩

自动记录天平

保护罩进气口

保护罩进气口

细径耐火
玻璃管

样品平衡砝码

反应室排气口

石英丝或铂挂丝

有磨口的石英管或耐火材料管

样品

反应室排气口

管式炉

热电偶

图 1.3　带自动记录天平的测量氧化动力学的典型实验装置

气体消耗量

　　基于气体消耗量的连续测量方法主要有两种。一是系统体积保持恒定，连续地或非连续地测量气体压力的降低，但是反应过程中氧化剂气压的明显变化肯定会导致氧化速率的变化。二是系统压力保持恒定，测量由于氧化气氛的消耗引起的体积变化，该变化过程可自动测量并记录。这种测量方法只适用于气氛为单一气体的情况，例如纯氧，在混合气氛的情况下，例如空气中，由于氮气不消耗，体积的缩小只代表氧气的消耗量，氧分压就会降低，氧化速率随之可能发生变化。这个问题在一定程度上能够通过充入比反应中消耗的气体量多得多的气体来解决，但是这样又面临试图测量大量气体的微小体积变化的困难。测量气体消耗量的另一难点在于其测量的灵敏度有赖于室温和大气压的变化。

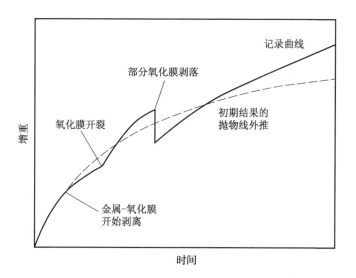

图 1.4　氧化反应增重随时间变化示意图，夸张地给出了
可能被连续测量方法揭示，却被不连续测量法漏掉的一些
特征——漏掉它们将导致对氧化过程的错误认识

预测寿命的加速试验

在某些情况下，测量样品的反应动力学不如测量设定实验条件下样品的使用寿命来得实用。循环氧化实验，通过测量质量变化随时间的变化并结合暴露后样品的观察，对确定合金样品不能再形成保护性氧化膜（例如氧化铝膜）的时间非常有效。

对于电加热器用合金，其使用寿命的测量（美国材料测试学会，ASTM，B76）可通过将一段合金丝在空气中电加热到指定温度，保温 2 min，接着冷却 2 min，重复该循环直到合金丝电阻率增加 10%，所用的时间就确定为该合金的使用寿命。

样品的检测方法

根据需求，氧化形貌可用多种方法进行观察，多数情况下推荐下面的流程，首先，用肉眼和双筒低倍显微镜观察样品，记录氧化膜表面是否平整、起皱、生成瘤状物或开裂，在中心或边缘位置是否有加速腐蚀现象。这个步骤相当重要，因为随后的观察一般仅限于局部区域特定位置的显微观察，所以需要知道其是否有代表性，样品表面不同区域是否有差异。再就是样品制备截面前需要用扫描电镜对其表面进行观察,如果发现某一区域有重要的特征,必须立刻拍照,否则会错失良机。另外,现代扫描电镜还可确定所观察到的指定形貌特征选区的化学成分,将在下面进行介绍。

观察氧化膜表面形貌后,一般还要对其进行 X 射线衍射分析,以确定其相组成,同时还可获得膜中的应力状态、织构等附加信息。

横截面样品的制备

在获知样品表面必要的形貌特征后,观测样品的横截面对了解氧化膜的厚度、显微组织以及膜下基材中发生的变化有很大帮助。

镶样

对样品横截面的金相观察前,需要对样品截面进行研磨抛光,在磨抛应力的作用下,氧化膜易从样品上剥离,要使样品氧化膜保持完整,就必须镶样。到目前为止,最好的镶样介质就是液态环氧树脂。镶样过程很简单,将小皿内表面涂上一层油脂,放好样品,倒入树脂,然后将其置入干燥器中抽真空,并在真空状态下保持几分钟,再充入空气。抽真空有助于除去因氧化膜开裂而产生的缝隙中的空气,充入空气恢复常压有助于将树脂引入该缝隙中。此种镶样方法需要几个小时的固化时间,最好是在温暖的地方放置一夜。诚然,为了保护那些脆而易碎的氧化膜是值得花费时间和精力的。还要强调的是保持好样品边角,必要时可在镶样之前用薄金属垫片包衬。

抛光

这一阶段重点在于注意抛光是针对氧化物而不是金属,按金相制备中普通的研磨抛光程序操作是不能展现出氧化物的所有形貌特性的。一般金属抛光是用砂纸逐级研磨,耗费在每一级砂纸上的时间取决于将上一级砂纸留下的磨痕磨去的时间,如果仅仅按这种规程操作的话,得到的氧化膜肯定是多孔的。这里重要的是要认识到由于氧化膜脆而易碎,氧化膜受到的磨损要深于金属表面的磨痕,因此在进入下一级砂纸之前,需要用更长的时间对样品进行研磨直至完全去除上一级砂纸造成的磨损的深度。换句话说,花费在每级砂纸上的时间要长于对金属抛光时所用的时间,如果按照这个规程进行操作,得到的氧化膜会是完好致密的,并且不会出现因抛光不当造成的孔洞。抛光后的样品可用传统的金相显微镜或扫描电子显微镜(SEM)进行观察。

刻蚀

最后,有必要对样品进行刻蚀,以了解氧化膜和金属基体的形貌特征细节。可按常规的金相制备规程进行,但要将样品在中性溶剂(酒精)中进行彻底的、长时间的冲洗,这是由于氧化膜中尤其是膜 - 金属界面的裂纹和孔洞中因毛细作用会残留一些刻蚀液,因此,为避免其过后渗出玷污样品,建议将样品在清洗液中进行充分的浸泡，然后在热空气中快速干燥。

专业分析技术简介

这里假设读者熟悉光学显微镜。除此之外，还有许多专门的技术用于观察分析氧化膜的各种形貌特征，这些技术主要通过电子、中子或离子的入射光束与样品的相互作用获得信息，这里将要描述这些技术的理论基础，应用举例将在随后章节中给出。

图 1.5 是入射电子束与固体样品之间一些重要的相互作用的示意图。入射电子束，如果具有足够的能量，将与固体原子中内层电子碰撞，当高能电子跃迁转变为基态时，会激发出固体中各种元素的特征 X 射线；一些电子则背向弹性散射，从样品表面逸出的背散射电子的数量随固体中平均原子质量的增加以及样品局部相对于入射束的倾角的增大而增加；二次电子是固体导带中的电子，由于吸收了入射电子和背散射电子的能量，发生非弹性散射逸出固体表面的结果；俄歇电子从固体中的激发过程与特征 X 射线的激发相似，当高能电子跃迁转变为基态时，能量的释放通过外层电子的激发而不是特征 X 射线的激发来实现。如果样品足够薄，一些电子会穿透样品，包括未经过碰撞的入射电子或经过非弹性散射过程损失了一定能量的入射电子组成的透射束，以及满足与固体中晶面成特定角度的衍射电子束。

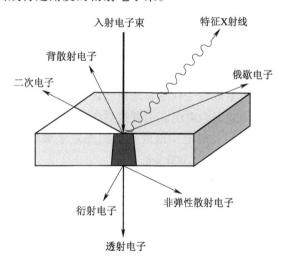

图 1.5 入射电子束与固体样品相互作用示意图

图 1.6 是固体样品和入射 X 射线之间一些重要的相互作用的示意图。当入射 X 射线束与固体中的晶面满足一定角度关系时 X 射线发生衍射，因此衍射 X 射线包含有晶体学的信息；光电子也会被激发出来，其具有的能量为入

射光子能量和被击出的某一能级上电子的结合能之差。

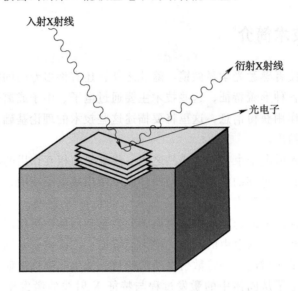

图 1.6　入射 X 射线束与固体样品相互作用示意图

　　下面是电子 – 光学和其他能应用在氧化膜形貌观察分析上的技术，及使用它们能获得的信息种类的简单介绍，读者如果想要对某种技术进行深入了解，可直接参考引用的书籍和综述。

扫描电子显微镜（SEM）

　　现在扫描电子显微镜广泛应用在氧化膜形貌的观察和分析上[2,3]。入射电子束在样品表面扫描，激发的二次电子和背散射电子被探测器接收，产生电信号调节电视监视器的亮度，由于监视器的扫描与电子束同步，而且产生的二次电子和背散射电子的数量取决于样品表面某微区的倾角和聚焦深度，因此生成的图像与样品的表面形貌完全对应。用背散射电子成像还可获得有关原子平均质量方面的信息。配置场发射电子枪的现代扫描电子显微镜图像[3]放大倍数可高达 100 000 倍，分辨率达 1 000 nm。

　　因为入射电子还能从固体中激发出元素的特征 X 射线，所以可检测固体中存在的元素，如果做适当的校准，还可确定各元素的含量。X 射线探测器的输出还可用于调节监视器的亮度，从而得出指定元素的相对含量图。由于能够同时给出显微组织和组成方面的信息，SEM 成为研究氧化膜形貌特征的非常有用的工具。

X 射线衍射（XRD）

　　这种技术是用单色 X 射线聚焦束射入样品[4]，入射束被符合布拉格定律[见式（1.2）]的晶面所衍射。式（1.2）中，λ 是 X 射线的波长，d_{hkl} 是晶面间距，θ 是入射光束与晶面之间的夹角，n 为反射次数。

$$n\lambda = 2d_{hkl}\sin\theta \qquad (1.2)$$

一旦知道衍射发生时入射光束与晶面之间的夹角，就可得到不同晶面之间的面间距，从而确定固体中的相或相的晶体结构，可通过将 d 值与表格中不同物质的 d 值相比较确定样品中存在的相。因此，多年来一直用 XRD 分析金属和合金氧化膜的相组成。有掠射功能的现代 X 射线衍射谱仪能分析 1 000 nm 厚度的氧化膜。

XRD 另外一个特点就是如果固体样品存在应变，衍射峰就会位移。用专门的衍射仪[5]可测量出应变，继而确定氧化膜中的应力状态，有时还可确定膜下基材中的应力状态。

透射电子显微镜（TEM）

当需要对样品进行高空间分辨率的检测时，就要用到透射电子显微镜（TEM）[3,6]。样品要足够薄，使得电子束能够透过，制备样品时可直接减薄或镶好后减薄截面[7]。如果兴趣在于得到小的析出相的特征，可观察从样品制得的碳萃取复型。

如图 1.5 所示，电子在经过了与样品的相互作用后从样品底部逸出。透射光束中的电子基本上与样品没有任何相互作用就从样品中穿过；衍射光束中的电子没有损失能量（弹性散射），但是因满足角度准则（与 X 射线的布拉格定律相似）被散射到一个新的路径。透射束和衍射束可用来形成样品的高分辨率（在 1 nm 级）图像，衍射束还用来形成样品微小区域的选区衍射图（SAD），它类似于 XRD 谱含有晶体学的信息。

与样品相互作用后损失了能量的电子（非弹性散射）也逸出了样品，电子能量损失谱（EELS）就是以测量电子损失的能量为基础，使进行高精度化学分析成为可能。

最后，在 TEM 中激发的特征 X 射线和在 SEM 中一样，经过采集分析可得到化学成分信息，由于 X 射线是在比 SEM 小的样品体积中产生，因此可用来分析微小的形貌特征。

表面分析技术

在很多情况下，我们感兴趣的是材料表面非常薄的氧化膜，例如合金表面最先形成的氧化物的成分，一组具有高度表面灵敏性的技术可用来进行这方面的检测[8]，Grabke 等人对这些技术在氧化行为分析方面的应用做了非常好的评述[9]。

应用最广泛的是俄歇电子谱（AES），由于俄歇电子的激发是电子能级之间转变的结果，因此它们的能量具有元素特征，除 H 和 He 之外的所有元素都能被检测[9]。而且俄歇电子的能量较低（20 eV ～ 2.5 keV），只能从几个原子层深浅的地方逸出，所以具有表面灵敏性。俄歇谱可用标准值和发表过的校正因子进行定量，因此与扫描电子形貌对应的 X 射线图类似，如果用入射光束扫过样品表面，就能作出成分分布图。现代仪器中入射电子束能聚焦到使横向空间分辨率达到约 50 nm[9]。

X 射线光电子能谱(XPS)通过用 X 射线轰击样品产生的光电子得到化学方面的信息，光电子具有的能量与俄歇电子的相似，所以样品的检测深度与 AES 相近。但是 X 射线很难进行微聚焦，所以空间分辨率低于 AES。XPS 的优势在于光电子的能量是固体中电子结合能的函数，所以能给出元素离子化状态方面的信息，即，是以基态还是以氧化物或氮化物的形式存在等。

另一种有用的分析技术是二次离子质谱(SIMS)，用离子束溅射样品表面，并用质谱仪分析溅射出来的离子。SIMS 能对表面非常薄的膜进行精确的化学分析，随着溅射的进行，可得到样品的浓度 – 深度变化曲线。

以上方法的应用是氧化研究的非常重要的组成部分，现在这方面的专题会议经常定期举行[10-14]。这里要强调指出，氧化机理研究就是恰当应用上述多种方法观察分析氧化动力学和形貌特征，然后将结果加以综合。

□ 参考文献

1. S. Mrowec and A. J. Stoklosa, *J. Therm. Anal.*, **2**(1970), 73.

2. J. I. Goldstein, D. E. Newbury, P. Echlin, *et al.*, *Scanning Electron Microscopy and X-Ray Microanalysis*, New York, NY, Plenum Press, 1984.

3. M. H. Loretto, *Electron Beam Analysis of Materials*, 2nd edn., London, UK, Chapman and Hall, 1994.

4. B. D. Cullity, *Elements of X-Ray Diffraction*, 2nd edn, Reading, MA, Addison Wesley, 1978.

5. I. C. Noyan and J. B. Cohen, *Residual Stresses*, New York, NY, Springer-Verlag, 1987.

6. D. B. Williams and C. B. Carter, *Transmission Electron Microscopy*, New York, NY, Plenum Press, 1996.

7. M. Rühle, U. Salzberger and E. Schumann. High resolution transmission microscopy of metal/metal oxide interfaces. In *Microscopy of Oxidation 2*, eds. S. B. Newcomb and M. J. Bennett, London, UK, The Institute of Materials, 1993, p. 3.

8. D. P. Woodruff and T. A. Delchar, *Modern Techniques of Surface Science*, Cambridge, UK, Cambridge University Press, 1989.

9. H. J. Grabke, V. Leroy and H. Viefhaus, *ISIJ Int.*, **35**(1995), 95.

10. *Microscopy of Oxidation 1*, eds. M. J. Bennett and G. W. Lorimer, London, UK, The Institute of Metals, 1991.

11. *Microscopy of Oxidation 2*, eds. S. B. Newcomb and M. J. Bennett, London, UK, The Institute of Materials, 1993.

12. *Microscopy of Oxidation 3*, eds. S. B. Newcomb and J. A. Little, London, UK, The Institute of Materials, 1997.

13. *Microscopy of Oxidation 4*, eds. G. Tatlock and S. B. Newcomb, *Science Rev.*, **17**(2000), 1.

14. *Microscopy of Oxidation 5*, eds. G. Tatlock and S. B. Newcomb, *Science Rev.*, **20**(2003).

2
热力学基础

引言

正确认识高温腐蚀反应需确定金属或合金的某一组元能否与气相中的某一组分或另一凝聚相反应，并合理解释观察到的反应产物。实际上，要解决的腐蚀问题通常较复杂，包含多组元合金与有两种或以上活性组分气体之间的反应，而且因合金表面液体或固体沉积相的存在变得更加复杂，这些沉积相是由于气相凝结或颗粒物的撞击产生。分析这类问题的一个重要工具就是平衡热力学，它虽然不是决断性的，但是有助于弄清哪些反应产物是可能产生的，某物质能否发生明显的挥发或凝结，或在什么条件下某一反应产物能与凝结的沉积相反应等。由于腐蚀现象的复杂性，经常用图解法进行热力学分析。

本章的目的在于阐述与气体－金属反应相关的热力学概念，描述腐蚀研究中经常用到的热力学相图的构建，给出应用示例。所讨论的相图有如下数种：

（1）吉布斯自由能与组成的关系图和活度与组成的关系图，用以描述溶液热力学。

（2）标准生成自由能与温度的关系图，氧化物、硫化物、碳化物等一类化合物的热力学数据可由一张紧凑图给出。

（3）挥发性物质相图，化合物的蒸气压可以方便地表示为某一气相组元分压的函数。

（4）描绘含一种金属组元和两种非金属活性组元的系统中稳定相区的二维等温稳定相图。

（5）描绘含两种金属组元和一种非金属活性组元的系统中稳定相区的二维等温稳定相图。

（6）描绘含两种金属组元和两种非金属活性组元的系统中稳定相区的三维等温稳定相图。

基础热力学

一个反应能否发生的问题可由热力学第二定律解答。由于高温反应通常在恒温恒压的条件下进行，因此第二定律写成系统的吉布斯自由能（G'）的形式最方便，如式（2.1）：

$$G' = H' - TS' \tag{2.1}$$

式中，H' 和 S' 分别为系统的焓和熵。这种情况下，热力学第二定律反应过程自由能变化的判据为：$\Delta G' < 0$，反应能自发进行；$\Delta G' = 0$，反应达到平衡；$\Delta G' > 0$，热力学上反应不可能发生。

对一个化学反应，如式（2.2）：

$$a\mathrm{A} + b\mathrm{B} \Longrightarrow c\mathrm{C} + d\mathrm{D} \tag{2.2}$$

$\Delta G'$ 可由式（2.3）表示：

$$\Delta G' = \Delta G^{\ominus} + RT\ln\left(\frac{a_{\mathrm{C}}^c a_{\mathrm{D}}^d}{a_{\mathrm{A}}^a a_{\mathrm{B}}^b}\right) \tag{2.3}$$

式中，$\Delta G^{\ominus}$ 为所有物质都处于标准状态时自由能的变化；a 为热力学活度，表示一组元与标准状态的偏差，对于某组元 i，其活度可由式（2.4）表示：

$$a_i = \frac{p_i}{p_i^{\ominus}} \tag{2.4}$$

这里 p_i 是一凝聚态组元的蒸气压或一气态组元的分压，$p_i^{\ominus}$ 是对应的标准状态下的值。用式（2.4）表示 a_i 需要一种较合理的近似，即在高温且相对低的压力下气体为理想气体。反应式（2.2）的标准自由能的变化可用式（2.5）计算：

$$\Delta G^{\ominus} = c\Delta G_{\mathrm{C}}^{\ominus} + d\Delta G_{\mathrm{D}}^{\ominus} - a\Delta G_{\mathrm{A}}^{\ominus} - b\Delta G_{\mathrm{B}}^{\ominus} \tag{2.5}$$

式中，$\Delta G_C^\ominus$ 等是标准摩尔生成自由能，可从数据表格中查到。（一些包含 $\Delta G^\ominus$ 等热力学数据的参考文献列在本章末。）在平衡状态下（$\Delta G' = 0$），式（2.3）可简化成式（2.6）：

$$\Delta G^\ominus = -RT\ln\left(\frac{a_C^c a_D^d}{a_A^a a_B^b}\right)_{eq} \tag{2.6}$$

括号内的项叫做平衡常数（K），用于描述反应系统的平衡状态。

热力学相图的构建和应用

（a）吉布斯自由能与组成以及活度与组成的关系图

恒温恒压下一个系统自由能最低的状态为该系统的平衡状态。对多组元多相系统，最小自由能等于整个系统中各个组元化学势（μ）的和。对二元体系，摩尔自由能与化学势可由式（2.7）关联：

$$G = (1-X)\mu_A + X\mu_B \tag{2.7}$$

式中，μ_A 和 μ_B 分别是 A 和 B 两个组元的化学势，$(1-x)$ 和 x 是 A 和 B 的摩尔分数。图 2.1(a) 是单相固溶体系的 G 与组成的关系曲线。由式（2.7）可知，对于一给定成分，μ_A 和 μ_B 的表达式分别为式（2.8）和式（2.9）：

$$\mu_A = G - x\frac{dG}{dx} \tag{2.8}$$

$$\mu_B = G + (1-x)\frac{dG}{dx} \tag{2.9}$$

如图 2.1(a) 所示，这两个式子表明，自由能曲线的切线与纵坐标在 $x = 0$ 和 $x = 1$ 时的交点分别就是 A 和 B 的化学势[1,2]。或者，如果从式（2.7）两边减去未混合组元的标准自由能，$(1-x)\mu_A^\ominus + x\mu_B^\ominus$，就会得到摩尔混合自由能，见式（2.10）：

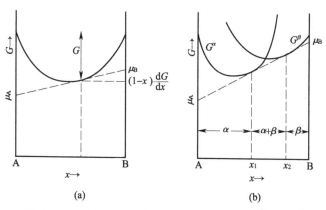

(a)   (b)

图 2.1　自由能与组成关系图。（a）单相，(b) 两相共存

$$\Delta G^{\mathrm{M}} = (1-x)(\mu_{\mathrm{A}} - \mu_{\mathrm{A}}^{\ominus}) + x(\mu_{\mathrm{B}} - \mu_{\mathrm{B}}^{\ominus}) \tag{2.10}$$

可绘制 ΔG^{M} 与 x 的关系曲线,这次切线与纵坐标的交点分别是$(\mu_{\mathrm{A}} - \mu_{\mathrm{A}}^{\ominus})$ 和 $(\mu_{\mathrm{B}} - \mu_{\mathrm{B}}^{\ominus})$。偏摩尔混合自由能通过式(2.11)和式(2.12)与组元的活度直接关联:

$$\mu_{\mathrm{A}} - \mu_{\mathrm{A}}^{\ominus} = RT\ln a_{\mathrm{A}} \tag{2.11}$$

$$\mu_{\mathrm{B}} - \mu_{\mathrm{B}}^{\ominus} = RT\ln a_{\mathrm{B}} \tag{2.12}$$

图 2.1(b)为两相体系自由能与成分的关系图。根据杠杆定则,两相混合后的自由能由两根自由能曲线之间的弦与体系成分的交点给出,很明显,在图 2.1(b)中当体系成分在 x_1 和 x_2 之间时,两相混合物的自由能比任一单固溶相的自由能都低,系统的最小自由能,也就是最低的弦,就是两个自由能曲线的公切线。根据这个"公切线图解法",x_1 和 x_2 是两共存相的平衡成分,公切线与 $x=0$ 和 $x=1$ 的交点表示化学势相等,也就是式(2.13)和式(2.14):

$$\mu_{\mathrm{A}}^{\alpha} = \mu_{\mathrm{A}}^{\beta} \tag{2.13}$$

$$\mu_{\mathrm{B}}^{\alpha} = \mu_{\mathrm{B}}^{\beta} \tag{2.14}$$

式(2.11)和式(2.12)表明相似的信息也可用活度来表示。图 2.2 给出了一个自由能曲线如图 2.1(a)所示的体系之活度随组成变化图示:其中图 2.2(a)相对于拉乌尔(Raoult)定律有轻微的正偏差($a>x$),而图 2.2(b)则有轻微的负偏差($a<x$)。对于两相混合物是稳定的情况,如图 2.1(b)所示,式(2.13)和式(2.14)表明在整个两相区活度是恒定的。图 2.3 说明了以上各点及其与一个假想的二元共晶系相图之间的关系。关于自由能图的完整论述及其在相图中的应用读者可参考 Hillert 的文章[3]。

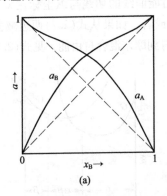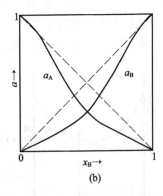

图 2.2 与拉乌尔定律呈正偏差(a)和负偏差(b)的溶液活度与组成关系图

很清楚,如果通过活度测量或固溶模型计算建立一个体系的 G 或 ΔG^{M} 随成分的变化,就可预测出给定温度和组成的相平衡。近年来人们在用计算机计算相图方面付出了很大努力,尤其是针对难熔金属体系(见文献4)。而且,这种设想不应仅局限于二元体系,例如可用三维空间图来绘制三元自由能图,基

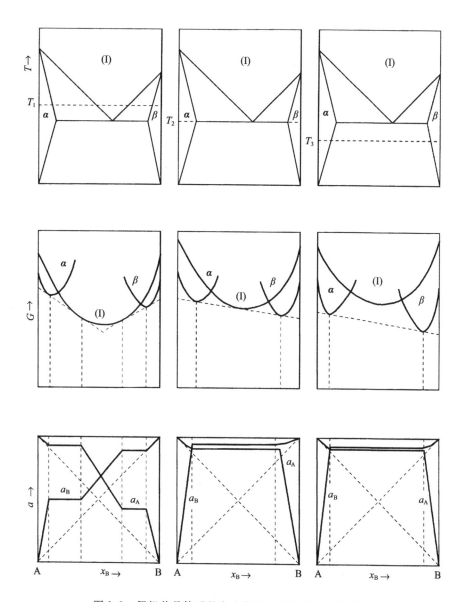

图 2.3　假想共晶体系的自由能与组成及活度的关系图

面是吉布斯三角形，G（或 ΔG^{M}）用垂直轴表示。这里，体系的相平衡用"公切面"而不是公切线来表示，但原理是相同的。也可处理三个以上组元的体系，但用图解法解析就更困难了。再者，上述设想可用于赝二元体系，这种体系以固定化学计量比的化合物作为组元。图 2.4 就是这样一个 $Fe_2O_3 - Mn_2O_3$ 体系的活度与组成关系曲线[5]，在高温腐蚀中遇到的任一体系都可绘制这种相图，例如，硫化物、氧化物、硫酸盐等，对解释金属或陶瓷部件表面形成的腐蚀产

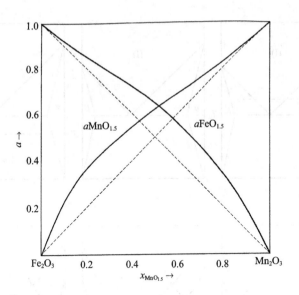

图 2.4　$Fe_2O_3 - Mn_2O_3$ 体系在 1 300 ℃ 时
活度与组成关系图（见参考文献 5）

物和沉积物非常有用。

（b）标准生成自由能与温度关系图

在合金发生选择性氧化等情况下，通常需要确定某腐蚀产物可能形成的条件。埃林厄姆（Ellingham）图，也就是一类化合物（例如，氧化物、硫化物、碳化物等）的标准生成自由能（$\Delta G^{\ominus}$）与温度的关系图，可用于比较每种化合物的相对稳定性。图 2.5 是很多简单氧化物的 Ellingham 图，$\Delta G^{\ominus}$ 的值表示为 $kJ \cdot mol^{-1}(O_2)$，因此各种氧化物的稳定性可直接进行比较，也就是图上线的位置越低，氧化物越稳定。换一个角度，对于式（2.15）这个反应：

$$M + O_2 \Longrightarrow MO_2 \tag{2.15}$$

如果 M 和 MO_2 的活度取作 1，那么式（2.16）可用来表示金属和氧化物共存时的氧分压，也就是氧化物的分解压，如式（2.16）：

$$p_{O_2}^{M/MO_2} = \exp\frac{\Delta G^{\ominus}}{RT} \tag{2.16}$$

对于合金的氧化，自然必须考虑金属和氧化物的活度，即式（2.17）：

$$p_{O_2}^{eq} = \frac{a_{MO_2}}{a_M}\exp\frac{\Delta G^{\ominus}}{RT} = \frac{a_{MO_2}}{a_M}p_{O_2}^{M/MO_2} \tag{2.17}$$

$p_{O_2}^{M/MO_2}$ 的值可直接在 Ellingham 图中通过氧的图解计算得出，就是以图中标示为 O 的点为起点，通过感兴趣的温度所对应的自由能线上的点画一条直线，与右侧的 p_{O_2} 刻度轴交点的读数即是所求的氧分压。给定的金属和氧化物之间达到

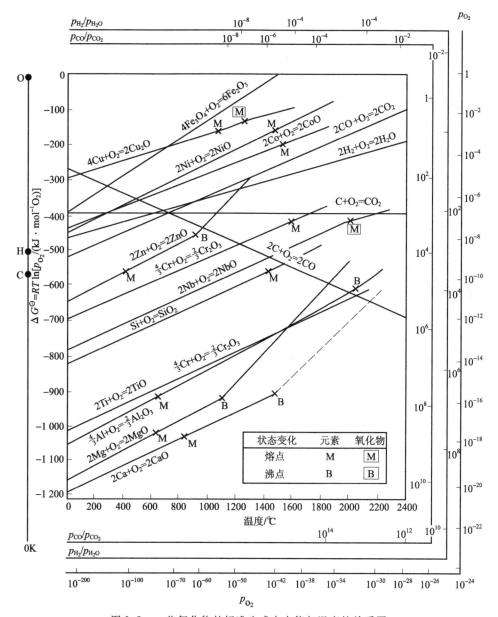

图 2.5　一些氧化物的标准生成自由能与温度的关系图

平衡时 H_2/H_2O 压力比可通过从"H"点到 H_2/H_2O 刻度轴画一条类似的线得出，CO/CO_2 压力比通过从"C"点到 CO/CO_2 刻度轴画一条线得出。更详细的关于氧化物的 Ellingham 图的构建和用法的讨论，读者可参考 Gaskell 的相关著作（文献 2 第 12 章）。

当然，可绘制任何一类化合物的 Ellingham 图，Shatynski 发表了硫化物[6]和碳化物[7]的 Ellingham 图，氮化物和氯化物的 Ellingham 图见文献 1 的第 14 章。

（c）挥发性物质热力学平衡图

高温腐蚀环境中挥发性物质的形成对腐蚀速率有很大影响，当挥发性腐蚀产物形成时，往往加速腐蚀过程。Gulbransen 和 Jansson[8]的研究表明金属的挥发和挥发性氧化物对碳、硅、钼和铬的高温氧化动力学有重要影响，涉及六种氧化现象：

（1）在低温条件下，氧和金属离子在致密的氧化膜中扩散。

（2）在中温和高温条件下，氧化膜的生成和氧化物的挥发同时存在。

（3）在中温和高温条件下，挥发性的金属和氧化物在金属/氧化膜界面形成，通过氧化物晶格及由于力学作用在氧化膜中形成的裂纹进行传输。

（4）在中温和高温条件下，直接形成挥发性氧化物气体。

（5）在高温条件下，氧通过挥发性氧化物所形成的屏障层进行气相扩散。

（6）在高温条件下，金属和氧化物颗粒的剥落。

硫化反应也有类似于氧化的一系列动力学现象，然而，几乎没有涉及高温硫化反应基本动力学的研究工作。类似的还有，在含硫酸盐和碳酸盐的体系中，盐在合金或陶瓷材料表面蒸发/凝结的现象非常重要，最好的例子就是当 Na_2SO_4 和其他盐凝结在合金表面时，其表面保护性氧化膜快速退化，也称为"热腐蚀"。

最适合表示氧化物系统中蒸气压数据的图是固定温度下 $\log p_{M_xO_y}$ 与 $\log p_{O_2}$ 的关系图，以及固定 p_{O_2} 时 $\log p_{M_xO_y}$ 与 1/T 关系图。现以 1 250 K 时 Cr − O 系统为例对这种图的构建原理进行说明。这一体系中，高温氧化条件下只有一种凝聚态氧化物——Cr_2O_3——形成，$Cr_2O_3(s)$[9] 和 $Cr(g)$[10] 以及三种气态氧化物 $CrO(g)$，$CrO_2(g)$ 和 $CrO_3(g)$[11]的热化学数据均可查到，用标准生成自由能（$\Delta G^\ominus$）表示，或者更方便地用从式（2.18）得到的 $\log K_p$ 表示：

$$\log K_p = \frac{-\Delta G^\ominus}{2.303RT} \qquad (2.18)$$

1 250 K 的相应数据列于表 2.1 中。

表 2.1

物　　　质	$\log K_p$	物　　　质	$\log K_p$
$Cr_2O_3(s)$	33.95	$CrO_2(g)$	4.96
$Cr(g)$	− 8.96	$CrO_3(g)$	8.64
$CrO(g)$	− 2.26		

与金属 Cr 平衡时物质的蒸气压处于低氧分压下，与 Cr_2O_3 平衡时物质的蒸气压处于高氧分压下，其分界线为 Cr/Cr_2O_3 平衡时的氧分压，由式（2.19）的平衡条件得到：

$$2\mathrm{Cr}(\mathrm{s}) + \frac{3}{2}\mathrm{O}_2(\mathrm{g}) =\!=\!= \mathrm{Cr}_2\mathrm{O}_3(\mathrm{s}) \qquad (2.19)$$

$\log p_{\mathrm{O}_2}$ 的值由式(2.20)给出:

$$\log p_{\mathrm{O}_2} = -\frac{2}{3}\log K_p^{\mathrm{Cr}_2\mathrm{O}_3} = -22.6 \qquad (2.20)$$

此分界线由图 2.6 中的垂线表示。在低氧分压区,$\mathrm{Cr}(\mathrm{g})$ 的分压与 p_{O_2} 无关:

$$\mathrm{Cr}(\mathrm{s}) =\!=\!= \mathrm{Cr}(\mathrm{g}) \qquad (2.21)$$

$$\log p_{\mathrm{Cr}} = \log K_p^{\mathrm{Cr}(\mathrm{g})} = -8.96 \qquad (2.22)$$

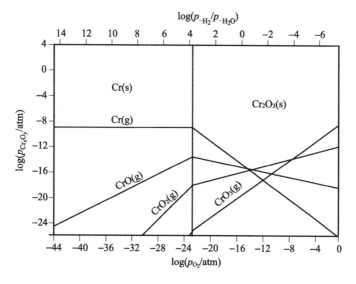

图 2.6　Cr – O 体系在 1 250 K 时的挥发性物质热力学平衡图

当氧分压高于 $\mathrm{Cr}/\mathrm{Cr}_2\mathrm{O}_3$ 平衡时的氧分压时,Cr 的蒸气压由式(2.23)决定:

$$\mathrm{Cr}_2\mathrm{O}_3(\mathrm{s}) =\!=\!= 2\mathrm{Cr}(\mathrm{g}) + \frac{3}{2}\mathrm{O}_2(\mathrm{g}) \qquad (2.23)$$

此反应的平衡常数的表达式见式(2.24):

$$\log K_{23} = 2\log K_p^{\mathrm{Cr}(\mathrm{g})} - \log K_p^{\mathrm{Cr}_2\mathrm{O}_3} = -51.9 \qquad (2.24)$$

因此,得到式(2.25)和式(2.26):

$$2\log p_{\mathrm{Cr}} + \frac{3}{2}\log p_{\mathrm{O}_2} = -51.9 \qquad (2.25)$$

$$\log p_{\mathrm{Cr}} = -25.95 - \frac{3}{4}\log p_{\mathrm{O}_2} \qquad (2.26)$$

根据式(2.22)和式(2.26)在图 2.6 中画线就是 Cr 的蒸气压线。用同样的方法可作出其他挥发性物质的蒸气压线。例如,对于 CrO_3,在氧分压低于 $\mathrm{Cr}/\mathrm{Cr}_2\mathrm{O}_3$ 平衡时的氧分压时,有式(2.27)和式(2.28):

$$Cr(s) + \frac{3}{2}O_2 \Longrightarrow CrO_3(g) \tag{2.27}$$

$$\log K_{27} = \log K_p^{CrO_3(g)} = 8.64 \tag{2.28}$$

由此，得

$$\log p_{CrO_3} = 8.64 + \frac{3}{2}\log p_{O_2} \tag{2.29}$$

可通过写出类似的平衡关系式作出图 2.6 中的其他线。图 2.6 表明，在低氧分压下 Cr 的蒸气压较大，例如形成 Cr_2O_3 膜合金的膜-合金界面就是这种情况；在高氧分压下 CrO_3 的蒸气压较大，这就是在高氧分压下氧化，尤其是气体流速较大时 Cr_2O_3 膜因蒸发减薄的原因。图 2.7 是各种平衡随温度的变化。类似地，可绘制其他氧化物、硫化物和卤化物等的挥发性物质热力学平衡图。

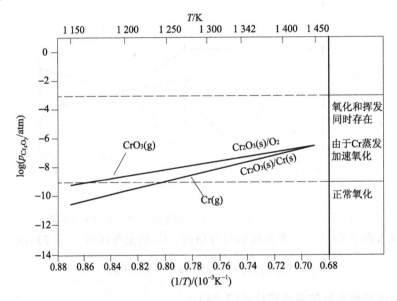

图 2.7 Cr-O 体系挥发性物质与温度关系图。Cr(g) 线指 Cr-Cr_2O_3 界面的分压，CrO_3(g) 线指氧分压为 1atm 时 Cr_2O_3/气相界面的分压

（d）二维等温稳定相图：一种金属组元与两种非金属组元

当金属与含一种以上氧化剂的气体反应时，从热力学和动力学考虑可能会有几种不同的相形成。以两种非金属组元的活度或分压的对数为坐标轴作出的等温稳定相图可用于解释形成的凝聚相。现以 1 250 K 时 Ni-S-O 系统为例说明这种相图的构建，相应的热力学数据[11]见表 2.2。

表 2.2

物　　质	log K_p	物　　质	log K_p
NiO（s）	5.34	SO_2（g）	11.314
NiS_y（l）	3.435	SO_3（g）	10.563
$NiSO_4$（s）	15.97	S（l）	−0.869

以 log p_{S_2} 和 log p_{O_2} 为坐标作出平衡相图(为简单起见只考虑一种硫化物)。

假设所有凝聚相的活度都为 1，这个假设使这种相图用于合金体系时有很大的限制，将在随后的部分进行讨论。首先考虑 Ni – NiO 平衡，由式(2.30)：

$$Ni(s) + \frac{1}{2}O_2(g) = NiO(s) \tag{2.30}$$

和 log p_{O_2} 的表达式[式(2.31)]：

$$\log p_{O_2} = -2\log K_p^{NiO} = -10.68 \tag{2.31}$$

得到图 2.8 中的垂直相界。类似地，对于 $NiS_y(1)(y \approx 1)$，有式(2.32)和式(2.33)：

$$Ni(s) + \frac{y}{2}S_2(g) = NiS_y(1) \tag{2.32}$$

$$\log p_{S_2} = -6.87 \tag{2.33}$$

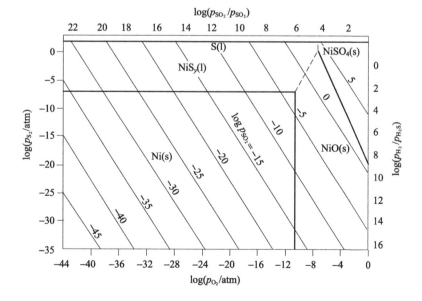

图 2.8　Ni – O – S 体系在 1 250 K 时的凝聚相平衡图

因而得到图 2.8 中的水平相界。因此，由式(2.31)和式(2.33)可确定金属 Ni 稳定的气相条件。用同样的方法可确定其他相界，例如，由式(2.34)和式

(2.35)表示的 NiO - NiSO$_4$ 平衡:

$$NiO(s) + \frac{1}{2}S_2(g) + \frac{3}{2}O_2(g) \Longrightarrow NiSO_4(s) \qquad (2.34)$$

$$\log K_{34} = \log K_p^{NiSO_4} - \log K_p^{NiO} = 10.63 \qquad (2.35)$$

得到式(2.36)所示的相界条件:

$$\log p_{S_2} = -21.26 - 3 \log p_{O_2} \qquad (2.36)$$

此相图的另一个特点就是图上叠加了一系列 SO$_2$ 等压线,它们限定了某一固定的 SO$_2$ 分压可产生的 S$_2$ 和 O$_2$ 的分压。这些等压线由式(2.37)所示的平衡:

$$\frac{1}{2}S_2(g) + O_2(g) \Longrightarrow SO_2(g) \qquad (2.37)$$

以及式(2.38)给出的 $\log K_{37}$ 的表达式:

$$\log K_{37} = \log K_p^{SO_2} = 11.314 \qquad (2.38)$$

得到,见式(2.39):

$$\log p_{S_2} = -22.628 + 2\log p_{SO_2} - 2\log p_{O_2} \qquad (2.39)$$

等压线为斜率为 -2 的一组斜线。相图顶部的水平线代表能够从气相中凝结出 S(l)的硫分压。在后面的章节中将用这种图来解释金属在复杂气氛中的反应及热腐蚀。

当等温稳定相图中的相邻相之间存在较大的互溶度时,相图中将出现互溶区,如图 2.9 所示 Giggins 和 Pettit 的工作[12](注意图中横、纵坐标与图 2.8 相

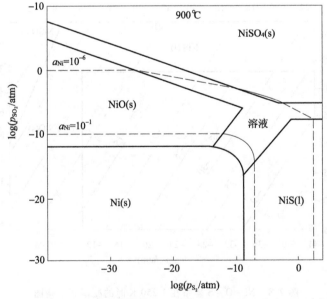

图 2.9 Ni - O - S 体系稳定相图,假定在 NiO,NiS 和 NiSO$_4$ 之间
存在固溶区(引自 Giggins 和 Pettit[12])

反,温度也略低于图 2.8)。同式(2.31)、式(2.33)和式(2.36)一样,图中的相界根据化学平衡计算,但计算互溶区的相界时,取纯物质的活度为 1,微量物质的活度为某一极限值。在绘制图 2.9 时,与纯的 NiO 平衡的 NiS 活度取作 10^{-2},与纯的 NiS 平衡的 NiO 活度取作 10^{-2},对其他平衡也做类似的近似。显然,相与相之间的互溶度和它们在固溶体中的活度方面的实验数据对这种相图定量化是非常必要的。

在一些场合,用不同的坐标绘制稳定相图更为方便。例如,图 2.8 所示的 Ni – S – O 体系的相平衡等价地可用 $\log p_{O_2}$ 和 $\log p_{SO_3}$ 的关系图表示,这是由于根据化学平衡式[式(2.40)]:

$$\frac{1}{2}S_2(g) + \frac{3}{2}O_2(g) = SO_3(g) \tag{2.40}$$

$\log p_{S_2}$ 可由这两个变量决定。图 2.8 所示的平衡用这些坐标绘于图 2.10。这样选择坐标对分析热腐蚀的情形非常有用,例如当表面覆盖一层硫酸钠沉积盐的金属或合金氧化时就会发生热腐蚀,而 Na_2SO_4 可看作由 Na_2O 和 SO_3 组成,这种现象将在第 8 章进行描述。

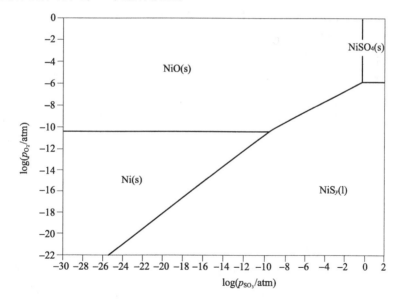

图 2.10　Ni – O – S 体系在 1 250 K 时以 $\log p_{O_2}$ 和 $\log p_{SO_3}$ 为坐标的平衡图

这种稳定相图并不仅局限于金属 – 硫 – 氧体系,图 2.11 就是 Cr – C – O 体系 1 250 K 时的稳定相图,这里碳活度是一个重要的变量,坐标轴为 $\log a_C$ 和 $\log p_{O_2}$,相图的构建和用法完全类似于金属 – 硫 – 氧相图。Jansson 和 Gulbransen[13,14] 讨论了一些体系的稳定相图的应用,现已绘编了金属 – 硫 – 氧体系相图[11]及金属与氧、硫、碳和氮组成的许多体系[15]的稳定相图。

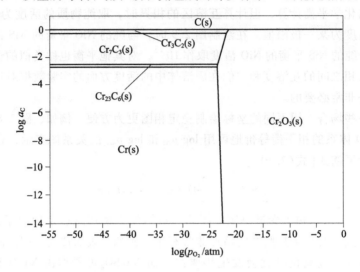

图 2.11　Cr – C – O 体系在 1 250 K 时的稳定相图

（e）二维等温稳定相图：两种金属组元与一种非金属组元

考虑二元合金与含有混合氧化剂的气体之间的反应时，由于增加了一种金属组元的活度或成分作为变量，使得对凝聚相平衡的热力学描述变得复杂。因此，之前必须先考虑只有一种氧化剂存在时的凝聚相平衡。图 2.12 是 Sticher 和 Schmalzried[5]作的 Fe – Cr – O 体系在 1 300 ℃ 时的稳定相图。绘制这种相图需要建立所研究体系自由能与组成的关系，如（a）小节讨论的那样，并通过使体系的自由能最小即公切线图解法，求出给定温度下的相稳定区域。Pelton 和 Schmalzried[16]清楚地解释了决定这类相图的相律。

关于混合氧化物或混合硫化物的固溶体（例如，$(Fe,Cr)_3O_4$ 或 $(Fe,Cr)_{1-x}S_x$）的自由能与组成关系的实验数据非常有限，因此必须用各种溶体模型估算这些数据[5,17]。另外，固定化学计量比化合物（例如，尖晶石结构硫化物 $FeCr_2S_4$）的形成自由能的实验数据也非常少，因此也必须进行估算[17]。

随着某给定金属的摩尔分数的变化，不同组成的相和尖晶石等中间相的出现值得关注，因为各单一金属相图的简单地叠加往往会忽略这些相的存在。例如，考虑 Fe – Cr 合金在 S – O 气氛中腐蚀的情形，简单地叠加 Fe – S – O 和 Cr – S – O 相图会漏掉一些重要的相平衡，因此必须做适当判断后才可进行。

（f）三维等温稳定相图，两种金属与两种非金属组元

合金在含混合氧化剂气氛中的腐蚀是腐蚀研究的兴趣所在，对这类问题进行适当的热力学处理需要综合（d）和（e）小节中的概念，这是一项艰巨的任务，由于缺乏三元化合物的实验数据，相关的计算很难进行。Giggins 和 Pettit[12]的工作是一个例

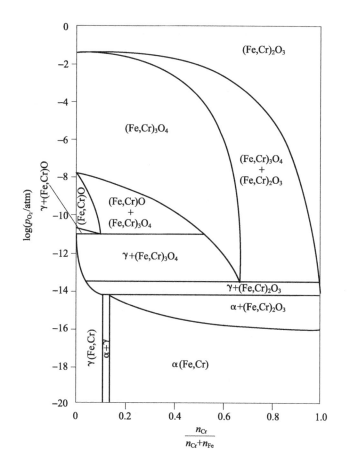

图 2.12　Fe – Cr – O 体系在 1 300 ℃ 时的稳定相图

外，他们绘制了简化的 Ni – Cr – S – O 体系三维相图（$\log p_{S_2}$ – $\log p_{O_2}$ – $\log a_{Cr}$）。

气相环境中的活度计算

使用各种挥发性物质热力学平衡图及稳定相图需要气相中活性组分的相关数据，下面通过一个计算示例说明怎样得到这些数据。

问题　将含 60%（体积分数）H_2 和 40%（体积分数）CO_2 的气体充入反应室，然后在 1 atm 的气压下加热到 1 200 K，计算达到平衡时气相中的氧分压和碳活度。

解答　此混合气体可能反应形成的物质及它们在 1 200 K 时的 $\log K_p$ 值列于表 2.3[10]。

表 2.3

物　　质	log K_p	物　　质	log K_p
CO_2	17.243	H_2O	7.899
CO	9.479	H_2	0.00

系统的平衡反应可写成式(2.41):

$$H_2(g) + CO_2(g) \Longrightarrow H_2O(g) + CO(g) \qquad (2.41)$$

该反应的平衡常数可通过式(2.42)计算:

$$\log K_{41} = \log K_p^{H_2O} + \log K_p^{CO} - \log K_p^{CO_2} = 0.135 \qquad (2.42)$$

因此, K_{41} 可写成式(2.43):

$$K_{41} = 1.365 = \frac{p_{H_2O} p_{CO}}{p_{H_2} p_{CO_2}} \qquad (2.43)$$

每种物质的分压与该物质的摩尔分数通过式(2.44)相关联:

$$p_i = \frac{n_i}{n_{tot}} p_{tot} \qquad (2.44)$$

代入 K_{41}, 得到式(2.45):

$$K_{41} = 1.365 = \frac{n_{H_2O} n_{CO}}{n_{H_2} n_{CO_2}} \qquad (2.45)$$

运用质量守恒原理来计算体系的平衡组成。假设充入反应室的气体为 1 mol, 系统达到平衡时形成的 CO 的物质的量为 λ, 这样系统初始和平衡时的组成如表 2.4 所示。

表 2.4

物　　质	初始组成	最终组成	物　　质	初始组成	最终组成
	mol	mol		mol	mol
H_2	0.6	$0.6 - \lambda$	CO	0	λ
CO_2	0.4	$0.4 - \lambda$	H_2O	0	λ

将平衡时的物质的量代入 K_{41} 得到式(2.46):

$$K_{41} = 1.365 = \frac{\lambda \lambda}{(0.6 \text{ mol} - \lambda)(0.4 \text{ mol} - \lambda)} \qquad (2.46)$$

解这个二次方程, 得

$$\lambda = 0.257\ 5 \text{ mol}$$

再结合式(2.44), 可计算出平衡时每种物质的物质的量及分压, 见表 2.5。

表 2.5

物　　质	最终组成 mol	分压 atm	物　　质	最终组成 mol	分压 atm
H_2	0.342 5	0.342 5	CO	0.257 5	0.257 5
CO_2	0.142 5	0.142 5	H_2O	0.257 5	0.257 5

平衡时的氧分压可通过 CO/CO_2 或 H_2/H_2O 平衡计算。例如，对于后者，有式(2.47)：

$$H_2(g) + \frac{1}{2}O_2(g) =\!\!=\!\!= H_2O(g) \tag{2.47}$$

K_{47} 能写成式(2.48)：

$$K_{47} = 7.924 \times 10^7 = \frac{p_{H_2O}}{p_{H_2} p_{O_2}^{1/2}} = \frac{0.257\ 5}{0.342\ 5\ p_{O_2}^{1/2}} \tag{2.48}$$

得

$$p_{O_2} = 9.0 \times 10^{-17} ① \text{atm}$$

碳活度可通过式(2.49)所示的反应平衡计算：

$$2CO(g) =\!\!=\!\!= CO_2(g) + C(s) \tag{2.49}$$

$\log K_{49}$ 和 K_{49} 分别由式(2.50)和式(2.51)给出：

$$\log K_{49} = \log K_p^{CO_2} - 2\log K_p^{CO} = -1.715 \tag{2.50}$$

$$K_{49} = 0.193 = \frac{p_{CO_2} a_C}{p_{CO}^2} = \frac{0.142\ 5 a_C}{(0.257\ 5)^2} \tag{2.51}$$

解式(2.51)，得到 $a_C = 0.09$②。

上述计算忽略了形成 CH_4 等其他物质的可能性，原因是它们的浓度非常低。当气相中含有更多的组分，或者必须考虑其他物质的形成时，由于涉及更多的平衡常数和更复杂的质量守恒，计算将变得更复杂，但原理同上面是一样的。现已有很多计算机程序可用于进行这些复杂的计算[18-22]。

小结

本章讨论了用于解释高温腐蚀实验结果的基本热力学相图，但并没有试图对这个专题做出一个完整的阐述，而是希望有助于更好地理解本书后续部分描述的高温腐蚀现象。

---

① 原文为 9.0×10^{-18}，疑有误。——译者注

② 原文为 0.009，疑有误。——译者注

□ 参考文献

1. L. S. Darken and R. W. Gurry, *Physical Chemistry of Metals*, New York, McGraw-Hill, 1953.

2. D. R. Gaskell, *Introduction the Thermodynamics of Materials*, 3rd edn, Washington, DC, Taylor and Francis, 1995.

3. M. Hillert, The uses of Gibbs free energy-composition diagrams. In *Lectures on the Theory of Phase Transformations*, 2nd edn, ed. H. I. Aaronson, Warrendale, PA, The Minerals, Metals and Materials Society, 1999.

4. L. Kaufman and H. Bernstein, Computer calculations of refractory metal phase diagrams. In *Phase Diagrams*, *Materials Science and Technology*, ed. A. M. Alper, New York, Academic Press, 1970, vol. 1.

5. J. Sticher and H. Schmalzried, Zur geometrischen Darstellung thermodynamischer Zustandsgrossen in Mehrstoffsystemen auf Eisenbasis. Report, Clausthal Institute für Theoretische Huttenkunde und Angewandte Physikalische Chemie der Technischen Universität Clausthal, 1975.

6. S. R. Shatynski, *Oxid. Met.*, **11**(1977), 307.

7. S. R. Shatynski, *Oxid, Met.*, **13**(1979), 105.

8. E. A. Gulbransen and S. A. Jansson, In *Heterogeneous Kinetics at Elevated Temperatures*, eds. G. R. Belton and W. R. Worrell, New York, Plenum Press, 1970, p. 181.

9. C. E. Wicks and F. E. Block, Thermodynamic properties of 65 elements, their oxides, halides, carbides, and nitrides. Bureau of Mines, Bulletin 605, Washington, DC, US Government Printing Office, 1963, p. 408.

10. JANAF Thermochemical Tables, *J. Phys. Chemi. Ref. Data*, **4**(1975), 1 – 175.

11. E. A. Gulbransen and G. H. Meier, Themodynamic stability diagrams for condensed phases and volatility diagrams for volatile species over condensed phases in twenty metal-sulfur-oxygen systems between 1150 and 1450 K. University of Pittsburgh, DOE Report on Contract no. DE – AC01 – 79 – ET – 13547, May, 1979.

12. C. S. Giggins and F. S. Pettit, *Oxid. Met.*, **14** (1980), 363.

13. G. H. Meier, N. Birks, F. S. Pettit, and C. S. Giggins, Thermodynamic analyses of high temperature corrosion of alloys in gases containing more than one reactant. In *High Temperature Corrosion*, ed. R. A. Rapp, Houston, TX, NACE, 1983, p. 327.

14. S. A. Jansson and E. A. Gulbransen, Thermochemical considerations of high temperature gas-solid reactions. In *High Temperature Gas-Metal Reactions in Mixed Environments*, ed. S. A. Jansson and Z. A. Foroulis, New York, American Institute of Mining, Metallurgical, and Petroleum Engineerings, 1973, p. 2.

15. P. L. Hemmings and R. A. Perkins, Thermodynamic phase stability diagrams for the analysis of corrosion reactions in coal gasification/combusion atmospheres. Research Project 716 – 1, Interim Report, Palo Alto, CA, Lockheed Palo Alto Research Laboratories for Electric Power Research Insitute, December, 1977.

16. A. D. Pelton and H. Schmalzried, *Met. Trans.*, **4** (1973), 1395.

17. K. T. Jacob, D. B. Rao, and H. G. Nelson, *Oxid. Met.*, **13** (1979), 25.

18. G. Eriksson, *Chem. Scr.*, **8** (1975), 100.

19. G. Eriksson and K. Hack, *Met. Trans.*, **B21** (1990), 1013.

20. E. Königsberger and G. Eriksson, *CALPHAD*, **19** (1995), 207.

21. W. C. Reynolds, STANJAN, version 3, Stanford University, CA, Department of Mechanical Engneering, 1986.

22. B. Sundman, B. Jansson, and J. -O. Andersson. *CALPHAD*, **9** (1985), 153.

☐ 一些热力学数据文献

1. JANAF Thermochemical Data, including supplements, Midland, MI, Dow Chemical Co.; also National Standard Reference Data Series, National Bureau of Standards 37, Washington DC, US Government Printing Office, 1971; supplements 1974, 1975, and 1978.

2. *JANAF Thermochemical Tables*, 3rd edn, Midland, MI, Dow Chemical Co., 1986.

3. H. Schick, *Thermodynamics of Certain Refractory Compounds*, New York, Academic Press, 1966.

4. C. W. Wicks and F. E. Block, Thermodynamic properties of 65 elements, their oxides, halides, carbides, and nitrides, Bureau of Mines, Bulletin 605, Washington DC, US Government Printing Office, 1963.

5. R. Hultgren, R. L. Orr, P. D. Anderson, and K. K. Kelley, *Selected Values of Thermodynamic Properties of Metals and Alloys*, New York, Wiley, 1967.

6. O. Kubaschewski and C. B. Alcock, *Metallurgical Thermochemistry*, 5th edn, Oxford, Pergamon Press, 1979.

7. D. D. Wagman, W. H. Evans, V. B. Parker, *et al.*, Selected values of chemical thermodynamic properties, elements 1 through 34. NBS Technical Note 270 – 3, Washington, DC, US Government Printing Office, 1968; elements 35 through 53, NBS Technical Note 270-4, 1969.

8. K. H. Stern and E. A. Weise, High Temperature Properties and Decomposition of Inorganic Salts. Part I. Sulfates. National Standard Reference Data Series, National Bureau of Standards 7, Washington DC, US Government Printing Office, 1966. Part II. Carbonates, 1969.

9. D. R. Stull and G. C. Sinke, *Thermodynamic Properites of the Elements*. Advances in Chemistry, Monograph 18, Washington DC, American Chemical Society, 1956.

10. K. C. Mills, *Thermodynamic Data for Inorganic Sulphides, Selenides, and Tellurides*, London, Butterworth, 1974.

11. M. O. Dayhoff, E. R. Lippincott, R. V. Eck, and G. Nagarajan, Thermodynamic equilibrium in prebiological atmospheres of C, H, O, P, S, and Cl. NASA SP-3040, Washington, DC, 1964.

12. I. Barin, *Thermochemical Data of Pure Substances*, Weinheim, VCH Verlagsgesellschaft, 1993.

13. The NBS tables of chemical thermodynamic properties, Washington, DC, National Bureau of

Standards, 1982.

14. J. B. Pankratz, Thermodynamic properties of elements and oxides, Bureau of Mines Bulletin 672, Washington, DC, US Government Printing Office, 1982.

15. J. B. Pankratz, Thermodynamic properties of halides, Bureau of Mines Bulletin 674, Washington, DC, US Government Printing Office, 1984.

3

氧化机理

引言

本章以 n 型和 p 型半导体氧化物为例说明离子和电子通过生长着的氧化膜的传输机制。运用这些概念，通过介绍经典的 Wagner 对氧化速率的处理，即氧化速率由离子通过氧化膜的扩散所控制，说明抛物线速率常数怎样与氧化物的一些基本性质，例如氧化物的离子和电子电导率等相关联，及其随氧化物中金属或氧的化学势的变化。最后讨论了线性和对数速率规律的产生机理。

本章只扼要地介绍理解氧化机理必需的缺陷结构。Kröger[1] 做了关于缺陷理论的详尽综述，Kofstad[2] 综述了很多氧化物的缺陷结构，最近 Smyth[3] 又选了一些氧化物，对相关文献进行了回顾。鼓励读者参阅这些文献从而获得某些具体氧化物的更详尽的资料。

氧化机理

对于反应：

$$M(s) + \frac{1}{2}O_2 \overline{} MO(s)$$

其固态反应产物 MO 将两种反应物分隔开，如示意图 1 所示。要使反应继续进行，一种或两种反应物必须穿过氧化膜，即，或者金属通过氧化膜传输，到达氧化膜－气体界面并在那里反应，或者，氧通过氧化膜传输，到达氧化膜－金属界面并在那里反应。

| M | MO | O_2 |
| 金属 | 氧化物 | 气氛 |

示意图 1

因此，反应物通过氧化膜的传输机制成为高温氧化机理的一个重要组成部分。此机制也适用于硫化物和其他类似的反应产物的生成和生长。

传输机制

由于所有的金属氧化物和硫化物本质上都是离子化合物，因此，考虑中性的金属或非金属原子在反应产物中的传输是不切实际的。已有几种机制解释离子在离子晶体中的传输，可分成化学计量晶体传输机制和非化学计量晶体传输机制。实际上，虽然很多化合物肯定地属于这一类或那一类，但所有可能的缺陷在一定程度上存在于所有化合物中，只是大多数情况下某种类型缺陷占主导地位。

化学计量离子化合物

这些化合物中主要缺陷有 Schottky 型和 Frenkel 型两类型缺陷，它们代表了两种极端情况。

Schottky 型缺陷：用离子空位的存在解释离子的迁移。为了保持电中性，要求有相同数量或浓度的阳离子和阴离子的晶格空位。这种类型的缺陷出现在碱金属卤化物如 KCl 中，如图 3.1 所示。由于阳离子和阴离子空位同时存在，因此认为阳离子和阴离子都是可迁移的。

Frenkel 型缺陷：解释只有阳离子是可迁移的情形，假设阴离子晶格是完整的，阳离子晶格由相同数量或浓度的阳离子空位和间隙子组成，使整个晶格维持电中性。这种类型的缺陷可见于银的卤化物中，图 3.2 为 AgBr 晶体中的缺陷示意图，阳离子可在空位和间隙位置自由迁移。

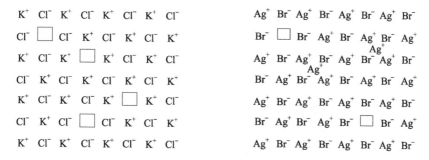

图 3.1　KCl 晶体中的 Schottky 缺陷　　　图 3.2　AgBr 晶体中的 Frenkel 缺陷

然而，上述任何一种缺陷都不能解释氧化反应中的物质传输过程，因为每一种缺陷结构都没有给出电子迁移的机制。

考虑图 3.3 所示的氧化过程示意图，为使反应继续进行，中性原子或离子和电子必须在氧化膜中迁移，是此传输过程将两个相界反应连接起来。注意由阳离子迁移生成的氧化膜和由阴离子迁移生成的氧化膜有一个明显区别，阳离子迁移导致氧化膜在膜－气体界面生成，阴离子迁移导致氧化膜在金属－膜界面生成。

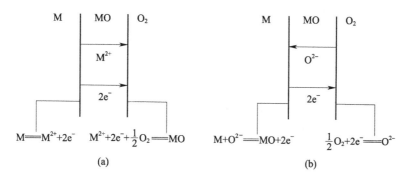

图 3.3　高温氧化机制的界面反应和传质过程：（a）阳离子迁移（b）阴离子迁移

为了解释离子和电子的同时迁移，有必要假设氧化过程中形成的氧化物等是非化学计量化合物。

非化学计量离子化合物

非化学计量化合物，是指虽然化合物是电中性的，但其金属和非金属原子数之比不是准确地符合化学分子式给出的化学计量比。只有通过假设晶格中阴离子或阳离子具有不同的价态才能使其保持电中性，金属或阳离子具有不同价态的可能性更大。

非化学计量离子化合物统称为半导体，分为正半导体和负半导体两类。

负（n型）半导体

电荷由负载流子传输的半导体称为 n 型半导体，如下所述，是由金属过剩或非金属不足引起。

金属过剩

分子式写成 $M_{1+\delta}O$，最典型的例子是氧化锌（ZnO）。允许化合物中有多余的金属，就要求有间隙阳离子及相等数量的导带电子存在，结构如图 3.4 所示，Zn^+ 和 Zn^{2+} 占据间隙位置，阳离子通过间隙位置传导，电的传导依靠"过剩"的电子激发到导带中，因此，这些电子叫做"过剩"电子或"准自由"电子。

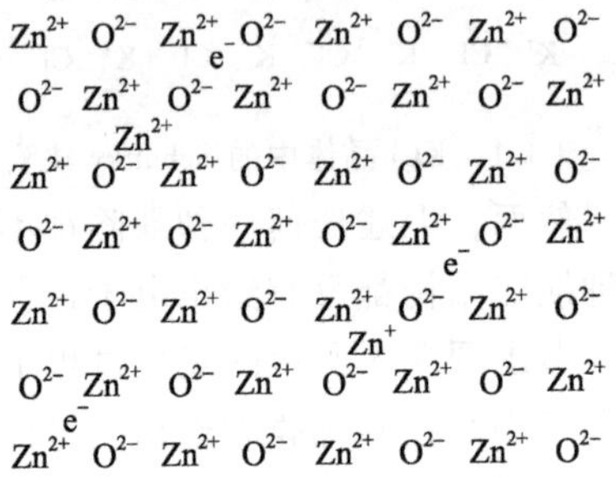

可设想这种缺陷由完整的 ZnO 晶体失去氧而形成，剩余的不成对的 Zn^{2+} 离开阳离子晶格进入到间隙位置，氧的两个负电荷进入导带中。这样 ZnO 晶体的一个单元晶格消失，形成了缺陷，如式（3.1）或式（3.2）所示：

图 3.4　一种金属过剩 n 型半导体——ZnO 中的间隙阳离子和过剩电子

$$ZnO =\!=\!= Zn_i^{\cdot\cdot} + 2e' + \frac{1}{2}O_2 \qquad (3.1)$$

$$ZnO =\!=\!= Zn_i^{\cdot} + e' + \frac{1}{2}O_2 \qquad (3.2)$$

带两个电荷的 Zn 间隙子 $Zn_i^{\cdot\cdot}$ 的形成见式（3.1），带一个电荷的 Zn 间隙子 $Zn_i^{\cdot}$ 的形成见式（3.2）。形成过程示意图见图 3.5。

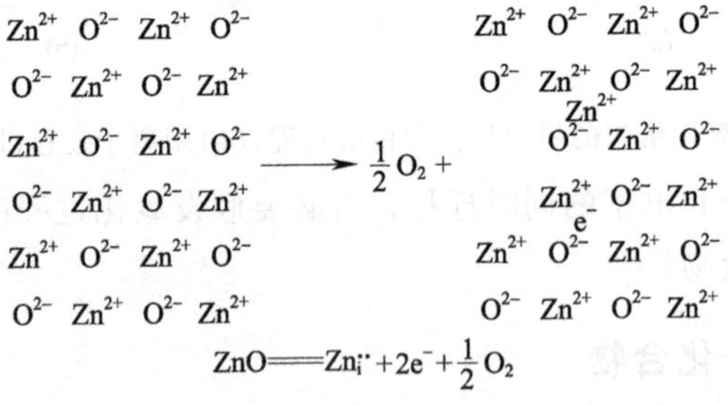

$$ZnO =\!=\!= Zn_i^{\cdot\cdot} + 2e' + \frac{1}{2}O_2$$

图 3.5　"完整"的 ZnO 变成具有过剩电子和间隙锌离子的金属过剩的 ZnO

这里采用 Kröger[1] 建立的符号系统。

M_M M 格位的 M 原子

X_X X 格位的 X 原子

M_i 间隙位置的 M 原子

X_i 间隙位置的 X 原子

N_M M 格位的 N 杂质

V_M M 格位的空位

V_X X 格位的空位

V_i 空的间隙位置

e' 导带中电子

$h^·$ 价带中的电子空穴

缺陷所带的电荷是相对于正常格位来讲的，分别用上角标(·)(′)表示正、负电荷，例如，$Zn_i^{··}$ 代表间隙位置的二价的锌离子，相对于正常的空格位带 $+2$ 的电荷。

对上述两个平衡反应式进行热力学处理，式(3.1)的平衡常数由式(3.3)给出：

$$K_1 = a_{Zn_i^{··}} a_{e'}^2 p_{O_2}^{1/2} \tag{3.3}$$

或者，由于缺陷浓度很低，可视为稀溶液，假设其处于遵从亨利(Henry)定律的浓度范围，那么平衡常数可用浓度 $C_{Zn_i^{··}}$ 和 $C_{e'}$ 表示，如式(3.4)：

$$K_1' = C_{Zn_i^{··}} C_{e'}^2 p_{O_2}^{1/2} \tag{3.4}$$

如果式(3.1)表示 ZnO 中缺陷产生的唯一机制，那么有式(3.5)：

$$2C_{Zn_i^{··}} = C_{e'} \tag{3.5}$$

将式(3.5)代入式(3.4)，得到式(3.6a)：

$$K_1' = 4C_{Zn_i^{··}}^3 p_{O_2}^{1/2} \tag{3.6a}$$

或式(3.6b)，从而得到式(3.7)：

$$C_{Zn_i^{··}} = (K_1'/4)^{1/3} p_{O_2}^{-1/6} = k p_{O_2}^{-1/6} \tag{3.6b}$$

$$C_{e'} \propto p_{O_2}^{-1/6} \tag{3.7}$$

类似地，用同样的方法分析处理式(3.2)，得到式(3.8)所示的结果：

$$C_{Zn_i^{··}} = C_{e'} \propto p_{O_2}^{-1/4} \tag{3.8}$$

显然，两种机制得到的缺陷浓度与氧分压的关系是不同的，由于电导率由导带电子的浓度决定，因此可通过测量电导率随氧分压的变化确定缺陷浓度与氧分压的依存规律，从而弄清哪种缺陷占主导地位。早期在 500 ℃ 和 700 ℃[4] 之间进行的实验表明，电导率随氧分压变化的指数在 1/4.5 和 1/5 之间，这说明没有哪一种机制占优势，实际晶体结构中同时包括带一个和两个电荷的间隙阳离子[2]。

最近的研究工作证实 Zn 在 ZnO 中有明显的间隙溶解。用中性的间隙 Zn 原子[5]和带单电荷的间隙 Zn 离子[6,7]解释了不同的研究结果,目前后者更受推崇。但是也有研究指出[8],根据氧扩散测量的结果,1 000 ℃ 以上时氧的空位是主要的。Kofstad[2]总结指出关于 ZnO 缺陷结构没有完全一致的解释。

缺陷结构研究结果的不一致性常常是由样品中的杂质引起的,尤其是对于那些与化学计量比只有微小偏差的化合物。随着材料纯度的提高,测量结果应该能够重复。

非金属不足

n 型特征还可由非金属不足引起。对于氧化物,可设想成氧离子释放电子而后挥发出来;电子则进入导带,从而产生阴离子晶格空位。形成过程如图 3.6 所示,可用式(3.9)表示:

$$O_O = V_O^{\cdot\cdot} + 2e' + \frac{1}{2}O_2 \tag{3.9}$$

所形成的氧离子空位被正离子包围着,这是一个容易捕获自由电子的高正电荷位置,因此空位和自由电子可能按式(3.10)和式(3.11)所示的方式结合:

$$V_O^{\cdot\cdot} + e' = V_O^{\cdot} \tag{3.10}$$

$$V_O^{\cdot} + e' = V_O \tag{3.11}$$

所以,氧化物中可能存在着带单电荷、双电荷及电中性的空位。

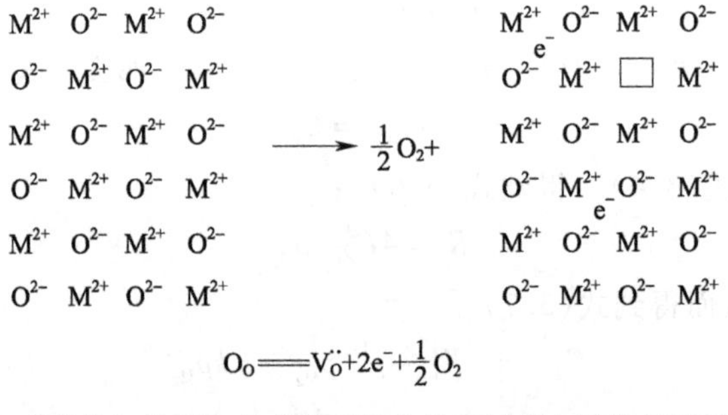

图 3.6 "完整"的 MO 变成具有氧空位和过剩电子的氧不足的 MO

缺陷所带电荷的问题并不总是显而易见的,必须从完整晶体的角度来考虑。如果一个正常情况下应被一个阴离子占据(O^{2-})的格位是空的,那么,与正常格位相比,这个格位则缺少两个负电荷,因此被认为带两个正电荷。这样一个位置代表一个电子能谷,容易捕获导带电子,从而降低这个空位的相对较正的电荷,如式(3.10)和式(3.11)所示。

知道了阴离子空位浓度和导带电子浓度之间的关系,电导率 κ 与氧分压之间的关系像前面一样推导出来。对于带双电荷、单电荷及电中性的空位,电导率和氧分压之间的关系分别由式(3.12)、式(3.13)和式(3.14)表示:

$$\kappa \propto C_{e'} \propto p_{O_2}^{-1/6} \tag{3.12}$$

$$\kappa \propto C_{e'} \propto p_{O_2}^{-1/4} \tag{3.13}$$

$$\kappa \propto C_{e'} \quad (\text{与} p_{O_2} \text{无关}) \tag{3.14}$$

注意，式(3.7)、式(3.8)、式(3.12)和式(3.13)中氧分压的幂指数都是负的，所有的 n 型半导体都是如此。

正(p 型)半导体

电荷由正的载流子传输的半导体，由金属不足或非金属过剩所致。

金属不足

正(p 型) 半导体同时形成阳离子晶格空位和电子空穴产生导电性，分子式可写成 $M_{1-\delta}O$，δ 值变化范围较大，从 $Fe_{0.95}O$ 的 0.05，NiO 的 0.001，到 Cr_2O_3 和 Al_2O_3 的极小值。

形成电子空穴的可能性大小与金属离子尤其是过渡金属离子是否能以多种价态存在相关，各种价态的电离能越接近，由金属不足 p 型机制导致的阳离子空位的形成就更容易。

以 NiO 为例，这类氧化物的典型结构见图 3.7。由于 Ni^{2+} 和 Ni^{3+} 价态能量相近，电子较容易在它们之间的传输，从而两个离子价态互相转换，Ni^{3+} 为电子提供了一个低能的位置，因此叫做"电子空穴"。

从 NiO 晶格与氧的相互作用来考虑，这种缺陷结构的形成就容易想象了，如图 3.8 所示。

图 3.7 典型的具有阳离子空位和正的电子空穴的金属不足 p 型半导体 NiO

在步骤(b)中，氧通过吸引 Ni 格位的电子化学吸附在 NiO 晶格上，形成 Ni^{3+} 或空穴；在步骤(c)中，化学吸附的氧完全离子化形成另一个空穴，一个 Ni^{2+} 跑到表面与 O^{2-} 配对，形成一个阳离子晶格空位。注意这个过程中氧化物表面会形成额外一个 NiO 单元，如果测量足够灵敏的话，将会测出密度的变化。

此过程由式(3.15)表示：

$$\frac{1}{2}O_2 = O_o + 2h^{\cdot} + V_{Ni}'' \tag{3.15}$$

假设式(3.15)代表缺陷形成的唯一机制，并且遵从亨利定律，其平衡常数的表达式如式(3.16)：

$$C_{h^{\cdot}}^2 C_{V_{Ni}''} = K_{15} p_{O_2}^{1/2} \tag{3.16}$$

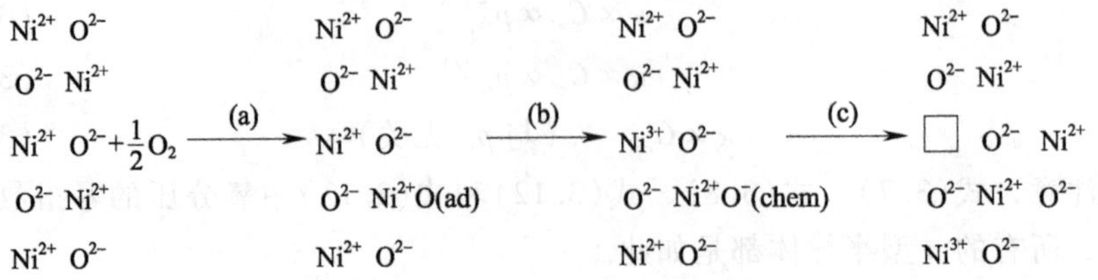

$$Ni^{2+}\ O^{2-} \qquad\qquad Ni^{2+}\ O^{2-} \qquad\qquad Ni^{2+}\ O^{2-} \qquad\qquad Ni^{2+}\ O^{2-}$$
$$O^{2-}\ Ni^{2+} \qquad\qquad O^{2-}\ Ni^{2+} \qquad\qquad O^{2-}\ Ni^{2+} \qquad\qquad O^{2-}\ Ni^{2+}$$
$$Ni^{2+}\ O^{2-}+\tfrac{1}{2}O_2 \xrightarrow{(a)} Ni^{2+}\ O^{2-} \xrightarrow{(b)} Ni^{3+}\ O^{2-} \xrightarrow{(c)} \square\quad O^{2-}\ Ni^{2+}$$
$$O^{2-}\ Ni^{2+} \qquad\qquad O^{2-}\ Ni^{2+}O(ad) \qquad O^{2-}\ Ni^{2+}O^{-}(chem) \qquad O^{2-}\ Ni^{2+}$$
$$Ni^{2+}\ O^{2-} \qquad\qquad Ni^{2+}\ O^{2-} \qquad\qquad Ni^{2+}\ O^{2-} \qquad\qquad Ni^{3+}\ O^{2-}$$

图 3.8 通过氧加入"完整"晶体形成具有阳离子空位和正的电子空穴的金属不足 p 型半导体。(a)吸附:$\tfrac{1}{2}O_2(g)\Longrightarrow O(ad)$;(b)化学吸附:$O(ad)\Longrightarrow O^-(chem)+h^{\cdot}$;(c)离化:$O^-(chem)=O_O+V_N+h^{\cdot}$。总反应$\tfrac{1}{2}O_O+V_N+Zh^{\cdot}$

为维持电中性有 $C_{h^{\cdot}}=2C_{V_{Ni}''}$,因此得到式(3.17):

$$C_{h^{\cdot}}=kp_{O_2}^{1/6} \qquad\qquad (3.17)$$

电导率与电子空穴浓度成正比,因此与氧分压的六次方根成正比。另一种可能性是阳离子空位和电子空穴是结合在一起的,即 NiO 中一个 Ni^{3+} 永久地依附于一个 Ni 空位,这种情况下,由于氧化引起的空位和电子空穴的形成可由式(3.18)表示:

$$\tfrac{1}{2}O_2\Longrightarrow O_O+h^{\cdot}+V_{Ni}' \qquad\qquad (3.18)$$

这时,$C_{h^{\cdot}}$ 和 p_{O_2} 有如下关系:

$$C_{h^{\cdot}}=kp_{O_2}^{1/4} \qquad\qquad (3.19)$$

电导率随氧分压变化的实验结果证实两种缺陷都存在于 NiO 中[2,4,9-17]。

式(3.15)和式(3.18)由式(3.20)关联:

$$V_{Ni}''+h^{\cdot}\Longrightarrow V_{Ni}' \qquad\qquad (3.20)$$

由于带双电荷空位的浓度随 $p_{O_2}^{1/6}$ 的增加而增加,带单电荷空位的浓度随 $p_{O_2}^{1/4}$ 的增加而增加。因此可预测,在低氧分压下带双电荷的空位占优势,在高氧分压下带单电荷的空位占优势,那么,按照式(3.17)和式(3.19),在低氧分压下电导率应随氧分压的 1/6 次幂而变化,在高氧分压下电导率应随氧分压的 1/4 次幂而变化。这种行为[13,18,19]已得到了证实。

注意,式(3.17)和式(3.19)中,氧分压的幂指数是正的,所有的 p 型半导体氧化物都是如此。

本征半导体

有另一种类型的半导体氧化物,虽然接近化学计量比,但电导率相对较高,并且与氧分压无关,具有这种行为的半导体叫做"本征"或"跃迁"型半导体。

当电子缺陷浓度远远高于离子缺陷浓度时，电子缺陷平衡由一个电子从价带激发到导带，产生一个"准自由"电子和一个电子空穴表示，如式(3.21)：

$$\text{Null} \Longrightarrow h^{\cdot} + e'$$ (3.21)

CuO 在 1 000 ℃时就表现出这种行为。属于这一类的氧化物极少，在金属高温氧化这个课题的研究中不是特别重要。

氧化速率

可见，对于两种反应物被反应产物分隔开的情形，要使氧化过程继续，就要求有离子和电子在氧化膜中传输，并伴随着离子化界面反应以及新的氧化物的形成，其形成位置由阳离子或阴离子在氧化膜中传输来决定。

正是由于使用这个简单的模型，并做了更简化的假设，瓦格纳(Wagner)[20]提出了著名的金属高温氧化理论。实际上，这个理论只描述了理想条件下扩散为速率控制步骤的氧化行为，在推导 Wagner 的理论表达式之前，先给出一种简化处理，旨在强调扩散控制的氧化的重要特征。

扩散控制的氧化的简化处理

假设阳离子通过生长着的氧化膜的传输控制着膜的生长速率，且在每个界面都达到了热力学平衡，这个过程可做如下分析。阳离子向外迁移的通量 $j_{M^{2+}}$ 与阳离子缺陷(这里指空位)向内迁移的通量相等且方向相反，模型见图3.9。

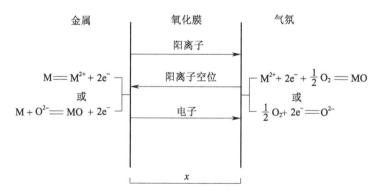

图 3.9　扩散控制的氧化的简化模型

因此，$j_{M^{2+}}$ 用式(3.22)表示：

$$j_{M^{2+}} = -j_{V_M} = D_{V_M}\frac{C''_{V_M} - C'_{V_M}}{x}$$ (3.22)

式中，x 是氧化膜厚度，D_{V_M} 是阳离子空位的扩散系数，C'_{V_M} 和 C''_{V_M} 分别是膜–金属和膜–气体界面的空位浓度。

由于每个界面都达到热力学平衡，$(C''_{V_M} - C'_{V_M})$ 的值是常数，则有式（3.23）：

$$j_{M^{2+}} = \frac{1}{V_{OX}} \frac{\mathrm{d}x}{\mathrm{d}t} = D_{V_M} \frac{C''_{V_M} - C'_{V_M}}{x} \tag{3.23}$$

氧化膜增厚的速率由式（3.24）给出：

$$\frac{\mathrm{d}x}{\mathrm{d}t} = \frac{k'}{x}, \qquad k' = D_{V_M} V_{OX} (C''_{V_M} - C'_{V_M}) \tag{3.24}$$

这里 V_{OX} 是氧化物的摩尔体积。积分，注意在 $t = 0$ 时 $x = 0$，得到式（3.25）：

$$x^2 = 2k't \tag{3.25}$$

这就是抛物线速率规律。

而且，由于阳离子空位浓度与氧分压的关系如下式：

$$C_{V_M} = k p_{O_2}^{1/n}$$

因此能推断出抛物线速率常数随氧分压的变化，即式（3.26）：

$$k' \propto \left[(p''_{O_2})^{1/n} - (p'_{O_2})^{1/n} \right] \tag{3.26}$$

由于，与 p''_{O_2} 相比 p'_{O_2} 通常可忽略，有式（3.27）：

$$k' \propto (p''_{O_2})^{1/n} \tag{3.27}$$

Wagner 氧化理论[20]

图 3.10 总结了 Wagner 氧化理论成立的前提条件，如下所述：

（1）氧化膜是致密的和完整的，并与基体结合良好。

（2）氧化膜内离子或电子的迁移是氧化速率的控制步骤。

（3）在金属–膜界面和膜–气体界面已建立起热力学平衡。

（4）氧化物与化学计量比只有微小偏离，因此离子通量与在膜中的位置无关。

（5）氧化膜任一局部区域都建立起热力学平衡。

（6）氧化膜的厚度大于发生空间电荷效应的层厚（双电层）。

（7）氧在金属中的溶解可以忽略。

由于假设在金属–膜界面和膜–气体界面已建立了热力学平衡，那么在氧化膜中就建立起金属和非金属（氧、硫等）的活度梯度，随之金属离子和氧离子倾向于在膜中向相反方向迁移。因为离子是带电荷的，其迁移将导致膜中电场的建立，因此造成膜中电子从金属到气氛的传输，从而阳离子、阴离子和电子的相对迁移速率达到平衡，氧化膜中没有因离子迁移造成净电荷的传输。

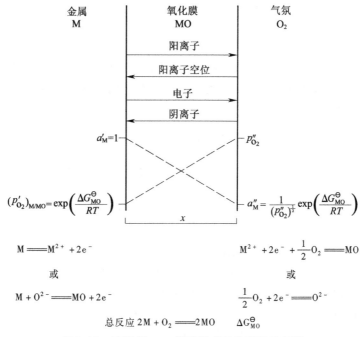

图 3.10　按照 Wagner 模型形成氧化膜的示意图

作为带电粒子，离子将同时受化学势和电势梯度的影响，它们共同为离子迁移提供了净驱动力。

一个粒子 i，带电荷 Z_i，处于化学势梯度为 $\frac{\partial \mu_i}{\partial x}$ 和电势梯度为 $\frac{\partial \phi}{\partial x}$ 的位置，受到 $\left(\frac{\partial \mu_i}{\partial x} + Z_i F \frac{\partial \phi}{\partial x}\right) J \cdot mol^{-1} \cdot cm^{-1}$ 力的作用，力还可用式（3.28）表示：

$$\frac{1}{N_A}\left(\frac{\partial \mu_i}{\partial x} + Z_i F \frac{\partial \phi}{\partial x}\right) \quad J \cdot 粒子^{-1} \cdot cm^{-1} \tag{3.28}$$

这里 N_A 是阿伏加德罗常数（Avogadro），F 是法拉第常数（Faraday），单位为 $C \cdot mol^{-1}$。（注意，长度单位是用 cm 而不是 m，如果用 m 作单位，就会得到与采用传统单位不同的速率常数。）

力作用在粒子 i 上产生一个迁移速率 v_i（$cm \cdot s^{-1}$），其与作用力成正比，对于式（3.28）所示的力，有

$$v_i = -\frac{B_i}{N_A}\left(\frac{\partial \mu_i}{\partial x} + Z_i F \frac{\partial \phi}{\partial x}\right) \tag{3.29}$$

式中，B_i 是粒子的迁移率，定义为单位力作用下的平均迁移速率，单位为粒子·$cm^2 \cdot J^{-1} \cdot s^{-1}$。式中的负号表示对于负的化学势和电势梯度，迁移速率的方向是沿正的 x 方向。粒子的通量由式（3.30）得出：

$$j_i = C_i v_i = -\frac{C_i B_i}{N_A}\left(\frac{\partial \mu_i}{\partial x} + Z_i F \frac{\partial \phi}{\partial x}\right) \quad \text{mol} \cdot \text{cm}^{-2} \cdot \text{s}^{-1} \tag{3.30}$$

这里 C_i 是 i 的浓度，单位为 $\text{mol} \cdot \text{cm}^{-3}$。

比较零电势梯度和零化学势梯度的极限条件下的式(3.30)与菲克(Fick's)第一定律和欧姆(Ohm's)定律，迁移率可能与粒子的电导率 κ_i 及自扩散系数 D_i 有关，可得到关系式(3.31)：

$$k_B T B_i = D_i = \frac{RT\kappa_i}{C_i(Z_i F)^2} \tag{3.31}$$

这里 k_B 是玻尔兹曼(Boltzmann)常数。用含电导率的式(3.31)代替式(3.30)中的迁移率 B_i，得到式(3.32)：

$$j_i = -\frac{\kappa_i}{Z_i^2 F^2}\left(\frac{\partial \mu_i}{\partial x} + Z_i F \frac{\partial \phi}{\partial x}\right) \tag{3.32}$$

式(3.32)用来描述通过氧化膜的阳离子、阴离子或电子通量。由于具有不同的迁移率，不同的物质趋向于以不同的速率移动，但是这也将导致电场的建立，使它们相对独立的迁移受限。事实上，这三种物质的迁移速率限定在使整个膜保持电中性，也就是使氧化膜中的净电荷为零。由于电子或电子缺陷的迁移率非常高，这个条件通常能够得到满足。

Wagner 的原始处理包括阳离子、阴离子和电子，但是大多数氧化物和硫化物的电子迁移率很高，阳离子和阴离子的迁移率与其相差几个数量级，因此忽略移动较慢的离子的迁移，在一定程度上可简化处理。

最经常遇到的是阳离子和电子是迁移物质的氧化物和硫化物，阳离子和电子所带的电荷分别写成 Z_c 和 Z_e，由式(3.32)，可得到式(3.33)和式(3.34)所示的通量：

$$j_c = -\frac{\kappa_c}{Z_c^2 F^2}\left(\frac{\partial \mu_c}{\partial x} + Z_c F \frac{\partial \phi}{\partial x}\right) \tag{3.33}$$

$$j_e = -\frac{\kappa_e}{Z_e^2 F^2}\left(\frac{\partial \mu_e}{\partial x} + Z_e F \frac{\partial \phi}{\partial x}\right) \tag{3.34}$$

电中性的条件由式(3.35)给出：

$$Z_c j_c + Z_e j_e = 0 \tag{3.35}$$

由式(3.33)~式(3.35)，得到 $\frac{\partial \phi}{\partial x}$ 的表达式(3.36)：

$$\frac{\partial \phi}{\partial x} = -\frac{1}{F(\kappa_c + \kappa_e)}\left[\frac{\kappa_c}{Z_c}\frac{\partial \mu_c}{\partial x} + \frac{\kappa_e}{Z_e}\frac{\partial \mu_e}{\partial x}\right] \tag{3.36}$$

将式(3.36)代入式(3.33)，得到阳离子通量的表达式[式(3.37)]：

$$j_c = -\frac{\kappa_c \kappa_e}{Z_c^2 F^2(\kappa_c + \kappa_e)}\left[\frac{\partial \mu_c}{\partial x} - \frac{Z_c}{Z_e}\frac{\partial \mu_e}{\partial x}\right] \tag{3.37}$$

由于电子所带电荷 $Z_e = -1$，式(3.37)变成式(3.38)：

$$j_c = -\frac{\kappa_c \kappa_e}{Z_c^2 F^2 (\kappa_c + \kappa_e)} \left[\frac{\partial \mu_c}{\partial x} + Z_c \frac{\partial \mu_e}{\partial x} \right] \qquad (3.38)$$

金属 M 的离子化用式 $M \Longrightarrow M^{Z_c +} + Z_c e^-$ 表示，在平衡时，有式(3.39)所示的关系式：

$$\mu_M = \mu_c + Z_c \mu_e \qquad (3.39)$$

因此，从式(3.38)和式(3.39)，得式(3.40)：

$$j_c = -\frac{\kappa_c \kappa_e}{Z_c^2 F^2 (\kappa_c + \kappa_e)} \frac{\partial \mu_M}{\partial x} \qquad (3.40)$$

式(3.40)是膜中任一位置阳离子通量的表达式，κ_c，κ_e 和 $\frac{\partial \mu_M}{\partial x}$ 是那个位置的瞬时值。由于所有这些值都会随着在膜中的位置而改变，因此有必要对式(3.40)进行积分，使 j_c 用膜厚以及可测的金属在金属－膜界面的化学势 μ_M' 和膜－气体界面的化学势 μ_M'' 来表示。对于与化学计量比只有微小偏离的相，能假设 j_c 与 x 无关，因此有式(3.41a)或式(3.41b)：

$$j_c \int_0^x \mathrm{d}x = -\frac{1}{Z_c^2 F^2} \int_{\mu_M'}^{\mu_M''} \frac{\kappa_c \kappa_e}{\kappa_c + \kappa_e} \mathrm{d}\mu_M \qquad (3.41a)$$

$$j_c = -\frac{1}{Z_c^2 F^2 x} \int_{\mu_M'}^{\mu_M''} \frac{\kappa_c \kappa_e}{\kappa_c + \kappa_e} \mathrm{d}\mu_M \quad \mathrm{mol \cdot cm^2 \cdot s^{-1}} \qquad (3.41b)$$

再利用式(3.35)，得到式(3.42)：

$$j_c = -\frac{1}{Z_c F^2 x} \int_{\mu_M'}^{\mu_M''} \frac{\kappa_c \kappa_e}{\kappa_c + \kappa_e} \mathrm{d}\mu_M \quad \mathrm{mol \cdot cm^{-2} \cdot s^{-1}} \qquad (3.42)$$

如果氧化膜中金属的浓度是 $C_M (\mathrm{mol \cdot cm^{-3}})$，那么通量也可由式(3.43)表示：

$$j_c = C_M \frac{\mathrm{d}x}{\mathrm{d}t} \qquad (3.43)$$

这里，x 是氧化膜厚度。

抛物线速率规律一般由式(3.24)表示，式中 k' 是抛物线速率常数，单位为 $\mathrm{cm^2 \cdot s^{-1}}$。

比较式(3.41)、式(3.43)和式(3.24)，则抛物线速率常数由式(3.44)表示：

$$k' = \frac{1}{Z_c^2 F^2 C_M} \int_{\mu_M'}^{\mu_M''} \frac{\kappa_c \kappa_e}{\kappa_c + \kappa_e} \mathrm{d}\mu_M \qquad (3.44)$$

对于阴离子比阳离子更易迁移的情形，即阳离子的迁移可忽略，做类似处理可得式(3.45)：

$$k' = \frac{1}{Z_a^2 F^2 C_X} \int_{\mu_X'}^{\mu_X''} \frac{\kappa_a \kappa_e}{\kappa_a + \kappa_e} \mathrm{d}\mu_X \qquad (3.45)$$

这里 κ_a 是阴离子的电导率，X 是非金属，氧或硫。

一般来讲，电子或电子空穴的传输数接近于 1，与之相比阳离子或阴离子的传输数很小，可忽略，这时式（3.44）和式（3.45）分别可简化成式（3.46）和式（3.47）：

$$k' = \frac{1}{Z_c^2 F^2 C_M} \int_{\mu_M''}^{\mu_M'} \kappa_c \mathrm{d}\mu_M \quad \mathrm{cm}^2 \cdot \mathrm{s}^{-1} \tag{3.46}$$

$$k' = \frac{1}{Z_a^2 F^2 C_X} \int_{\mu_X''}^{\mu_X'} \kappa_a \mathrm{d}\mu_X \quad \mathrm{cm}^2 \cdot \mathrm{s}^{-1} \tag{3.47}$$

由式（3.31）和式（3.46），得式（3.48）和式（3.49）所示的抛物线速率常数：

$$k' = \frac{1}{RT} \int_{\mu_M''}^{\mu_M'} D_M \mathrm{d}\mu_M \quad \mathrm{cm}^2 \cdot \mathrm{s}^{-1} \tag{3.48}$$

$$k' = \frac{1}{RT} \int_{\mu_X''}^{\mu_X'} D_X \mathrm{d}\mu_X \quad \mathrm{cm}^2 \cdot \mathrm{s}^{-1} \tag{3.49}$$

D_M 和 D_X 分别为金属 M 和非金属 X 在膜中的扩散系数。

式（3.48）和式（3.49）写成了相对容易测量的变量的形式，但是由于假设相关物质的扩散系数是化学势的函数，因此为了计算抛物线速率常数，必须知道迁移物质的扩散系数与化学势之间的关系，而这种数据经常是没有或不完整的。而且，直接测量抛物线速率常数通常比测量扩散数据更容易。因此，Wagner 分析的真正价值在于为设定条件下的高温氧化过程提供完整的机理性的解释。

现在将验证 Wagner 理论对阳离子是迁移物质的 n 型或 p 型氧化物情况的预测。第一类以 Zn 氧化形成的 ZnO 为代表。

ZnO 的缺陷结构包括间隙 Zn 离子和过剩的或准自由电子，如式（3.1）和式（3.2）所示：

$$\mathrm{ZnO} = \mathrm{Zn}_i^{\cdot\cdot} + 2e' + \frac{1}{2}\mathrm{O}_2 \tag{3.1}$$

$$\mathrm{ZnO} = \mathrm{Zn}_i^{\cdot} + e' + \frac{1}{2}\mathrm{O}_2 \tag{3.2}$$

间隙 Zn 离子的电导率将随浓度的变化而改变，如前所示，将随氧分压的变化而改变，见式（3.50）和式（3.51）：

$$\kappa_{\mathrm{Zn}_i^{\cdot\cdot}} \propto C_{\mathrm{Zn}_i^{\cdot\cdot}} \propto p_{\mathrm{O}_2}^{-1/6} \tag{3.50}$$

$$C_{\mathrm{Zn}_i^{\cdot}} \propto p_{\mathrm{O}_2}^{-1/4} \tag{3.51}$$

即，$\kappa_{\mathrm{Zn}_i^{\cdot\cdot}}$ 和 $\kappa_{\mathrm{Zn}_i^{\cdot}}$ 能用式（3.52）和式（3.53）来表示：

$$\kappa_{\mathrm{Zn}_i^{\cdot\cdot}} = k p_{\mathrm{O}_2}^{-1/6} \tag{3.52}$$

$$\kappa_{Zn_i} = kp_{O_2}^{-1/4} \tag{3.53}$$

由于 ZnO 与化学计量比只有微小偏离，因此有式(3.54)成立：

$$\mu_{Zn} + \mu_O = \mu_{ZnO} \approx 常数 \tag{3.54}$$

而且，μ_O 可用式(3.55)表示：

$$\mu_O = \frac{1}{2}\mu_{O_2}^{\ominus} + \frac{1}{2}RT\ln p_{O_2} \tag{3.55}$$

因此，得到式(3.56a)和式(3.56b)：

$$0 = d\mu_{Zn} + \frac{1}{2}RTd\ln p_{O_2} \tag{3.56a}$$

$$d\mu_{Zn} = -\frac{1}{2}RTd\ln p_{O_2} \tag{3.56b}$$

由式(3.46)、式(3.52)和式(3.56b)得到式(3.57a)：

$$k'_{ZnO} = -k\int_{p''_{O_2}}^{p'_{O_2}} p_{O_2}^{-1/6}d\ln p_{O_2} = -k\int_{p''_{O_2}}^{p'_{O_2}} p_{O_2}^{-7/6}dp_{O_2} \tag{3.57a}$$

积分后，得式(3.57b)：

$$k'_{ZnO} = k''\left[\left(\frac{1}{p'_{O_2}}\right)^{1/6} - \left(\frac{1}{p''_{O_2}}\right)^{1/6}\right] \tag{3.57b}$$

同样，由式(3.46)、式(3.53)和式(3.56)，得式(3.58)：

$$k'_{ZnO} = k''\left[\left(\frac{1}{p'_{O_2}}\right)^{1/4} - \left(\frac{1}{p''_{O_2}}\right)^{1/4}\right] \tag{3.58}$$

一般，p''_{O_2} 比 p'_{O_2} 大得多，因此尽管 Zn_i 和 $Zn_i^{\cdot}$ 相对充裕，但实际上 Zn 的抛物线速率常数与外部的氧分压无关。

可对 Co 氧化生成 CoO 做类似的处理。一氧化钴是金属不足的 p 型半导体，按式(3.59)形成阳离子空位和电子空穴[21,22]：

$$\frac{1}{2}O_2 \Longrightarrow O_O + V'_{Co} + h^{\cdot}, \qquad K_{59} = C_{V'_{Co}}C_{h^{\cdot}}p_{O_2}^{-1/2} \tag{3.59}$$

排除杂质引起的缺陷和固有电子缺陷的贡献，由式(3.59)可见，为了保持化学计量比和电中性，有式(3.60)所示的关系：

$$C_{V'_{Co}} = C_{h^{\cdot}} \propto p_{O_2}^{1/4} \tag{3.60}$$

进而阳离子的电导率由式(3.61)给出：

$$\kappa_{Co} \propto p_{O_2}^{1/4} \tag{3.61}$$

将式(3.61)代入式(3.46)中，得式(3.62)所示的抛物线速率常数(对于 Co 氧化成 CoO)：

$$k'_{CoO} \propto \int_{p'_{O_2}}^{p''_{O_2}} p_{O_2}^{1/4}d\ln p_{O_2} \tag{3.62a}$$

变换一下，得式(3.62b)：

$$k'_{CoO} \propto \int_{p'_{O_2}}^{p''_{O_2}} p_{O_2}^{-3/4} \, \mathrm{d}\, p_{O_2} \qquad (3.62b)$$

积分，得式(3.63)：

$$k'_{CoO} \propto \left[(p''_{O_2})^{1/4} - (p'_{O_2})^{1/4} \right] \qquad (3.63)$$

在式(3.63)中，Co 和 CoO 平衡时的 p'_{O_2} 与气氛中的 p''_{O_2} 相比可忽略，这是合理的，因为氧化反应速率由扩散控制成立的条件是 p''_{O_2} 足够高，以免表面反应或气相传输成为反应速率的控制步骤。

在这种假设之下，式(3.63)简化成式(3.64)：

$$k'_{CoO} \propto (p''_{O_2})^{1/4} \qquad (3.64)$$

按照式(3.65)，可能还要有带双电荷的阳离子空位存在：

$$\frac{1}{2}O_2 =\!=\!= O_O + V''_{Co} + 2h^{\cdot} \qquad (3.65)$$

K_{65} 由式(3.66)表示：

$$K_{65} = C_{V''_{Co}} C_{h^{\cdot}}^2 \, p_{O_2}^{-1/2} \qquad (3.66)$$

如果这些缺陷占主导，按同样的道理，钴氧化的抛物线速率常数将随氧分压的变化而改变，如式(3.67)：

$$k'_{CoO} \propto (p''_{O_2})^{1/6} \qquad (3.67)$$

Fisher 和 Tannhäuser[21]测量了 CoO 的电导率随氧分压的变化，结果表明，氧分压低于 10^{-5}atm 时遵从式(3.65)所示的双电荷空位模型，高于 10^{-5}atm 时则遵从式(3.59)所示的单电荷模型。由于发生转换的氧分压非常低，预期除了与金属基体接触的非常薄的氧化膜之外，钴上生长的 CoO 膜中主要包含按式(3.59)形成的缺陷[22]。

因此，如果钴在氧分压远高于 10^{-5}atm 的气氛中氧化时，则速率常数将随 $p_{O_2}^{1/4}$ 而变化。

在一定范围的氧分压和温度下研究了钴的氧化[23,24]，得到的 $\log k''_{CoO}$ 与 $\log p_{O_2}$ 关系曲线为一系列斜率约为 1/3 的直线(在 1/2.6 和 1/3.6 之间变化)，如图 3.11 所示，可用 CoO 中存在中性阳离子空位解释。(注意 k'' 由氧化增重测量得到,通过后面的表 3.2 中的转换关系与 k' 关联。)中性阳离子空位的形成见式(3.68)：

$$\frac{1}{2}O_2 =\!=\!= O_O + V_{Co} \qquad (3.68)$$

重要的是要认识到，由于它们的形成不涉及电子缺陷，因此测量电导率随氧分压变化的方法将无法测出中性空位的存在。但是，如果式(3.68)代表 CoO 中缺陷的主要形成方式，中性空位能够也确实会影响阳离子的扩散，钴的扩散系数和抛物线速率常数将按式(3.69a)和式(3.69b)而改变：

$$D_{Co} \propto p_{O_2}^{1/2} \tag{3.69a}$$

$$k_{Co} \propto p_{O_2}^{1/2} \tag{3.69b}$$

图 3.11 所示的幂指数为 1/3 结果证实，CoO 中带单电荷的和中性的空位占主导。

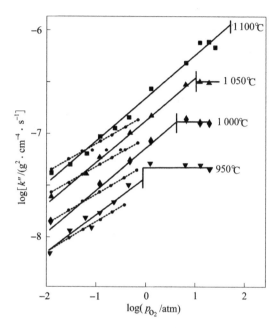

图 3.11　钴氧化时抛物线速率常数随氧分压和温度的变化，Bridges、Baur 和 Fassell[24]的结果(■▲◆▼)，Mrowec 和 Przybylski[27]的结果(●)

而且，由图 3.11 可见，一旦气氛中的氧分压超过 Co_3O_4 形成分压时，速率常数就变得对外部氧分压不敏感了，这是由于 CoO/Co_3O_4 界面的氧分压是固定的，Co_3O_4 膜的生长比 CoO 慢得多，对整个动力学的贡献不明显。

下一个例子是存在几种缺陷类型对结果产生怎样的影响，以铜氧化成 Cu_2O 为例。一价铜氧化物是形成阳离子空位和电子空穴的金属不足 p 型半导体，这些缺陷的形成由式(3.70)表示：

$$\frac{1}{2}O_2 = O_O + 2V_{Cu}' + 2h^{\cdot} \tag{3.70}$$

但是，也有可能空位和电子空穴结合在一起形成不带电荷的铜空位，如式(3.71)：

$$V_{Cu}' + h^{\cdot} = V_{Cu} \tag{3.71}$$

中性阳离子空位的形成也可通过将式(3.70)和式(3.71)合并，用式(3.72)表示：

$$\frac{1}{2}O_2 \Longrightarrow O_O + 2V_{Cu} \qquad (3.72)$$

按照与 CoO 同样的推导方法，可见，如果式(3.70)代表 Cu₂O 的缺陷结构，那么铜氧化成 Cu₂O 的抛物线速率常数遵从式(3.73)：

$$k_{Cu_2O} \propto p_{O_2}^{1/8} \qquad (3.73)$$

如果缺陷结构由式(3.72)表示，也就是中性阳离子空位占主导，那么抛物线速率常数应遵从式(3.74)：

$$k_{Cu_2O} \propto p_{O_2}^{1/4} \qquad (3.74)$$

Mrowec 和 Stoklosa[25] 以及 Mrowec 等[26] 研究了一定温度和氧分压范围内 Cu 到 Cu₂O 的氧化，结果如图 3.12 所示，可见幂指数非常接近 1/4，表明中性阳离子空位是 Cu₂O 中的主要缺陷类型。

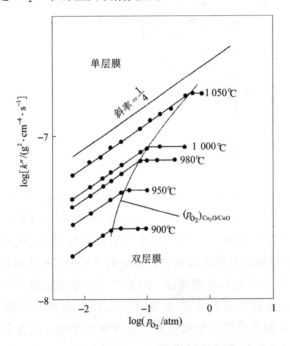

图 3.12 铜氧化时抛物线速率常数随氧分压和温度的变化，

Mrowec 和 Stoklosa[25] 以及 Mrowec 等的结果[26]

Fueki 和 Wagner[13] 及 Mrowec 和 Przybylski[27,28] 运用 Wagner 机制和理论进行了更进一步的实验，通过测量抛物线氧化速率常数，得到了 Ni 在 NiO 中和 Co 在 CoO 中的扩散系数值。由于抛物线速率常数能用式(3.48)所示的形式表示：

$$k' = \frac{1}{RT} \int_{\mu_M'}^{\mu_M''} D_M d\mu_M \quad cm^2 \cdot s^{-1} \qquad (3.48)$$

则有可能从扩散系数 D_M 是 M 的化学势 μ_M 的函数的关系计算出 k'，然而测量氧分压比测量金属的化学势更容易，相应地可对式(3.48)重新整理。例如，如果金属氧化物的形成依照普适的公式[式(3.75)]：

$$2M + \frac{Z_c}{2}O_2 = M_2O_{Z_c} \qquad (3.75)$$

而且假设 $M_2O_{Z_c}$ 与化学计量比的偏差很小，它的化学势为常数，有式(3.76)：

$$2\mu_M + Z_c\mu_O = \mu_{M_2O_{Z_c}} = 常数 \qquad (3.76)$$

由于 $\mu_O = \frac{1}{2}(\mu_{O_2}^\ominus + RT\ln p_{O_2})$，因此得到式(3.77)：

$$\mathrm{d}\mu_M = -\frac{Z_c}{4}RT\mathrm{d}\ln p_{O_2} \qquad (3.77)$$

将式(3.77)代入式(3.48)，结果如式(3.78)：

$$k' = \frac{Z_c}{4}\int_{p'_{O_2}}^{p''_{O_2}} D_M\mathrm{d}\ln p_{O_2} \qquad (3.78)$$

用式(3.78)计算 k' 值的难点在于必须知道 D_M 值如何随缺陷浓度，因此也是如何随氧势而改变。

Fueki 和 Wagner[13]采用 C. Wagner[29]介绍的曾用来获得 Sb_2S_3 的传输数的微分法解决了这一问题。用这种方法，对于恒定的 p'_{O_2}，以 $\ln p''_{O_2}$ 为变量对式(3.78)进行微分，即式(3.79)：

$$\frac{\mathrm{d}k'}{\mathrm{d}\ln p''_{O_2}} = \frac{Z_c}{4}D_M \qquad (3.79)$$

因此，如果在恒温下测得 k' 值随外部氧分压 p''_{O_2} 的变化，那么从 k' 与 $\ln p''_{O_2}$ 的关系曲线的斜率就可获得 D_M 值。Fueki 和 Wagner[13]使用这种方法确定了 NiO 中 Ni 的扩散系数随氧分压的变化，结果表明，1 000 ℃时 D_{Ni} 与 $p_{O_2}^{1/6}$ 成正比，在 1 300 ℃时与 $p_{O_2}^{1/4}$、1 400 ℃时与 $p_{O_2}^{1/3.5}$ 成正比，说明在 1 000 ℃时带双电荷的空位占优势，1 300 ℃时带单电荷的空位占优势，在更高的温度则存在中性空位。

由于钴－氧体系的缺陷结构是已知的，而且 Carter 和 Richardson[30]以及 Chen 等[31]曾用示踪技术精确地测量了钴的自扩散系数，因此 Mrowec 和 Przybylski 将这种方法应用在了该体系。在 900 ℃到 1 300 ℃的温度区间，10^{-6} ~ 1atm 的氧分压范围内使钴圆片氧化，绘出 k'' 随 $\lg p_{O_2}$ 的变化曲线，结果表明，k'' 随氧分压的变化遵从式(3.79)。用曲线的斜率 $\frac{\mathrm{d}k''}{\mathrm{d}\log p_{O_2}}$ 计算了 D_{Co} 值，为 Wagner 抛物线氧化理论的正确性提供了一个令人信服的论证。示踪实验结果：$D_{Co} = 0.005\,2\exp[-19\,200/(T/K)]\,\mathrm{cm}^2\cdot\mathrm{s}^{-1}$（文献 30）；$D_{Co} = 0.005\,0\exp$

$[-19\ 400/(T/K)]cm^2 \cdot s^{-1}$（文献 31），而氧化测量结果 $D_{Co} = 0.005\ 0exp$ $[-19\ 100/(T/K)]cm^2 \cdot s^{-1}$（文献 28）。

因此，从理论上来讲，通过研究氧化速率随氧分压和温度的变化可弄清氧化反应进行的传输机制，氧化速率的绝对值本身可用于比较几种金属的氧化动力学。一些结果绘于图 3.13 中，可见，一般来讲，体系中氧化物的缺陷浓度越高，体系的氧化速率也越高。但是，图 3.13 中的速率常数一般比用式(3.48)或式(3.49)的晶格扩散数据计算出来的数值高几个数量级，这说明一些形式的"短路扩散"对氧化膜生长有贡献。

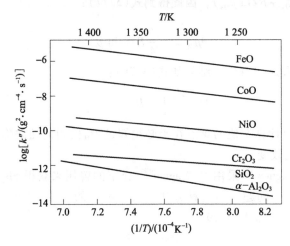

图 3.13　几种氧化物生长的抛物线速率常数的数量级

短路扩散

关于由气相和金属反应生成的产物膜生长过程中传输路径的详细知识往往是欠缺的，但对于一些体系来说，定性的结果是有的。Atkinson 等[32]曾报道，在低于 1 100 ℃ 时，Ni 的氧化受镍离子沿 NiO 膜的晶界向外扩散控制。图 3.14 给出了 NiO 的一些扩散数据[33]，晶界扩散系数由假设"晶界宽度"为 1 nm 得出。镍离子的晶格扩散系数比氧离子大得多，与从 NiO 的缺陷结构推出的结果一致；镍离子在小角和大角晶界的扩散系数更高。体扩散和晶界扩散对氧化膜生长的贡献取决于温度和氧化物颗粒尺寸，观察发现金属表面生长的氧化膜的晶粒尺寸普遍都非常细小（微米级），因此在相当高的温度下晶界扩散一直占据主导地位。据报道 NiO 的晶界扩散与体扩散一样由 p_{O_2} 决定[33]，说明这两个过程由相似的点缺陷控制。

用 $^{16}O/^{18}O$ 交换技术测量了生长着的 Cr_2O_3 膜中的传输过程，结果表明，膜的生长主要受铬离子沿晶界向外扩散控制[34]。相反，对 Al_2O_3 膜的大量研究表明（见文献 35），氧化铝膜的生长主要受氧离子沿氧化物晶界向内扩散控制，

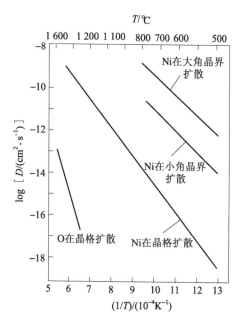

图 3.14　NiO 的扩散系数（Atkinson 等[33]）。Ni 的数据在氧为

单位活度时得到，O 的数据在氧分压为 0.2atm 时得到

但也有一部分由 Al 向外扩散生长。

无论传输过程究竟如何，发展耐氧化合金的目标在于发展一种能形成生长缓慢的氧化膜的合金成分，这一般通过促进 Al_2O_3，SiO_2 或 Cr_2O_3 的形成来实现，将在第 5 章进行讨论。

线性速率规律

在某种条件下金属的氧化在恒定的速率下进行，叫做遵守"线性速率规律"，即式（3.80）：

$$x = k_1 t \tag{3.80}$$

式中，x 为膜厚度，k_1 为线性速率常数。k_1 的单位取决于反应测量方法，如果测量的是氧化膜的厚度，如式（3.80），k_1 的单位为 $cm \cdot s^{-1}$；如果测量的是氧化增重，则 k_1 的单位是 $g \cdot cm^{-2} \cdot s^{-1}$，以此类推。

当相界过程为反应的速率控制步骤时，一般会观察到线性速率规律，当然氧化机制中其他步骤为控制步骤时也可得到同样的结果。从理论上来讲，当膜很薄时，即氧化初始阶段，膜内扩散不会成为速率控制步骤，这时，金属-氧化物和氧化物-气相界面不能假设为热力学平衡状态，但没有发现金属-氧化物界面的反应为速率控制步骤的情况，因此可假设在金属－氧化物界面发生的反应，即阳离子传导情况下的金属离化以及阴离子传导情况下金属的离化和氧化物的形成非常快，因此应把注意力放在用氧化膜－气相界面的反应来解释线性速率规律。

在氧化膜－气相界面，反应过程可分为若干步骤。反应气体分子必须接近膜表面并吸附在上面，然后吸附的分子分解成为吸附氧，吸附氧从氧化物晶格中获取电子变成化学吸附，最后进入晶格，而电子从氧化膜中移走则引起膜－气相界面附近氧化膜中电子缺陷浓度的变化。此过程可由式(3.81)表示：

$$\frac{1}{2}O_2(g) \xrightarrow[(1)]{} \frac{1}{2}O_2(ad) \xrightarrow[(2)]{} O(ad) \xrightarrow[(3)]{e^-} O^-(chem) \xrightarrow[(4)]{e^-} O^{2-}(latt) \qquad (3.81)$$

此式写成氧分子为气相中的活性氧化组元的形式。除了在氧分压非常低的情况下，上述气氛中的反应不会保持恒定的动力学速率，因此可假设发生在氧化膜表面的反应步骤(1)~(4)是快速反应。

然而，当氧化介质为 $CO-CO_2$ 混合物时，可观察到恒定的反应动力学速率[36,37]。此时，表面反应可由式(3.82)表示：

$$\begin{array}{c} CO(g) \\ \downarrow \\ CO_2(g) \xrightarrow[(1)]{} CO_2(ad) \xrightarrow[(2)]{} CO(ad) + O(ad) \xrightarrow[(3)]{e^-} O^-(chem) \xrightarrow[(4)]{e^-} O^{2-}(latt) \\ \downarrow \qquad\qquad \downarrow \\ CO(g) \qquad CO_2(g) \end{array} \qquad (3.82)$$

开始，CO_2 吸附在氧化物表面，然后分解为吸附的 CO 和 O，吸附氧进一步按式(3.81)离子化，再就是吸附的 CO 脱附，以及吸附氧与气相中的 CO 反应而脱离。由于步骤(3)和(4)是快速反应，而且在含高 CO_2 浓度的环境中 CO_2 与氧化膜表面的碰撞率很高，因此最有可能的反应速率控制步骤为(2)（氧化膜表面吸附的 CO_2 分解为吸附的 CO 分子和氧分子）。

Hauffe 和 Pfeiffer[36] 研究了铁在 900~1 000 ℃、$CO-CO_2$ 混合气氛中的氧化，发现在总气压为 1 atm 时，反应速率为常数，并与 $(p_{CO_2}/p_{CO})^{2/3}$，也就是 $p_{O_2}^{1/3}$ 成正比，他们认为这说明氧的化学吸附为反应速率控制步骤。

Pettit 等[37] 对同样的反应进行了更细致的研究。他们假设速率控制步骤为 CO_2 分解为 CO 和吸附氧，如式(3.83)：

$$CO_2(g) \Longleftrightarrow CO(g) + O(ad) \qquad (3.83)$$

如果这个假设成立，那么单位面积的反应速率 $\dot{n}/A$ 由式(3.84)给出，这里 $\dot{n}$ 是单位时间生成的氧化物的物质的量：

$$\frac{\dot{n}}{A} = k'p_{CO_2} - k''p_{CO} \tag{3.84}$$

式中，k' 和 k'' 分别为正向反应速率常数和逆向反应速率常数。在反应的初始阶段，氧化膜主要与铁基体平衡，在氧化膜–气相界面氧化物缺陷浓度不会发生实质性的变化，因此不会影响式(3.84)。

如果气相成分与铁和氧化亚铁相平衡，那么反应速率为零，即 $\dot{n}/A = 0$，则有式(3.85)：

$$\frac{k''}{k'} = \frac{p_{CO_2}}{p_{CO}} = K \tag{3.85}$$

式中，K 为反应 $Fe + CO_2 \rightleftharpoons FeO + CO$ 的平衡常数。当 CO_2/CO 的压力比超过平衡条件时，由式(3.84)和式(3.85)，反应速率可写成式(3.86)：

$$\frac{\dot{n}}{A} = k'(p_{CO_2} - Kp_{CO}) \tag{3.86}$$

各组分的分压可用对应的摩尔分数 x_{CO_2} 和 x_{CO} 及总压来表示：

$$p_{CO_2} = px_{CO_2} \tag{3.87}$$
$$p_{CO} = px_{CO} = p(1 - x_{CO_2}) \tag{3.88}$$

将式(3.87)和式(3.88)代入式(3.86)中，得式(3.89a)：

$$\frac{\dot{n}}{A} = k'p\left[(1 + K)x_{CO_2} - K\right] \tag{3.89a}$$

整理，得式(3.89b)：

$$\frac{\dot{n}}{A} = k'p(1 + K)\left[x_{CO_2} - x_{CO_2}(eq)\right] \tag{3.89b}$$

式中，$x_{CO_2}(eq)$ 指 CO_2/CO 混合气体与铁和氧化亚铁达到平衡时 CO_2 的摩尔分数。按式(3.89b)，给定温度下氧化速率与气氛中 CO_2 的摩尔分数和总气压成正比。

图 3.15 中所示的 925 ℃ 的实验结果证实上述两个条件都成立，因此氧化速率控制步骤就是二氧化碳分解为一氧化碳和吸附氧。

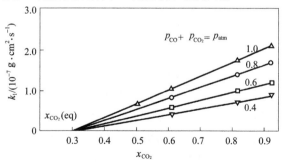

图 3.15　在 $CO-CO_2$ 气氛中铁的氧化速率随 CO_2 的摩尔分数 x 的变化，Pettit 等[37]

稀薄气氛

在稀薄气氛及被惰性的、非活性的气体稀释的活性气体气氛中，金属与气相之间的反应速率也是恒定的。

一个好的例子就是金属在低真空，即含有氧和氮分子的低压气氛中的热处理。这时，反应速率的控制步骤应为氧分子在样品表面的碰撞率，可采用从气体动力学理论导出的 Hertz-Knudsen-Langmuir 公式(3.90)计算：

$$j_{O_2} = \alpha \frac{p_{O_2}}{(2\pi M_{O_2} RT)^{1/2}} \tag{3.90}$$

式中，p_{O_2} 是低真空环境的氧分压，M_{O_2} 是氧的摩尔质量，R 是摩尔气体常数，T 是热力学温度，α 是粘滞系数。当所有碰撞的分子吸附并参加反应时，α 具有最大值 1，因此，在 $\alpha = 1$ 时，式(3.90)得出的是最大可能反应速率。用式(3.90)计算时，有必要使用表 3.1 中所列的兼容性的单位。根据式(3.90)，在 1 000 K、氧分压为 10^{-6} atm 的低真空环境中，金属与氧的最大反应速率为 $j_{O_2} = 2.45 \times 10^{-7}\ \text{mol} \cdot \text{cm}^{-2} \cdot \text{s}^{-1}$ 或 $7.8 \times 10^{-6}\ \text{g} \cdot \text{cm}^{-2} \cdot \text{s}^{-1}$。

据式(3.90)，当氧分压为固定值时，氧化速率将随温度变化而改变，如式(3.91)：

$$j_{O_2} = kT^{-1/2} \tag{3.91}$$

表 3.1

通量，j_{O_2}	压力，p_{O_2}	R	M_{O_2}
$\text{mol} \cdot \text{cm}^{-2} \cdot \text{s}^{-1}$	atm	$\text{cm}^3 \cdot \text{atm} \cdot \text{mol}^{-1} \cdot \text{K}^{-1}$	$\text{g} \cdot \text{mol}^{-1}$
$\text{mol} \cdot \text{cm}^{-2} \cdot \text{s}^{-1}$	$\text{dyn} \cdot \text{cm}^{-2}$	$\text{erg} \cdot \text{mol}^{-1} \cdot \text{K}^{-1}$	$\text{g} \cdot \text{mol}^{-1}$
$\text{mol} \cdot \text{cm}^{-2} \cdot \text{s}^{-1}$	$\text{N} \cdot \text{m}^{-2}$	$\text{N} \cdot \text{m} \cdot \text{mol}^{-1} \cdot \text{K}^{-1}$	$\text{kg} \cdot \text{mol}^{-1}$

稀释气体

当金属与被惰性气体或非活性气体稀释的活性气体组成的气氛发生反应时，紧挨样品表面的气层中活性气体分子快速贫化，只有气氛中的活性气体分子扩散通过贫化层到达金属表面，反应才能继续进行。当气氛中活性组分的浓度很低时，扩散就成为反应速率控制步骤。金属表面活性气体贫化层可被看作厚度为 δ 的边界层，如果分别用分压 p_i'' 和 p_i' 表示金属表面和环境中活性气体的浓度，那么活性组分 i 通过边界层的扩散速率可由式(3.92)表示：

$$j_i = -D_i \frac{p_i' - p_i''}{\delta} \qquad (3.92)$$

代表了在此环境中最大可能反应速率。在多数情况下，至少在反应的初始阶段，p_i'' 很低，可以忽略，得到式（3.93）：

$$j_i \approx -D_i \frac{p_i'}{\delta} \qquad (3.93)$$

即反应速率直接正比于 p_i'，环境中活性气体的分压。反应速率对温度的敏感性主要取决于扩散系数 D_i 与温度的关系，受边界层厚度 δ 随温度变化的影响较小。

反应速率是否由此步骤控制可通过反应速率与气体流速的关系得到鉴证，如果气体流速上升，那么边界层厚度下降，根据式（3.92），反应速率增加。

要注意吸附气体的浓度及与吸附气体相关的表面反应速率还随气相中活性气体分压的变化而改变，因此为了鉴别一个速率恒定的反应过程是否由边界层的扩散控制，必须确定反应速率与活性气体的分压和气体流速的关系。

线性规律到抛物线规律的转化

前面提到氧化膜很薄时经常观察到反应动力学遵守恒定速率规律，显然，这是氧化过程的一个阶段，即反应的起始阶段，它将依反应发生的条件而持续或长或短的时间。

当氧化膜刚开始形成并很薄时，通过氧化膜的扩散非常迅速，在氧化膜－气相界面与金属建立了平衡，换句话说，在此界面金属的活度保持在较高的水平，由于在膜中的快速扩散，开始时能接近 1。在这种条件下，反应速率由上面讨论的步骤之一控制。这时，反应以恒速率进行，氧化膜逐渐增厚，同时离子在氧化膜中的扩散通量必须等于表面反应速率，为保持这一通量，随着氧化膜逐渐增厚，在氧化膜－气体界面金属的活度必然降低，最终接近于气氛平衡时的数值。由于金属的活度不能低于此平衡值，氧化膜的进一步增厚必然导致膜中金属活度梯度的降低，继而引起离子通量和反应速率的降低。这时，离子通过氧化膜的传输成为反应速率控制步骤，反应速率遵从抛物线规律，随氧化时间的增长而降低。从线性规律到抛物线规律的转变已通过铁在 CO_2－CO 混合气氛中的氧化研究得到证实和描述[38]。

对数速率规律

当金属在某种条件下，特别是在接近 400 ℃ 的低温条件下氧化，最初厚达 1 000 Å 左右的氧化膜形成时，其特征是：反应初期速率很快，随即迅速降至很低。这种行为遵从对数速率规律，如式（3.94）和式（3.95）：

$$x = k_{\log}\log(t + t_0) + A \qquad \text{（正对数律）} \tag{3.94}$$

$$1/x = B - k_{il}\log t \qquad \text{（反对数律）} \tag{3.95}$$

式中，A，B，t_0，$k_{\log}$，k_{il} 在恒定温度下为常数。

已有几种针对这类行为的理论解释，Kofstad[39] 和 Hauffe[40] 对此做了详细的描述和总结，值得参考。这种现象主要在低温下出现，但考虑到对高温下厚氧化膜的形成进行研究时，其加热过程一般发生这类氧化反应，所以这里将给出各种理论解释的定性描述。

解释对数速率规律的理论基于以下种种考虑：即反应物的吸附、氧化膜中形成的电场的作用、电子通过薄氧化膜时的量子力学隧道效应、易扩散途径的逐渐阻塞、氧化膜中的非等温条件，以及形核和长大过程等。Kofstad[39] 对这些理论进行了简要的总结。

应记住两件事。第一，虽然现代的高真空技术可精确控制反应开始的时间，使得充入反应气体之前可假设系统已达到热平衡状态，但最初形成的氧化物的反应速率仍很难用实验来精确而可靠地测量。第二，对于薄的氧化膜，进行任何热力学处理以确定缺陷的浓度或浓度梯度时，都有必要考虑表面或界面能。因此，膜与化学计量比的实际偏离不得而知，薄膜的物理性能也与块体材料有很大差异。由于这些困难，对于对数速率现象的诠释仍是金属氧化领域中了解得最少的领域。

假设吸附是早期氧化膜形成过程中的反应速率控制步骤。当某一清洁表面暴露于氧化气氛中，与表面碰撞的气体分子或反弹回气相中，或吸附于表面，在恒定的温度和氧分压下，吸附于金属表面的分数 α 为常数，因此反应速率应为常数。但是，在表面被单层气体分子或氧化物核覆盖的区域，α 值要低得多，因此，随着吸附或氧化物形核过程的进行，反应速率相应降低，直至金属表面完全被氧化物覆盖，这时氧化速率将进一步降低。

Benard 及其合作者[41] 研究了初始的吸附和形核过程，证实氧化物在金属表面的形核是不连续的，氧化物岛在金属表面快速长大，直到表面完全被氧化物覆盖。研究还证实了吸附过程在氧分压远低于氧化物的分解压力时就开始了。

当氧化性气体化学吸附于生长在金属表面的氧化膜表面时，它从氧化物晶格中捕获或夺取电子，如式（3.81）：

$$\frac{1}{2}O_2(g) \xrightarrow{\quad} O(ad) \xrightarrow{e^-} O^-(chem) \tag{3.81}$$

结果是 p 型氧化物表面产生额外的电子空穴，或 n 型氧化物表面过剩电子的数量减少。由于获取电子的深度在 100 Å 左右，因此形成一个强电场，也就是空间电荷层。Cabrera 和 Mott[42] 曾用这个概念解释具有严格化学计量的薄氧化膜形成的反对数规律，及由于低的缺陷浓度引起的低温下低的电子迁移速率（一般认为电子迁移速率大于离子迁移速率）。由于电子通过量子力学隧道效应从金属基体通过氧化膜转移到吸附氧，使氧化学吸附在氧化膜表面，形成的电场作用在迁移离子上，提高了迁移速率。显然，假定金属和吸附氧的电位差为恒定值，那么氧化膜越薄，电场越强，离子扩散越快，当氧化膜变厚，电场强度减弱，反应速率下降。当氧化膜厚度超过 100 Å 时，电子从金属通过膜的隧道效应不再适用，整个电势差也不再起作用，最终，就会观察到极低的反应速率。

Young 等[43]报道铜在 70 ℃、Hart[44]报道铝在 20 ℃、Roberts[45]报道铁在接近 120 ℃ 氧化时，都遵守反对数规律。

Mott[46]提出了对正对数规律的解释，后来 Hauffe 和 Ilschner[47]给予了修正，认为氧化初期较快的反应速率是由电子通过薄氧化膜的量子力学隧道效应引起。虽然低温下氧化物中电子一般不很活跃，但金属表面薄氧化膜的电导率比块体材料的电导率高得多，因此，如果电子传输是速率控制步骤，氧化初期氧化膜很薄时反应速率将异乎寻常的高，当膜变厚，超过产生电子隧道效应的最大厚度时，反应速率明显下降。

对数规律的一些其他解释否定了离子在氧化膜中是均匀传质的设想，而假定膜中有一些离子快速扩散通道存在，例如，晶界、位错线或表面的微孔。在氧化膜生长过程中这些通道由于再结晶、晶粒长大或者氧化膜生长应力挤压微孔，或者三者共同作用而逐渐被阻塞。这些微孔还可能成为氧化膜中的空位陷阱，长大形成空洞，通过减少致密氧化膜的截面而有效地阻碍离子的传输。低离子电导率的第二相合金氧化物的形成具有同样的阻碍离子迁移作用。这些理论主要由 Evans 及其合作者[48]提出并探讨。

对于多种理论解释并存的情况，对每种情况需要深入地研究并判断其特点，这显然比仅仅通过简单的动力学实验下判断要明智。

本书中对于 Wagner 的金属高温氧化理论的描述基本忠实原著，该理论的一个假定就是考虑的氧化膜的厚度大于上述讨论的产生空间电荷效应的膜厚。Fromhold[49-51]探讨了氧化膜 - 气体界面和金属 - 氧化膜界面存在空间电荷时的情况，结果表明当膜厚度在 5 000 ~ 10 000 Å 范围内，空间电荷的存在将导致速率常数随膜厚度的变化而改变。由于通常遇到的氧化膜的厚度远远大于这个范围，因此这里不再对此进行深入的探讨。

抛物线速率常数之间的关系

上述抛物线速率常数是从测量氧化膜的厚度作为反应参数的相关单位推导得到的。如前所述，根据所选择的反应参数的不同，有多种表述反应程度的方法，每种方法都可导出各自特定的抛物线速率常数，Wagner 定义的各种抛物线速率常数如下。

（a）测量氧化膜厚度（x）

$$\frac{\mathrm{d}x}{\mathrm{d}t} = \frac{k'}{x} \quad 即 \quad x^2 = 2k't \tag{3.25}$$

在式（3.25）中，k' 称为"氧化常数"或"成膜常数"，单位为 $\mathrm{cm^2 \cdot s^{-1}}$。

（b）测量样品氧化增重（m）

由式（3.96）确定抛物线速率常数：

$$\left(\frac{m}{A}\right)^2 = k''t \tag{3.96}$$

式中，A 为发生反应的表面积；k'' 也称为"氧化常数"或"成膜常数"，单位为 $\mathrm{g^2 \cdot cm^{-4} \cdot s^{-1}}$。

（c）测量金属表面内移（l）

测量所消耗的金属厚度，得到式（3.97）所示的 k_c。k_c 称为"腐蚀常数"，单位为 $\mathrm{cm^2 \cdot s^{-1}}$，

$$l^2 = 2k_c t \tag{3.97}$$

（d）测量单位厚度氧化膜的生长速率

理论速率常数定义为用单位时间生成的氧化物的物质的量表示的单位厚度的膜在单位面积上的生长速率，如式（3.98）：

$$k_r = \frac{x}{A}\frac{\mathrm{d}\tilde{n}}{\mathrm{d}t} \tag{3.98}$$

$\tilde{n}$ 为厚度为 x 的氧化膜中氧化物的物质的量。k_r 有时称为"理论氧化常数"，单位为 $\mathrm{mol \cdot cm^{-1} \cdot s^{-1}}$。

显而易见，有这么多不同的方法表示抛物线速率常数，有这么多不同的符号，足以造成混乱，因此在计算速率常数时有必要弄清速率常数的定义。

用任一种速率常数计算其他的速率常数非常容易，因为它们都表示同样的氧化过程，它们的相互关系列于表 3.2 中。

表 3.2　各种抛物线速率常数之间的关系（膜的化学计量比用 $M_\nu X$ 表示）

B ＼ A	$\dfrac{k'}{\mathrm{cm^2 \cdot s^{-1}}}$	$\dfrac{k''}{\mathrm{g^2 \cdot cm^{-4} \cdot s^{-1}}}$	$\dfrac{k_c}{\mathrm{cm^2 \cdot s^{-1}}}$	$\dfrac{k_r}{\mathrm{mol \cdot cm^{-1} \cdot s^{-1}}}$
$k'/(\mathrm{cm^2 \cdot s^{-1}})$	1	$2[M_X/\overline{V}Z_X]^2$	$[\overline{V}_M/\overline{V}]^2$	$1/\overline{V}$
$k''/(\mathrm{g^2 \cdot cm^{-4} \cdot s^{-1}})$	$\dfrac{1}{2}[\overline{V}Z_X]^2/M_X^2$	1	$\dfrac{1}{2}[\overline{V}_M Z_X/M_X]^2$	$\overline{V}/(2[Z_X/M_X]^2)$
$k_c/(\mathrm{cm^2 \cdot s^{-1}})$	$[\overline{V}/\overline{V}_M]^2$	$2[M_X/\overline{V}Z_X]^2$	1	$\overline{V}/\overline{V}_M^2$
$k_r/(\mathrm{mol \cdot cm^{-1} \cdot s^{-1}})$	$\overline{V}$	$2/(\overline{V}[M_X/Z_X]^2)$	$\overline{V}_M^2/\overline{V}$	1

按式 $A = FB$ 给出相关系数 F；A 水平列出，B 竖直列出。符号的意义如下：

$\overline{V}$ = 膜的摩尔体积（$cm^3 \cdot mol^{-1}$）；$\overline{V}_M$ = 金属的摩尔体积（$cm^3 \cdot mol^{-1}$）；

M_X = 非金属 X（氧、硫等）的摩尔质量；Z_X = X 的价态[$mol \cdot (gX)^{-1}$]。

□ **参考文献**

1. F. O. Kröger, *The Chemistry of Imperfect Crystals*, Amsterdam, North Holland Publishing Co. , 1964.

2. P. Kofstad, *Nonstoichiometry, Diffusion, and Electrical Conductivity in Binary Metal Oxides*, New York, Wiley, 1972.

3. D. M. Smyth, *The Defect Chemistry of Metal Oxides*, Oxford, Oxford University Press, 2000.

4. H. H. von Baumbach and C. Z. Wagner, *Phys. Chem.* , **22**(1933), 199.

5. G. P. Mohanty and L. V. Azaroff, *J. Chem. Phys.* , **35**(1961), 1268.

6. D. G. Thomas, *J. Phys. Chem. Solids*, **3**(1957), 229.

7. E. Scharowsky, *Z. Phys.* , **135**(1953), 318.

8. J. W. Hoffmann and I. Lauder, *Trans. Faraday Soc.* , **66**(1970), 2346.

9. I. Bransky and N. M. Tallan, *J. Chem. Phys.* , **49**(1968), 1243.

10. N. G. Eror and J. B. Wagner, *J. Phys. Stat. Sol.* , **35**(1969), 641.

11. S. P. Mitoff, *J. Phys. Chem.* , **35**(1961), 882.

12. G. H. Meier and R. A. Rapp, *Z. Phys. Chem. NF*, **74**(1971), 168.

13. K. Fueki and J. B. Wagner, *J. Electrochem. Soc.* , **112**(1965), 384.

14. C. M. Osburn and R. W. Vest, *J. Phys. Solids*, **32**(1971), 1331.

15. J. E. Stroud, I. Bransky, and N. M. Tallan, *J. Chem. Phys.* , **56**(1973), 1263.

16. R. Farhi and G. Petot-Ervas, *J. Phys. Chem. Solids*, **39**(1978), 1169.

17. R. Farhi and G. Petot-Ervas, *J. Phys. Chem. Solids*, **39**(1978), 1175.

18. G. J. Koel and P. J. Gellings, *Oxid. Met.* , **5**(1972), 185.

19. M. C. Pope and N. Birks, *Corr. Sci.* , **17**(1977), 747.

20. C. Wagner, *Z. Phys. Chem.* , **21**(1933), 25.

21. B. Fisher and D. S. Tannhäuser, *J. Chem. Phys.* , **44**(1966), 1663.

22. N. G. Eror and J. B. Wagner, *J. Phys. Chem. Solids*, **29**(1968), 1597.

23. R. E. Carter and F. D. Richardson, *TAIME*, **203**(1955), 336.

24. D. W. Bridges, J. P. Baur, and W. M. Fassell, *J. Electrochem. Soc.* , **103**(1956), 619.

25. S. Mrowec and A. Stoklosa, *Oxid. Met.* , **3**(1971), 291.

26. S. Mrowec, A. Stoklosa, and K. Godlewski, *Cryst. Latt. Def.* , **5**(1974), 239.

27. S. Mrowec and K. Przybylski, *Oxid. Met.* , **11**(1977), 365.

28. S. Mrowec and K. Przybylski, *Oxid. Met.* , **11**(1977), 383.

29. F. S. Pettit, *J. Phys. Chem.* , **68**(1964), 9.

30. R. E. Carter and F. D. Richardson,, *J. Met.* , **6**(1954), 1244.

31. W. K. Chen, N. L. Peterson, and W. T. , Reeves, *Phys. Rev. ,* **186**(1969), 887.

32. A. Atkinson, R. I. Taylor, and A. E. Hughes, *Phil. Mag. ,* **A45**(1982), 823.

33. A. Atkinson, D. P. Moon, D. W. Smart, and R. I. Taylor, *J. Mater. Sci. ,* **21**(1986), 1747.

34. R. J. Hussey and M. J. Graham, *Oxid. Met. ,* **45**(1996), 349.

35. R. Prescott and M. J. Graham, *Oxid. Met. ,* **38**(1992), 233.

36. K. Hauffe and H. Pfeiffer, *Z. Elektrochem. ,* **56**(1952), 390.

37. F. S. Pettit, R. Yinger, and J. B. Wagner, *Acta Met. ,* **8**(1960), 617.

38. F. S. Pettit and J. B. Wagner, *Acta Met. ,* **12**(1964), 35.

39. P. Kofstad, *High Temperature Corrosion,* New York, Elsevier Applied Science Publishers, Ltd, 1988.

40. K. Hauffe, *Oxidation of Metals,* New York, Plenum Press, 1965.

41. J. Benard, *Oxydation des Méteaux,* Paris, Gautier-Villars, 1962.

42. N. Cabrera and N. F. Mott, *Rept. Prog. Phys. ,* **12**(1948), 163.

43. F. W. Young, J. V. Cathcart, and A. T. Gwathmey, *Acta Met. ,* **4**(1956), 145.

44. R. K. Hart, *Proc. Roy. Soc. ,* **236A**(1956), 68.

45. M. W. Roberts, *Trans. Faraday Soc. ,* **57**(1961), 99.

46. N. F. Mott, *Trans. Faraday Soc. ,* **36**(1940), 472.

47. K. Hauffe and B. Z. Ilschner, *Elektrochem. ,* **58**(1954), 382.

48. U. R. Evans, *The Corrosion and Oxidation of Metals,* London, Edward Arnold, 1960.

49. A. T. Fromhold, *J. Phys. Chem. Solids,* **33**(1972), 95.

50. A. T. Fromhold and E. L. Cook, *J. Phys. Chem. Solids,* **33**(1972), 95.

51. A. T. Fromhold, *J. Phys. Soc. J. ,* **48**(1980), 2022.

4

纯金属的氧化

引言

　　下面的阐述将会进行必要的理想化，这是由于很难找到一种遵从单一速率控制模式的体系，相应的，很难选择合适的示例说明一种单一速率控制的过程，即使像样品形状这样的因素都会对决定样品寿命的机制产生影响。例如，当一种金属在高温下暴露于氧化气氛中，由于初始形成的氧化膜非常薄，因此反应非常迅速，如果按抛物线速率规律外推膜厚度为零，那么反应速率将是无穷大，这肯定是错误的。在氧化初期反应必然由其他过程而不是由离子在薄氧化膜中的传输所控制，例如，气体分子在氧化膜表面按照式(4.1)进行吸附和反应：

$$O_2(g) \longrightarrow O_2(ad) \longrightarrow 2O(ad) =\!=\!=$$
$$2O^-(chem) + 2h^{\cdot} \longrightarrow 2O^{2-}(latt) + 4h^{\cdot} \qquad (4.1)$$

包括氧的吸附、分解、化学吸附及离化，如果该过程是速率控制步骤，反应速率将是恒定的。但是这些过程进行得非常迅速，因此很少观察到反应速率由它们控制的氧化阶段。实际上，观察到这种初始氧化阶段非常难，因为在大多数情况下，样品升温过程中生成的氧化膜已经相当厚了，当恒温氧化过程开始时，离子通过氧化膜的扩散已成为速率控制步骤。

在一些特殊的条件下还是能观察到反应由表面过程控制的初始阶段。前面曾经提到过，Pettit，Yinger 和 Wagner[1] 选择了一种表面反应很慢的气氛系统研究了这个过程。还可以在惰性气氛中或真空条件下将金属样品加热到指定温度，然后迅速充入氧化气氛，这种方法适用于 Cu 的氧化，曾用透射电镜（TEM）原位研究了 Cu_2O 在低温下的形核过程[2]。但将这种方法用在生成更稳定的氧化物的体系比较难，因为在加热过程中就会有氧化物形成，即使在非常低的氧分压下也是如此。

一旦金属的氧化到了由离子扩散控制的阶段，反应速率就会遵从抛物线速率规律，持续时间由样品的几何形状和氧化膜的力学性质决定。

样品的几何形状非常重要，这是由于随着反应的进行，金属基体将变得越来越小，金属 – 膜界面的面积也越来越小，当反应速率由单位面积的氧化增重表示时，如果把金属样品的初始表面积当作是恒定的，就会导致数值虽小但意义重大的偏差。Romanski[3]，Bruckmann[4]，Mrowec 和 Stoklosa[5] 的深入研究表明，除非对氧化膜 – 金属界面面积的减少进行修正，否则反应速率将明显低于按抛物线速率规律推算的结果。

上述阐述适用于氧化膜 – 金属界面结合良好的情形。随着氧化反应的进行，氧化膜中产生了应力，叫做生长应力。有关应力的详细讨论见下一章，这里只做扼要的介绍。对于阳离子为迁移物质的体系，金属原子以阳离子和电子的形式通过氧化膜 – 金属界面向外扩散，此时为了保持与基体的粘附，氧化膜必将发生弛豫，因此氧化膜内产生应力。若氧化膜不发生弛豫，则在氧化膜 – 金属界面就会产生空洞，将氧化膜和金属隔开。若界面是一个平面，就不会有任何力来约束这种弛豫，但在边角处，氧化膜不可能沿两个或三个方向弛豫。在这些区域氧化膜的几何形状是稳定的、并阻滞弛豫的进程，就像通常的硬纸板盒那样，它的边和角是不会发生挠曲的。因此，在这些几何形状稳定的区域，氧化膜只能通过蠕变以保持与基体金属的粘附，蠕变速率由金属的氧化速率，即金属消耗的速率所决定。氧化膜与金属之间的粘附力便是使氧化膜发生蠕变和保持粘附的最大作用力。因此，除非膜的生长速率非常慢，或氧化膜具有非常好的塑性，随着氧化反应的进行，氧化膜与金属将逐渐脱离。当氧化膜变得越来越厚时，在边角等部位氧化膜最终将与金属分离。圆柱体的样品也是如此。

随着氧化的进行，边角处氧化膜和金属分离，并随着氧化时间的增长逐渐扩展到面,导致输送阳离子通道的面积减少,这意味着,要跨越分离区域将阳离子输送达膜–气界面,阳离子需越过更长的扩散距离(见图4.1)。因此,除非金属在空洞表面的蒸发能跟上氧化物的生长,否则反应速率将下降。所以,若采用金属的初始表面积进行计算时,就会得到比预测值低的反应速率。

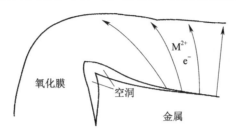

图4.1　当边角处膜与金属分离时阳离子需
扩散更长的距离到达膜–气相界面的示意图

这种氧化膜与金属基体的分离常常导致一层多孔的氧化膜在致密的外氧化膜和金属之间生成。其形成机理很简单,见图4.2,概述如下。当氧化膜与金属基体发生分离时,膜内表面金属的活度较高,阳离子继续向外迁移,金属活度随之降低,氧活度提高。随着氧活度的增加,与膜内表面达到局部平衡的氧分压增加,氧"蒸发"到孔洞中,进一步扩散到金属表面形成氧化物。这样在膜–金属界面就会形成一层疏松层,维持阳离子向外扩散。氧化膜在晶界处的分解比在晶粒表面快。

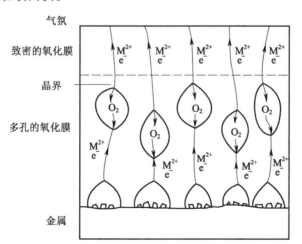

图4.2　氧化膜与金属分离导致多孔氧化膜形成的机制。
注意氧化物更容易在膜的晶界而不是晶粒表面分解

上述讨论表明,氧化膜的物理性质及氧化膜–金属界面的形状对动力学行为和速率特征有显著的影响，认真细致的金相分析等对准确地解释观察到的动力学现象的重要性是怎么强调也不过分的。这些因素还表明样品的尺寸也会影响动力学过程，从小样品的实验结果推断大样品和不同几何形状样品的结果既不容易也不适宜。下面关于纯金属氧化的讨论还会提到上述的或其他方面的问题。

生成单层氧化膜的体系

镍的氧化

镍是研究金属氧化的一种理想金属，这是因为在通常的温度和压力下，它只形成一种氧化物 NiO，为一种阳离子不足的 p 型半导体。因此可以预料，镍的氧化机制只是简单的阳离子和电子向外迁移，形成单相的氧化膜。

早期研究镍在 700 ~ 1 300 ℃ 氧化时，得到的抛物线速率常数出乎意料地相差 4 个数量级以上[6-8]。后期研究了高纯镍的氧化，结果表明杂质含量在 0.002% 的镍的抛物线速率常数重复性很好[9,10]，并低于以前纯度较低的镍的速率常数。由于镍中的大多数杂质元素都是二价的或三价的，它们溶解在氧化物中，或不影响或提高了 NiO 中阳离子的迁移率，因此，不难理解不纯的镍样品一般比纯镍样品氧化快。不管镍的纯度等级如何，反应过程的活化能基本保持不变，说明速率控制步骤不变。氧化膜的表面形貌随镍纯度的不同而明显不同，用镍在 1 000 ℃ 时的氧化结果对这个问题进行了非常详尽的阐述[11]。

高纯镍的表面生成致密的、粘附性好的单层 NiO 膜。氧化前置于金属表面的铂标记物，氧化后则位于膜 - 金属界面，这是氧化膜完全由阳离子和电子向外迁移形成的强有力的证据。

前期使用的含低浓度杂质(0.1%)的镍表面生成的氧化膜截然不同，氧化膜分两层，都为 NiO，外层致密，内层疏松，氧化后铂标记位于这两层氧化膜的界面[12-14]。

铂标记位于外致密层与内疏松层的界面说明外层氧化膜由阳离子向外迁移生长，内层氧化膜由氧向内迁移生长。形成这样的氧化膜的可能机制为[12]：在氧化初期，由于纯度低的镍氧化速率较快，氧化膜因塑性较差与基材分离，一旦氧化膜与基材分离开，膜内表面的氧活度增加，氧化膜以相应的速率分解，氧通过孔洞或缝隙迁移，在金属表面形成新的镍氧化物，Birks 和 Rickert[12]指出按上述机制产生的氧分压足以解释上述反应速率，这个过程的示意图与图 4.2 相同。

冷加工的镍的氧化比经过完全退火处理的镍快得多[15,16]，相应的反应活化能也较低。原因在于：冷加工的镍表面生成的氧化物晶粒细小，氧化物的晶界成为快速扩散通道。这一解释与图3.14中的扩散数据一致。另外，Mrowec和Werber[17]提出由于氧化物在晶界的分解速率比在晶粒表面快，晶界处形成的微裂纹贯穿外致密层，大气中的氧分子沿此通道向内传输也起了一定作用。Atkinson和Smart[18]也曾质疑，^{18}O通过NiO膜的扩散非常迅速，不能完全用晶格或晶界扩散来解释，但是Ni的氧化由氧分压决定与根据体扩散推出的结果一致，因此很清楚，点缺陷对氧化膜的生长起着重要作用。

如前所述，NiO为阳离子不足p型半导体，因此氧化过程中，阳离子和电子从氧化膜－金属界面迁移到氧化膜－气体界面。与此相应，存在向相反方向移动的阳离子空位和电子空穴构成的缺陷流。反应发生的驱动力是氧化膜中阳离子空位浓度梯度，镍空位的形成见式(4.2)：

$$\frac{1}{2}O_2 \Longrightarrow O_o + 2h^{\cdot} + V''_{Ni} \qquad (4.2)$$

从式(4.2)可得到式(4.3)：

$$C_{V''_{Ni}} = kp_{O_2}^{1/6} \qquad (4.3)$$

如果空位V'_{Ni}是主要的，则反应如式(4.4)所示：

$$\frac{1}{2}O_2 \Longrightarrow O_o + h^{\cdot} + V'_{Ni} \qquad (4.4)$$

因此得到$C_{V'_{Ni}}$：

$$C_{V'_{Ni}} = kp_{O_2}^{1/4} \qquad (4.5)$$

膜内的阳离子空位浓度梯度对气氛中的氧分压非常敏感，如图4.3所示，因此，气氛中的氧分压增加，氧化速率常数也将随之增大。

Fueki和Wagner[19]研究了温度在900～1 400 ℃、氧分压从NiO的分解压到1 atm条件下镍的氧化，结果表明抛物线速率常数确实随气氛中氧分压的$1/n$幂而变化，n值从1 000 ℃时的低于6变到1 400 ℃时的3.5。他们还测得氧化镍中镍离子的自扩散系数随氧分压的变化，在低氧分压范围内

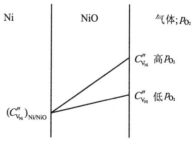

图4.3　高和低氧分压下NiO膜中阳离子空位浓度的变化

自扩散系数不随氧分压的变化而改变，在中等氧分压的范围内与$p_{O_2}^{(1/6)\sim(1/3.5)}$成正比。

他们推测n值为6和3.5分别与带双电荷及单电荷的空位的形成相对应，如式(4.1)和式(4.3)，但是从后面描述的钴的氧化结果来看，可能还与本征缺陷有关。

锌的氧化

锌也只形成一种氧化物，因此纯锌氧化时将生成单相单层的氧化膜。ZnO 是一种阳离子过剩的 n 型半导体，即含有间隙 Zn 离子和导带电子。

按照这种缺陷结构形成的表达式，氧化膜中间隙锌离子的浓度梯度也将由气氛中的氧分压决定，二价间隙锌离子的形成见式(4.6)：

$$ZnO \Longrightarrow Zn_i^{\cdot\cdot} + 2e' + \frac{1}{2}O_2 \tag{4.6}$$

$C_{Zn_i^{\cdot\cdot}}$ 由式(4.7)给出：

$$C_{Zn_i^{\cdot\cdot}} = k p_{O_2}^{-1/6} \tag{4.7}$$

一价间隙锌离子的形成如式(4.8)：

$$ZnO \Longrightarrow Zn_i^{\cdot} + e' + \frac{1}{2}O_2 \tag{4.8}$$

$C_{Zn_i^{\cdot}}$ 由式(4.9)给出：

$$C_{Zn_i^{\cdot}} = k p_{O_2}^{-1/4} \tag{4.9}$$

对于这两种情况，都是氧分压增加缺陷浓度减少，因此，间隙锌离子的浓度差由式(4.10)表示：

$$C_{Zn_i}^{\circ} - C_{Zn_i} = k \left[(p_{O_2}^{\circ})^{-1/n} - (p_{O_2})^{-1/n} \right] = k \left[1 - \left(\frac{p_{O_2}}{p_{O_2}^{\circ}} \right)^{-1/n} \right] \tag{4.10}$$

这里，$C_{Zn_i}^{\circ}$ 表示在 $p_{O_2}^{\circ}$ 时的浓度，$p_{O_2}^{\circ}$ 为 ZnO 和 Zn 平衡时的氧分压，即氧化膜 – 金属界面的氧分压，C_{Zn_i} 和 p_{O_2} 表示在氧化膜 – 气体界面的浓度和氧分压，n 等于 4 或 6。实际的情况一般是 $p_{O_2} \gg p_{O_2}^{\circ}$，$(p_{O_2}/ p_{O_2}^{\circ})^{-1/n}$ 与 1 比很小，氧化膜中间隙锌离子的浓度梯度对气氛中氧分压不敏感，因此，只要外部氧分压比 Zn/ZnO 平衡时的氧分压高，锌的氧化速率常数也将对外部氧分压的变化不敏感，见图(4.4)。

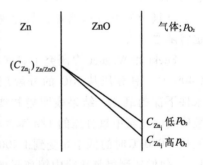

图 4.4 高和低氧分压下 ZnO 膜中带单电荷或双电荷的间隙锌离子浓度的变化

Wagner 和 Grünewald[20] 证实，锌在 390 ℃氧化时抛物线速率常数不随氧分压的变化而改变，当氧分压为 1atm 和 0.022atm 时，抛物线速率常数分别为 $7.2 \times 10^{-9} g^2 \cdot cm^{-4} \cdot h^{-1}$ 和 $7.5 \times 10^{-9} g^2 \cdot cm^{-4} \cdot h^{-1}$。这些实验结果充分证实了从 ZnO 的缺陷结构推得的结论。

铝的氧化

热力学稳定的铝的氧化物是 $\alpha - Al_2O_3$，其具有菱形六面体结构，阴离子呈六方堆积，阳离子占据八面体间隙位置的三分之二。$\alpha - Al_2O_3$ 生长缓慢，是在许多高温合金和涂层表面形成的保护性氧化膜，将在下一章进行讨论。氧化铝还存在几种亚稳态的晶体结构[21]，包括立方尖晶石 $\gamma - Al_2O_3$、正方晶 $\delta - Al_2O_3$ 和单斜 $\theta - Al_2O_3$。与 $\alpha - Al_2O_3$ 结构相似，但阴离子晶格堆积顺序有偏移的 $\kappa - Al_2O_3$ 也已被确定[22]。高温合金氧化时亚稳态的氧化铝有时在稳态的 α 相之前形成，铝在低于其熔点 660 ℃ 氧化时主要形成亚稳态的氧化铝。

室温时 Al 表面总是覆盖一层 2～3 nm 厚的由非晶氧化铝组成的"空气中形成的氧化膜"[23]。低于 350 ℃ 氧化时，生长的非晶氧化膜遵从反对数规律[24]。在 350 ℃ 到 425 ℃ 之间生长的非晶氧化膜遵从抛物线规律[24]。在 425 ℃ 以上时氧化动力学较复杂，TEM[23,24] 和二次离子质谱（SIMS）[25] 研究认为氧化是按下述步骤进行的：首先，自然生成的氧化膜；经过一个孕育期后，$\gamma - Al_2O_3$ 晶体在非晶氧化铝 - Al 界面形核。$\gamma - Al_2O_3$ 的形核是在样品制备过程中形成的脊的表面的不均匀形核，$\gamma - Al_2O_3$ 的长大是通过氧在非晶膜内的局部通道传输、氧离子附着在岛状 $\gamma - Al_2O_3$ 的边缘长大，而局部通道则为样品表面脊上的非晶氧化铝中的裂纹[23]。溅射清洁后的 [111] 取向 Al 单晶表面，在 550 ℃ 氧化时不形成非晶氧化铝层，而是直接形成 $\gamma - Al_2O_3$[25]。

生成多层氧化膜的体系

铁的氧化

当铁在高温下空气中氧化时，生成的氧化膜由 FeO，Fe_3O_4 和 Fe_2O_3 层构成，是形成多层氧化膜的很好的示例。基于铁的氧化在社会生活中的重要性，它已被广泛地研究，大量的文献资料使人们对铁的氧化有相对清晰的认识。

从铁 - 氧系的相图来看，如图 4.5 所示，在 570 ℃ 以下魏氏体 FeO 不会形成，因此，Fe 在此温度以下氧化时将形成 Fe_3O_4 和 Fe_2O_3 两层膜，其中 Fe_3O_4 与金属相邻，在 570 ℃ 以上氧化时将形成多层氧化膜，依次为 FeO，Fe_3O_4 和 Fe_2O_3 层，其中 FeO 与金属相邻。

FeO 是金属不足的 p 型半导体，根据 Engell[26,27]，在 1 000 ℃ 它能以较宽范围的化学计量的形式存在，从 $Fe_{0.95}O$ 到 $Fe_{0.88}O$，由于有这么高的阳离子空位浓度，阳离子和电子的迁移率（通过空位和电子空穴）相当高。

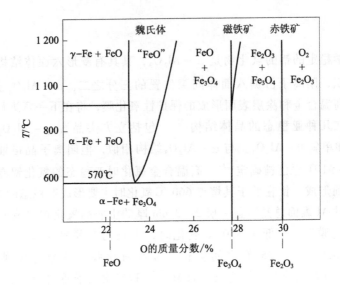

图 4.5　Fe－O 相图

磁铁矿 Fe_3O_4 具有反尖晶石结构,二价离子 Fe^{2+} 占据八面体位置,一半三价离子 Fe^{3+} 占据四面体位置。在八面体和四面体位置都存在缺陷,因此铁离子可以通过这两种位置扩散。Fe_3O_4 显示了一定程度的本征半导体特性,因此电子可以通过电子空穴和作为导带中的过剩电子向外扩散。除了在高温下,只发现与化学计量比有微小偏离。

赤铁矿 Fe_2O_3 有两种晶形,具有菱形六面体结构的 $\alpha-Fe_2O_3$ 和具有立方结构的 $\gamma-Fe_2O_3$,Fe_3O_4 在 400 ℃ 以上氧化形成 $\alpha-Fe_2O_3$,所以只需考虑这种晶形[28]。在菱形六面体结构中,氧离子占据密排六方晶格,铁离子占据间隙位置。据报道 $\alpha-Fe_2O_3$ 只在阴离子晶格发生无序[29],因此只有氧离子是可迁移的。另外一些研究则表明 Fe_2O_3 由阳离子迁移生长[30]。Schwenk 和 Rahmel[31]认为两种离子都是可迁移的,相应的缺陷为 $V_O^{\cdot\cdot}$ 和 $Fe_i^{\cdot\cdot\cdot}$,通过过剩电子补偿电中性。因此,关于 $\alpha-Fe_2O_3$ 的缺陷结构仍存在一些疑问。

在上面关于氧化铁的结构和扩散知识的基础上,提出了一个表示铁的氧化的简单机制,如图 4.6 所示。在 Fe－FeO 界面,铁按式(4.11)离化:

$$Fe = Fe^{2+} + 2e^- \tag{4.11}$$

铁离子和电子分别通过 FeO 层中的铁空位和电子空穴向外迁移,在 FeO－Fe_3O_4 界面,Fe_3O_4 按式(4.12)被铁离子和电子还原:

$$Fe^{2+} + 2e^- + Fe_3O_4 = 4FeO \tag{4.12}$$

反应剩余的铁离子和电子分别继续通过 Fe_3O_4 层中四面体和八面体位置上的铁离子空位以及电子空穴和过剩电子向外扩散,在 Fe_3O_4－Fe_2O_3 界面,按式

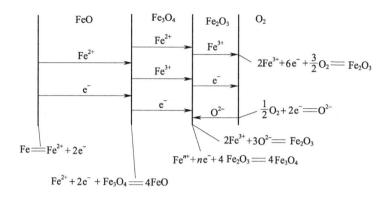

图 4.6 铁在 570 ℃ 以上氧化生成 FeO，Fe_3O_4 和 Fe_2O_3 三层膜的
氧化机制，给出了扩散步骤和界面反应

(4.13)形成 Fe_3O_4：

$$Fe^{n+} + ne^- + 4\,Fe_2O_3 = 3\,Fe_3O_4 \qquad (4.13)$$

n 值可为 2 或 3，分别与 Fe^{2+} 或 Fe^{3+} 相对应。

如果在 Fe_2O_3 中铁离子是可迁移的，那么它们通过 Fe_2O_3 中的铁离子空位 V'''_{Fe} 和电子一起向外传输，在 Fe_2O_3 - 气体界面形成新的 Fe_2O_3，如式(4.14)：

$$2Fe^{3+} + 6e^- + \frac{3}{2}O_2 = Fe_2O_3 \qquad (4.14)$$

在此界面，氧按式(4.15)离化：

$$\frac{1}{2}O_2 + 2e^- = O^{2-} \qquad (4.15)$$

如果在 Fe_2O_3 中氧离子是可迁移的，Fe_2O_3 还原为 Fe_3O_4 的反应剩余的铁离子和电子，将与通过 Fe_2O_3 层中的氧空位向内扩散的氧离子反应，按式(4.16)形成新的 Fe_2O_3：

$$2Fe^{3+} + 3O^{2-} = Fe_2O_3 \qquad (4.16)$$

相应地，电子通过 Fe_2O_3 向外扩散在 Fe_2O_3 - 气体界面参与氧的离化反应。

FeO 中缺陷的迁移率高，导致 FeO 层比 Fe_3O_4 和 Fe_2O_3 层厚得多，实际上 1 000 ℃ 时 FeO : Fe_3O_4 : Fe_2O_3 厚度比大约为 95∶4∶1[31]。

在 570 ℃ 以下，氧化膜中不形成 FeO，只形成 Fe_3O_4 和 Fe_2O_3 层。表面刻蚀的 Fe 在 300 ~ 400 ℃ 纯氧中氧化时，α - Fe 表面首先形成 α - Fe_2O_3，随后 Fe_3O_4 在 α - Fe_2O_3 - Fe 界面形核[32]。不形成 FeO 时氧化速率相应较低。

在 570 ℃ 以上较快的反应速率造成厚氧化膜快速生成，尽管 FeO 具有较高的塑性，但在前面讨论过的机制的作用下，氧化膜 - 金属分离，在金属表面形成疏松的 FeO 内层。与氧化膜快速生长有关的应力定会导致外氧化膜中物理缺陷的产生，气体分子向内渗透将对氧化膜的形成起一定作用，尤其是在 $CO - CO_2$ 和 $H_2 - H_2O$ 这样的氧化还原气氛体系中更是如此。

在 570 ℃ 以上氧化时形成的氧化膜主要为 FeO，因此这层膜的生长控制着整个氧化速率。由于 FeO 中的缺陷浓度受 Fe - FeO 和 FeO - Fe_3O_4 界面达到的平衡制约，因此，在任意给定温度下，抛物线速率常数相对来讲不受外部氧分压的影响。增加气相中的氧分压理论上来讲会增加 Fe_2O_3 层的厚度，但是由于这一层对整个氧化膜厚度的贡献只有 1%，速率常数随氧分压的变化将很难检测到。

相似的论点也适用于温度低于 570 ℃、气氛中氧分压较低的情况；Fe_3O_4 - Fe 和 Fe_3O_4 - Fe_2O_3 界面较低的缺陷浓度受到那里达到的平衡制约。

如果有可能，在 570 ℃ 以上、低氧分压下、FeO 存在的区间使铁氧化，并令 FeO - 气体界面达到平衡，那么就应观察到抛物线速率常数随氧分压的变化。但是，要达到上述目标，氧分压必须很低（1 000 ℃ 时 10^{-12} atm），只有在氧化还原气氛中才能实现，Pettit、Yinger 和 Wagner[1] 在 $CO - CO_2$ 气氛中研究了上述条件下铁的氧化，发现氧化速率由吸附的 CO_2 在氧化膜表面的分解控制，反应速率为恒定值。因此，当铁氧化生成的氧化膜只由 FeO 组成时，不可能观察到抛物线速率常数随氧分压的变化。

钴的氧化

钴有两种氧化物 CoO 和 Co_3O_4，分别具有 NaCl 和尖晶石结构；CoO 是阳离子不足 p 型半导体，阳离子和电子通过阳离子空位和电子空穴迁移。除了在 1 050 ℃ 以上偏离化学计量比导致的非本征缺陷外，CoO 中还存在本征 Frenkel 型缺陷[33]，因此，可以预见，氧化速率常数随氧分压和温度的变化相对复杂。因此，需要在较宽的氧分压和温度范围进行氧化实验，以获得精确的数据。

有关金属高温氧化的著作、尤其是 Kofstad[34] 及 Mrowec 和 Werber[17] 的著作总结了 1966 年以前早期的实验数据。

Mrowec 和 Przybylski[35] 非常仔细地研究了温度在 940 ~ 1 300 ℃、氧分压从（6.58×10^{-4}）~ 0.658atm 范围内 Co 的氧化。他们对测量方法进行了改进，例如：

（a）将金属的热膨胀考虑进来，高温下的面积能比室温下测量的面积增加大约 10% 以上。

（b）使用又平又薄的样品（19 mm × 15 mm × 0.5 mm），这样反应过程中由于金属消耗引起的表面积的变化将维持在 3% 左右。

氧化前置于钴样品表面的铂标记，在整个实验温度和压力范围内氧化后都位于金属 - 氧化膜界面，证明致密的 CoO 膜由金属向外扩散形成。

由于实验中的氧分压比 CoO 的分解压高几个数量级，因此抛物线速率常数 k_p'' 随氧分压变化的关系式(4.17)：

$$k_p'' = k\left[p_{O_2}^{1/n} - (p_{O_2}^{\circ})^{1/n}\right] \qquad (4.17)$$

能写成式(4.18)：

$$k_p'' = k p_{O_2}^{1/n} \qquad (4.18)$$

速率常数随温度的变化将依照 Arrhenius 方程，所以 k_p'' 随温度和氧分压的变化可写成式(4.19)：

$$k_p'' = k' p_{O_2}^{1/n} \exp(-Q/RT) \qquad (4.19)$$

图 4.7 是按照 Mrowec 和 Przybylski 的实验结果绘制的关系曲线，从图中可以看出，n 从 950 ℃ 时的 3.4 变到 1300 ℃ 时的 3.96，表观活化能 Q 从 p_{O_2} = 0.658atm 时的 159.6 kJ·mol^{-1} 增加到 6.58×10^{-4}atm① 时的 174.7 kJ·mol^{-1}。这进一步说明了仅仅假设 CoO 包含本征缺陷，例如 Frenkel 缺陷，以及由于偏离化学计量导致的非本征缺陷，就可圆满地解释 k_p'' 随温度和氧分压的变化关系。

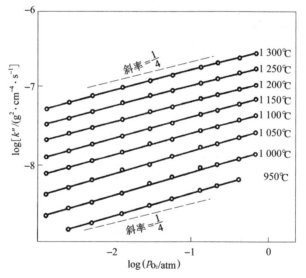

图 4.7 不同氧分压和温度下 Co 氧化生成 CoO 的抛物线
速率常数，Mrowec 和 Przybylski[35]

上述研究工作完全是在只有 CoO 存在的范围内进行的。更早，Bridges 等[36]在更宽的 Co_3O_4 也能存在的氧分压范围内，在 950 ~ 1 150 ℃ 温度区间研究了钴的氧化(图 3.11)，实验结果比 Mrowec 和 Przybylski 的 CoO 的结果分散，但是清楚地说明了一旦如图 4.8 所示的 CoO – Co_3O_4 双层氧化膜形成，氧化速率常数随氧分压的变化将如何终止。Hsu 和 Yurek[37]得到了相似的实验结果，

① 原文为 6.58×10^4atm，疑有误。——译者注

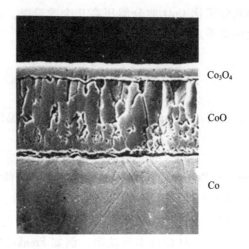

图 4.8　钴在 750 ℃ 氧气中氧化 10 h 后形成的两层氧化膜

但认为氧化膜内的传输部分是通过晶界扩散进行的。

铜氧化的结果与此类似[5]，只要氧化膜为单层的 Cu_2O，抛物线速率常数就随氧分压的变化而改变（图 3.12），一旦外层氧化膜 CuO 形成，抛物线速率常数就不受氧分压的影响了。

多层氧化膜的生长理论

如前所述，金属氧化表面生成多层氧化膜的现象非常普遍，例如 Fe，Co，Cu 以及其他一些金属都是如此。

Yurek 等[38]提出了纯金属多层氧化膜的生长理论。如图 4.9 所示，假设两层氧化膜的生长都由扩散控制，阳离子向外迁移比阴离子向内迁移占优。同时假设，每种氧化物中阳离子通量均与距离无关，每种氧化物都属电子导体，在相界存在局部平衡。整个氧化反应见式(4.20)：

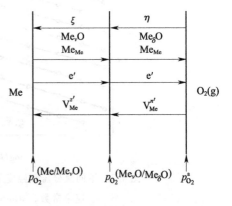

图 4.9　一个假想的双层膜的示意图

$$(\nu w + \delta y)\,\mathrm{Me} + \left(\frac{w+y}{2}\right)\mathrm{O_2} \longrightarrow w\mathrm{Me}_\nu\mathrm{O} + y\mathrm{Me}_\delta\mathrm{O} \tag{4.20}$$

式中，w 和 y 是两种氧化物在膜中的分配系数。

单一产物层 $\mathrm{Me}_\nu\mathrm{O}$ 的氧化速率由式(4.21)给出：

$$\frac{\mathrm{d}\xi}{\mathrm{d}t} = J_{\mathrm{Me}}\left(\frac{V_{\mathrm{Me}_\nu\mathrm{O}}}{\nu}\right) \tag{4.21}$$

式中，J_{Me} 是阳离子向外扩散的通量，单位为 $mol \cdot cm^{-2} \cdot s^{-1}$，$V_{Me_\nu O}$ 是 $Me_\nu O$ 的摩尔体积。对于生成双层氧化膜的情形，通过 $Me_\nu O$ 层传输的阳离子中只有分数为 $w\nu/(\delta y + \nu w)$ 的阳离子用于这层氧化物的生长，其余的继续通过外层膜 $Me_\delta O$ 向外传输。经过处理，得到式(4.22)[37]：

$$\frac{d\xi}{dt} = \frac{k_p^{Me_\nu O}}{\xi\left(1 + \dfrac{\delta y}{\nu w}\right)} \tag{4.22}$$

式中，k_p 是只生长 $Me_\nu O$ 时的抛物线速率常数，括号内的部分说明阳离子的分配情况。用同样方法处理外层氧化膜的生长，得到式(4.23)：

$$\frac{d\eta}{dt} = \frac{k_p^{Me_\delta O}}{\eta\left(1 + \dfrac{w}{y}\right)} \tag{4.23}$$

将式(4.22)和式(4.23)结合起来可计算出整个氧化膜的生长速率，将这两个式子进行积分可计算出两层氧化膜的厚度比。

这个理论曾被 Garnaud[39] 用来描述了 Cu 表面 CuO 和 Cu_2O 的生长，被 Garnaud 和 Rapp[40] 用来描述了 Fe 表面 Fe_3O_4 和 FeO 的生长，被 Hsu 和 Yurek[37] 用来描述了 Co 表面 Co_3O_4 和 CoO 的生长。

生成挥发性氧化物的体系

铬的氧化

由于只生成单一氧化物 Cr_2O_3，从理论上来讲纯 Cr 的氧化是一个简单的过程。但是，在某些氧化条件下几种复杂的状况出现了，这对于纯 Cr 的氧化以及很多通过形成保护性 Cr_2O_3 膜来提高抗氧化性的重要的工程合金都非常重要，其中两个最重要的是由 CrO_3 的挥发造成的氧化膜减薄，以及产生的压应力引起的氧化膜翘曲。

在高温高氧分压下，生成 CrO_3 的反应变得非常重要，见反应式(4.24)：

$$Cr_2O_3(s) + \frac{3}{2}O_2(g) = 2\,CrO_3(g)$$

$$\tag{4.24}$$

如图 2.6 和图 2.7 所示。CrO_3 的挥发造成保护性 Cr_2O_3 持续减薄，致使通过它的扩散传输加

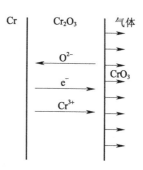

图 4.10　Cr 表面氧化膜生长和氧化物挥发同时发生的示意图

快，如图 4.10 所示。Tedmon[41]分析了挥发对氧化动力学的影响。膜厚度的瞬时变化是两个因素的叠加：扩散增厚和挥发减薄，如式(4.25)：

$$\frac{\mathrm{d}x}{\mathrm{d}t} = \frac{k'_\mathrm{d}}{x} - k'_\mathrm{s} \qquad (4.25)$$

式中，k'_d 是描述扩散过程的常数，k'_s 表示挥发速率。重新整理，得式(4.26)：

$$\frac{\mathrm{d}x}{\left(\dfrac{k'_\mathrm{d}}{x} - k'_\mathrm{s}\right)} = \mathrm{d}t \qquad (4.26)$$

积分，得式(4.27)：

$$\frac{-x}{k'_\mathrm{s}} - \frac{k'_\mathrm{d}}{k'^2_\mathrm{s}}\ln(k'_\mathrm{d} - k'_\mathrm{s}x) + C = t \qquad (4.27)$$

式中，C 为从初始条件得到的积分常数。$x = 0$ 时，$t = 0$，得式(4.28)：

$$t = \frac{k'_\mathrm{d}}{k'^2_\mathrm{s}}\left[-\frac{k'_\mathrm{s}}{k'_\mathrm{d}}x - \ln\left(1 - \frac{k'_\mathrm{s}}{k'_\mathrm{d}}x\right)\right] \qquad (4.28)$$

开始，当通过薄氧化膜的扩散较快时，CrO_3 挥发的影响不明显，随着氧化膜增厚，挥发速率变得越来越接近、最后等于扩散生长速率。这种亚线性的氧化情况致使氧化膜厚度出现一个临界值 x_0，这时 $\mathrm{d}x/\mathrm{d}t = 0$，如图 4.11 所示。将这个条件用于式(4.25)，得到式(4.29)：

$$x_0 = \frac{k'_\mathrm{d}}{k'_\mathrm{s}} \qquad (4.29)$$

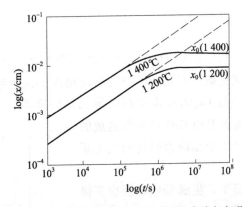

图 4.11　Cr 氧化时膜厚随时间的变化曲线（虚线与氧化物的挥发可忽略的情况下氧化膜的生长遵从抛物线规律对应）

由于 k'_d 和 k'_s 具有不同的活化能，x_0 的值将随温度变化而改变，图 4.11 表明氧化温度越高，临界膜厚度越大。这适用于氧化膜生长过程比挥发过程受温度影响更显著的情形，即扩散生长的 Q 值比控制化学反应或气相传输等表面过程的 Q 大的情形，大多数体系都属于这种情况。但是，可以预想当氧化膜生长的活化能相对较小时，随着氧化温度的升高，临界膜厚度减小。

临界膜厚度可表示氧化膜的防护性能，但实际上即使达到了恒定速率，金属的消耗量也一直是增加的，因此，用金属损耗的厚度 y 比氧化膜的厚度能更清楚地表示金属的氧化性能：

$$\frac{\mathrm{d}y}{\mathrm{d}t} = \frac{k_\mathrm{d}}{y} + k_\mathrm{s} \tag{4.30}$$

对式(4.30)积分得式(4.31)：

$$t = \frac{k_\mathrm{d}}{k_\mathrm{s}^2}\left[\frac{k_\mathrm{s}}{k_\mathrm{d}}y - \ln\left(1 + \frac{k_\mathrm{s}}{k_\mathrm{d}}y\right)\right] \tag{4.31}$$

作 $\log y$ 和 $\log t$ 的关系图，得到图 4.12 所示的曲线，很明显金属的消耗量比从抛物线动力学曲线推得的数据大，在高速流动的气体中情况更严重，因此，CrO_3 的挥发是制约形成 Cr_2O_3 膜的合金和涂层在高温下应用的重要因素。

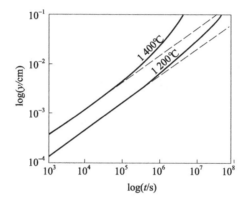

图 4.12　Cr 氧化时金属损耗的厚度随时间的变化曲线（虚线与氧化物的挥发可忽略的情况下氧化膜的生长遵从抛物线规律对应）

与 Cr 氧化有关的第二个重要因素是氧化速率随表面制备的不同发生明显变化以及由于压应力引起的 Cr_2O_3 膜翘曲[42]，后者如图 4.13 所示。在 Caplan 和 Sproule[43] 细致的研究工作发表以前，这些结果一直很令人费解。Caplan 和 Sproule 研究了在 980 ℃，1 090 ℃ 和 1 200 ℃，1atm O_2 中电化学抛光的和刻蚀的粗晶 Cr 的氧化，电化学抛光的样品氧化得相对快一些，形成的多晶 Cr_2O_3 膜内产生了压应力，刻蚀的样品一些晶粒表面形成的氧化膜与电化学抛光的样品相似，但在某些晶粒表面形成了非常薄的单晶 Cr_2O_3，而且没有压应力产生。他们认为多晶的 Cr_2O_3 膜的生长机制为阳离子和阴离子同时向外和向内传输，由于阴离子沿氧化物晶界向内传输，新的氧化物在氧化膜－金属界面或氧化膜内部生成，从而产生压应力。^{18}O 示踪实验随后证明情况确实如此，纯氧化铬的生长主要靠阳离子向外扩散，大约 1% 膜的生长靠阴离子向内扩散[44,45]。

Caplan 和 Sproule 的结果表明，实际上有超过 1% 的氧化膜是靠阴离子向内扩散生长的。要注意此传输过程受 Y 和 Ce 等掺杂的影响非常显著，将在第 5 章进行讨论。Polman 等[46]研究了 900 ℃ 时 Cr 的氧化，发现 k_p 不随氧分压的变化而改变，说明主要的缺陷是 Cr 间隙原子，作者指出晶界扩散与体扩散都借助于同种类型的缺陷。

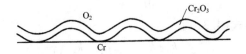

图 4.13　Cr 表面氧化膜翘曲的示意图

钼和钨的氧化

在高温高氧压下，氧化物的蒸发对 Mo 和 W 的氧化尤为重要。不像 Cr 那样会形成一个具有临界厚度的氧化膜，在这两个体系中氧化物会完全蒸发。Gulbransen 和 Meier[47]综述了 Mo－O 和 W－O 体系凝聚态和挥发性物质热力学平衡图，1 250 K 时的挥发性物质热力学平衡图见图 4.14 和图 4.15。Gulbransen 和 Wysong[48]在 475 ℃ 就观察到了氧化物的蒸发对 Mo 氧化的影响，在725 ℃ 以上 Mo 氧化物蒸发的速率非常快，以至于气相扩散成为速率控制步骤[49]，自然，在这些条件下，氧化是灾难性的。钨氧化时观察到了类似现象，但由于钨的氧化物的蒸气压较低，因此发生在较高的温度。Kofstad[34]对钨的氧化进行了详细综述。

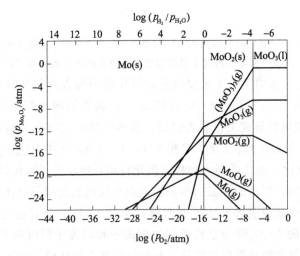

图 4.14　1 250 K 时 Mo－O 体系挥发性物质热力学平衡图

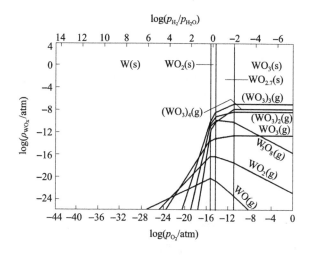

图 4.15　1 250 K 时 W－O 体系挥发性物质热力学平衡图

铂和铑的氧化

　　由于 Pt 和 Pt 族金属的稳定的氧化物都是挥发性的，因此在高温下氧化时受到氧化物挥发的影响连续失重。Alcock 和 Hooper[50]研究了 1 400 ℃时 Pt 和 Rh 的失重量随氧分压的变化，结果见图 4.16，可见，失重量直接与氧分压成正比，挥发性物质确定为 PtO_2 和 RhO_2。由于 Pt 和 Pt－Rh 丝在高温氧化实验中常被用来悬挂样品，可见对前述结果有必要给予特别关注。如果实验中要测

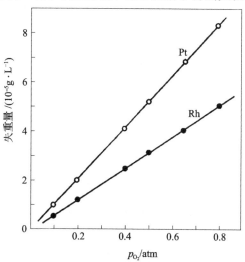

图 4.16　1 400 ℃时气态 Pt 和 Rh 氧化物的失重量

随氧分压的变化曲线，Alcock 和 Hooper[50]

量质量变化，那么必须注意到挂丝表面氧化物的挥发也将引起失重。

Carol 和 Mann[51] 研究了 600～1 000 ℃ 空气中 Rh 的氧化，在 600 ℃ 和
650 ℃，表面观察到了六方晶型的 Rh_2O_3 氧化物晶体，其生长遵从对数规律。
随着氧化温度逐渐升高，还观察到了正交晶型的 Rh_2O_3。而 800 ℃ 以上时，只
能观察到正交晶型的 Rh_2O_3，其生长遵从"指数规律"，与抛物线规律非常接
近。在 1 000 ℃ 时，氧化物挥发显著，像 Cr 的氧化一样，质量变化与时间的
关系曲线变成亚线性的。

硅的氧化

由于硅、含硅合金和硅基陶瓷表面能生成 SiO_2 膜，因而呈现非常低的氧
化速率，但是也会受到氧化物挥发的显著影响。挥发性氧化物对 Cr 氧化的影
响发生在高氧分压下，而对 Si 的影响在低氧分压下更显著。其原因可以从
Si – O 体系挥发性物质热力学平衡图（图 4.17）上看出。在氧分压接近 SiO_2 的
分解压时，与 $SiO_2(s)$ 和 $Si(s)$ 平衡的 SiO 的蒸气压较大，导致 SiO 快速从样品
表面挥发，形成不具保护性的 SiO_2 烟气。由于生成的 SiO_2 是烟气而非连续氧
化膜，因此反应继续快速进行。

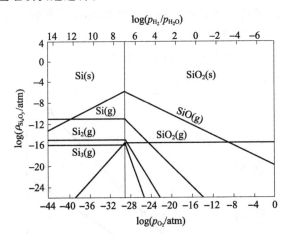

图 4.17　1 250 K 时 Si – O 体系挥发性物质热力学平衡图

Wagner[52,53] 分析了这种"活性"氧化发生的条件，这一分析的简单描
述[53] 如下：若通过相同厚度 δ 的流体力学边界层的 O_2 和 SiO 流量由式（4.32）
和式（4.33）给出：

$$J_O = \frac{p_{O_2} D_{O_2}}{\delta RT} \tag{4.32}$$

$$J_{SiO} = \frac{p_{SiO}D_{SiO}}{\delta RT} \tag{4.33}$$

式中，p_{SiO} 为 Si 表面 SiO 的压力，p_{O_2} 为气相中的氧分压。在稳态条件下，氧原子的净迁移率必须等于零，因此，有式(4.34)：

$$2J_{O_2} = J_{SiO} \tag{4.34}$$

将式(4.32)和式(4.33)代入式(4.34)，并假设 $D_{SiO} \approx D_{O_2}$，得到式(4.35)：

$$p_{SiO} = 2p_{O_2} \tag{4.35}$$

如果由式(4.36)所示的反应得到的平衡 SiO 压力：

$$\frac{1}{2}Si(s,1) + \frac{1}{2}SiO_2(s) \Longrightarrow SiO(g) \tag{4.36}$$

大于式(4.35)中的 SiO 压力，那么 Si 表面将始终是裸露的，Si 将持续不断地消耗。因此，存在一个临界氧分压[$p_{O_2}(crit)$]，式(4.37)：

$$p_{O_2}(crit) \approx \frac{1}{2}p_{SiO}(eq) \tag{4.37}$$

低于它时，将发生"活性"氧化，金属消耗的速率受离开表面的 SiO 流量控制：

$$J_{SiO} = \frac{2p_{O_2}D_{O_2}}{\delta RT} \tag{4.38}$$

对这个问题进行更严格的推导[52]，可以得到一个稍微不同的临界氧分压的表达式(4.39)：

$$p_{O_2}(crit) \approx \frac{1}{2}\left(\frac{D_{SiO}}{D_{O_2}}\right)^{1/2} p_{SiO}(eq) \tag{4.39}$$

Gulbransen 等[54]在一定温度和氧分压范围内对 Wagner 的 Si 氧化的预测进行了验证，发现其与实验事实相符。Si 的消耗速率在氧分压低于临界压力时比高于临界压力时约快 300 倍。有趣的是，这种现象，即在驱动力高（钝化）的情况下反应速率反而比驱动力低（活化）的情况下更慢的现象，在高温氧化中很少见，但在水溶液腐蚀中却很常见。

氧溶解度较大的金属

钛的氧化

如相图 4.18 所示，由于存在许多种稳定的氧化物以及具有高的氧溶解度，Ti 的氧化很复杂。Ti 氧化时遵从的速率规律随温度的变化而改变，对此 Kofstad[34]曾进行讨论。在 600 ~ 1 000 ℃，Ti 的氧化遵循抛物线规律，但氧化速率由两个过程共同决定，氧化膜的生长和氧化物溶解到金属中。单位面积的质量变化由式(4.40)给出：

$$\frac{\Delta m}{A} = k_p(氧化物生长)t^{1/2} + k_p(溶解)t^{1/2} \tag{4.40}$$

Zr 和 Hf 氧化时观察到类似现象[34]。

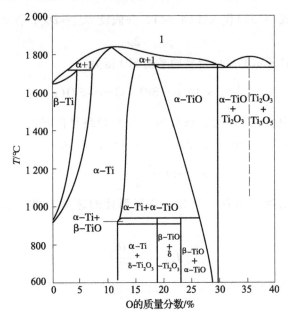

图 4.18　Ti – O 相图的富钛部分

氧化膜严重开裂的体系

铌的氧化

　　Nb 在高温下氧化时氧通过氧化膜向内扩散生长。在氧化初始阶段，形成了保护性的氧化膜。随着氧化膜的生长，氧化物在氧化膜 – 金属界面生成，在氧化膜中产生应力，导致氧化膜开裂，并发生"失稳"线性氧化。Roberson 和 Rapp[55]用一个巧妙的实验证实了这一过程。在 1 000 ℃时，将 Nb 置于一个含有 Cu 和 Cu_2O 粉末的封闭石英管中氧化，氧通过粉末中的 Cu_2O 分子输送，Cu 在被还原的位置沉积下来。结果可由图 4.19 示意地表示，开始，Cu 位于氧化膜 – 气体界面，表明低价 Nb 氧化物上连续的 Nb_2O_5 层的生长是通过氧向内迁移进行的。随着时间的增长，发现 Cu 占据了氧化膜外侧形成的裂缝处，表明氧化膜的开裂导致了线性的加速氧化发生。曾用声发射技术对 Nb_2O_5 的开裂进行过原位测量[56]，例如，在 600 ℃氧化时，初始阶段氧化膜的生长动力学遵从抛物线规律，未探测到开裂现象，15 min 后，声发射探测到氧化膜发生了明显开裂，氧化动力学迅速变成了线性规律。对 Ta 也观察到类似的氧化行为。因此，不施加防护涂层的 Nb 和 Ta 不能长时间用于高温条件下。

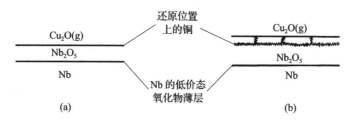

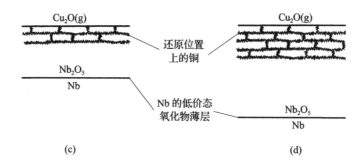

图 4.19　由 Cu/Cu₂O 混合物供氧时 Nb 的高温氧化示意图，Roberson 和 Rapp[55]

□ **参考文献**

1. F. S. Pettit, R. Yinger, and J. B. Wagner, *Acta Met.*, **8**(1960), 617.

2. J. C. Yang, M. Yeadon, B. Kolasa, and J. M. Gibson, *Scripta Mater.*, **38**(1998), 1237.

3. J. Romanski, *Corros. Sci.*, **8**(1968), 67; 89.

4. A. Bruckmann, in *Reaction Kinetics in Heterogeneous Chemical Systems*, ed. P. Barret, Amsterdam Elsevier, 1975, p. 409.

5. S. Mrowec and A. Stoklosa, *Oxid. Metals*, **3**(1971), 291.

6. O. Kubaschewski and O. van Goldbeck, *Z. Metallkunde*, **39**(1948), 158.

7. Y. Matsunaga, *Japan Nickel Rev.*, **1**(1933), 347.

8. W. J. Moore, *J. Chem. Phys.*, **19**(1951), 255.

9. E. A. Gulbransen and K. F. Andrew, *J. Electrochem. Soc.*, **101**(1954), 128.

10. W. Philips, *J. Electrochem. Soc.*, **110**(1963), 1014.

11. G. C. Wood and I. G. Wright, *Corr. Sci.*, **5**(1965), 841.

12. N. Birks and H. Rickert, *J. Inst. Metals*, **91**(1962), 308.

13. B. Ilschner and H. Pfeiffer, *Naturwissenschaft*, **40**(1953), 603.

14. L. Czerski and F. Franik, *Arch. Gorn. Hutn.*, **3**(1955), 43.

15. D. Caplan, M. J. Graham, and M. Cohen, *J. Electrochem. Soc.*, **119**(1978), 1205.

16. M. J. Graham, D. Caplan, and R. J. Hussey, *Can. Met. Quart.*, **18**(1979), 283.

17. S. Mrowec and T. Werber, *Gas Corrosion of Metals*, Springfield, VA, US Department of Commerce, National Technical Information Service, 1978, p. 383.

18. A. Atkinson and D. W. Smart, *J. Electrochem. Soc.*, **135**(1988), 2886.

19. K. Fueki and J. B. Wagner, *J. Electrochem. Soc.*, **112**(1965), 384.

20. C. Wagner and K. Grünewald, *Z. Phys. Chem.*, **40B**(1938), 455.

21. K. Wefers and C. Misra, AlCOA Technical Paper 19, Pittsburgh, PA, Aluminium Company of America, 1987.

22. P. Liu and J. Skogsmo, *Acta Crystallogr.*, **B47**(1991), 425.

23. K. Shimizu, K. Kobayashi, G. E. Thompson, and G. C. Wood, *Oxid. Met.*, **36**(1991), 1.

24. K. Shimizu, R. C. Furneaux, G. E. Thompson, *et al.*, *Oxid. Met*, **35**(1991), 427.

25. J. I. Eldridge, R. J. Hussey, D. F. Mitchell, and M. J. Graham, *Oxid. Met.*, **30**(1988), 301.

26. H. J. Engell, *Archiv. Eisenhüttenwesen*, **28**(1957), 109.

27. H. J. Engell, *Acta met.*, **6**(1958), 439.

28. M. H. Davies, M. T. Simnad, and C. E. Birchenall, *J. Met.*, **3**(1951), 889.

29. D. J. M. Deven, J. P. Shelton, and J. S. Anderson, *J. Chem. Soc.*, **2**(1948), 1729.

30. A. Bruckmann and G. Simkovich, *Corr. Sci.*, **12**(1972), 595.

31. W. Schwenk and A. Rahmel, *Oxid. Met.*, **25**(1986), 293.

32. R. H. Jutte, B. J. Kooi, M. A. J. Somers, and E. J. Mittemeijer, *Oxid. Met.*, **48**(1997), 87.

33. S. Mrowec and K. Przybylski, *Oxid. Met.*, **11**(1977), 383.

34. P. Kofstad, *High Temperature Oxidation of Metals*, New York, Wiley, 1966.

35. S. Mrowec and K. Przybylski, *Oxid. Met.*, **11**(1977), 365.

36. D. W. Bridges, J. P. Baur, and W. M. Fassel, *J. Electrochem. Soc.*, **103**(1956), 619.

37. H. S. Hsu and G. J. Yurek, *Oxid. Met.*, **17**(1982), 55.

38. G. J. Yurek, J. P. Hirth, and R. A. Rapp, *Oxid. Met.*, **8**(1974), 265.

39. G. Garnaud, *Oxid. Met.*, **11**(1977), 127.

40. G. Garnaud and R. A. Rapp, *Oxid. Met.*, **11**(1977), 193.

41. C. S. Tedmon, *J. Electrochem. Soc.*, **113**(1966), 766.

42. D. Caplan, A. Harvey, and M. Cohen, *Corr. Sci.*, **3**(1963), 161.

43. D. Caplan and G. I. Sproule, *Oxid. Met.*, **9**(1975), 459.

44. R. J. Hussey and M. J. Graham, *Oxid. Met.*, **45**(1996), 349.

45. C. M. Cotell, G. J. Yurek, R. J. Hussey, D. J. Mitchell, and M. J. Graham, *Oxid. Met.*, **34** (1990), 173.

46. E. A. Polman, T. Fransen, and P. J. Gellings, *Oxid. Met.*, **32**(1989), 433.

47. E. A. Gulbransen and G. H. Meier, Mechanisms of oxidation and hot corrosion of metals and alloys at temperatures of 1150 to 1450 K under flow. In Proceedings of 10th Materials Research Symposium, National Bureau of Standards Special Publications 561, 1979, p. 1639.

48. E. A. Gulbransen and W. S. Wysong, *TAIME*, **175**(1948), 628.

49. E. A. Gulbransen, K. F. Andrew, and F. A. Brassart, *J. Electrochem. Soc.*, **110**(1963), 952.

50. C. B. Alcock and G. W. Hooper, *Proc. Roy. Soc.*, **254A**(1960), 551.

51. L. A. Carol and G. S. Mann, *Oxid. Met.*, **34**(1990), 1.

52. C. Wagner, *J. Appl. Phys.*, **29**(1958), 1295.

53. C. Wagner, *Corr. Sci.*, **5**(1965), 751.

54. E. A. Gulbransen, K. F. Andrew, and F. A. Brassart, *J. Electrochem. Soc.*, **113**(1966), 834.

55. J. A. Roberson and R. A. Rapp, *TAIME*, **239**(1967), 1327.

56. R. A. Perkins and G. H. Meier, Acoustic emission studies of high temperature oxidation. In *High Temperature Materials Chemistry*, eds. Z. A. Munir and D. Cubicciotti, New York, NY, Electrochemical Society, 1983, p. 176.

5

合金的氧化

前言

前述的许多影响纯金属氧化的因素，同样可用于合金的氧化。然而，就合金而言，尚需考虑下列令合金的氧化变得更为复杂的因素：

- 合金中各组元的氧化物形成自由能不同，即它们与氧的亲和力不同；
- 可能形成三种和更多的氧化物；
- 氧化物间可能存在一定的固溶度；
- 各种金属离子在氧化物中的迁移速率不同；
- 各种金属组元在合金内的扩散速率不同；
- 氧在合金中的溶解可能导致一种或多种组元的氧化物在合金亚表面析出（内氧化）。

本章将描述合金氧化的主要特征以及它们与上述影响因素的关系。本文无意于全面介绍合金氧化的研究文献，但将列举一些基础研究的重要实例。首先介绍合金反应的类型，然后讨论显著影响氧化过程的因素。随后几章将介绍合金在复杂环境中的氧化，例如混合气氛、液态沉积、冲蚀，以及氧化防护涂层的应用。Kubaschewski 和 Hopkins[1]，Hauffe[2]，Benard[3]，Pfeiffer 和 Thomas[4]，Birchenall[5]，Mrowec 和 Werber[6]，Kofstad[7]，Beranger，Colson 和 Dabosi[8]等，都曾发表过有关合金氧化的综述文章。

合金按反应类型分类

Wagner[9]根据反应形态对合金的氧化进行了明晰的分类。本章在 Wagner 工作的基础上，将合金简单地分为两类：（a）贵金属基合金，（b）贱金属基合金。

贵金属基贱金属合金组元

这类合金的基体金属包括金、银、铂等，它们在一般条件下不能生成稳定的氧化物；而合金元素，如铜、镍、铁、钴、铬、铝、钛、铟等，则会生成稳定氧化物。然而，在低氧分压条件下，一些组元，如铜、镍、钴的氧化物稳定性不高(见第 2 章)，因此也可以视为贵金属组元。

这类合金的典型例子是 Pt－Ni 合金体系。它的重要特点是氧在 Pt 中的固溶度很小，NiO 的标准形成自由能为较小的负值。一旦合金暴露于氧化气氛中，氧开始溶解于合金中。由于氧在合金中的溶解度小以及 NiO 的稳定性低，氧化物不能在合金内部形核，这导致 Ni 通过外扩散在合金表面形成一层连续的 NiO 膜。由于 Pt 不参与氧化物的形成，必然富集于氧化膜－金属界面，而 Ni 在界面处出现相应的贫化，合金组元的浓度梯度见示意图 5.1。图中，$N_{Ni}^{(o)}$ 和 $N_{Pt}^{(o)}$ 分别代表 Ni 和 Pt 在合金中的体浓度，N_{Ni}' 和 N_{Pt}' 分别表示 Ni 和 Pt 在氧化膜－金属界面处的界面浓度。氧化反应的速率控制步骤或者是 Ni 由合金内部向氧化膜的扩散，或者是镍离子穿过氧化膜向氧化膜－气体界面的扩散，并最终在该界面处形成新的氧化物。当合金中的 Ni 浓度较低时，Ni 在合金中的扩散是速率控制步骤；当 Ni 浓度较高时，镍离子通过氧化膜的扩散是速率控制步

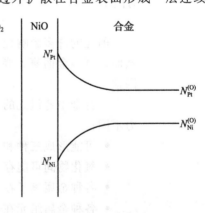

图 5.1　Pt－Ni 合金氧化后合金组元浓度梯度的示意图

骤。Wagner[10] 已经对此进行了分析，其理论预测值与实验结果相一致。由于两个过程都是扩散控制，因此氧化动力学必然遵循抛物线规律。随着合金中 Ni 浓度的增加，抛物线速率常数最终增大至纯金属 Ni 的速率常数，见示意图 5.2。如果体扩散控制合金的氧化速率，则根据合金－氧化膜界面的扩散通量等于维持氧化镍生长所需的消耗量，可以计算出 Ni 的临界体浓度。这里，对一个简单的 A－B 二元体系进行分析。其中，A 代表贵金属基体组元，BO_ν 是形成的氧化物。

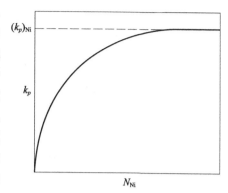

图 5.2　镍浓度对 Pt－Ni 合金抛物线氧化速率常数的影响

$$J_B = \frac{D_B}{V_m}\left(\frac{\partial N_B}{\partial x}\right)_{x=0} = \frac{1}{\nu} \cdot \frac{1}{2} \cdot \frac{k_p^{1/2}}{M_0} t^{-1/2} \tag{5.1}$$

式(5.1)中的浓度梯度可以用附录 A 中的微分方程(A19)求解(假设 $N_B^{(S)}$ 为 0)，得到的结果见式(5.2)：

$$N_B^{(o)} = \frac{V_m}{32\nu}\left(\frac{\pi k_p}{D_B}\right)^{1/2} \tag{5.2}$$

当氧化膜生长速率受合金体扩散控制时，氧化膜－合金界面将趋于不稳定，如图 5.3 所示。这是因为氧化膜－合金界面出现向内凹入的部位将使跨过 B 组元贫化区的扩散距离缩短，而它们的扩展将导致界面呈波浪状。在文献[11]中，Wagner 已对此现象做过描述。基于同样的分析，如果氧化速率由氧化剂的气相扩散控制，则会生成氧化物晶须。借助银和硫的反应实验，Rickert[12] 证实了上述理论分析，其实验装置见图 5.4。银样品与硫被分隔在一个密闭真空管的两端，置于倾斜的炉子中加热至 400 ℃。硫蒸气扩散至样品表面，在样品近端表面形成 Ag_2S 层。在远端由于硫蒸气的扩散成为反应速率的控制步骤，因而生成了须状 Ag_2S。

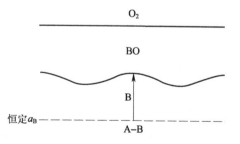

图 5.3　氧化速率由组元在合金内扩散控制时，非平直氧化膜－合金界面的形成示意图

含较活泼溶质组元(如 In 或 Al)的银基合金是这类合金的另一种实例。由于氧在银中的溶解度高，因此稀溶质合金将发生内氧化。

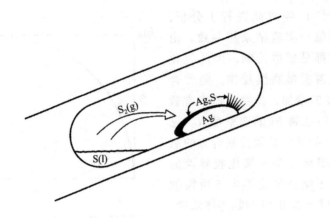

图 5.4　氧化速率由气相扩散控制时，Ag – S 反
应中须状氧化物的形成

内氧化

内氧化是氧扩散至合金内部，并导致一种或多种合金组元氧化物在合金亚表面层析出的过程。有关内氧化文献可查阅 Rapp[13]，Swisher[14]，Meijering[15] 和 Douglass[16] 等人的综述。

发生内氧化的必要条件如下：

（1）溶质金属氧化物（BO_ν）的标准形成自由能 $\Delta G^\ominus$（每摩尔氧气）必须比基体金属氧化物的标准形成自由能更负。

（2）$B + \nu O \Longrightarrow BO_\nu$ 的反应自由能 ΔG 必须是负值。因此，氧在基体金属中必须有一定的溶解度与扩散能力以利于在反应前沿获得所需要的溶解氧活度。

（3）合金的溶质浓度必须低于由内氧化向外氧化转变的临界浓度。

（4）氧化初期没有表面层阻挡氧溶解进入合金内部。

内氧化过程基本如下。氧溶解于基体金属中（或者在样品外表面，或者有外氧化膜时在金属 – 氧化膜界面），并通过含有早期析出的氧化物颗粒的基体向内扩散。氧的内扩散与溶质组元的外扩散导致反应前沿（与样品表面平行）的活度积—$a_B a_O^\nu$ 达到内氧化物形核的临界值，于是氧化物形核析出，部分析出物长大直至反应前沿向前移动，同时消耗掉传输至析出物的 B 组元。因此，析出物的长大是毛细作用驱动粗化（Ostwald 熟化）。

内氧化动力学

以平板样品为例，利用准稳态近似推导内氧化速率的表达式。同时，也将给出圆柱与球形样品的推导结果。更严格的推导可见附录 B。

考虑一个理想 A – B 二元合金的平板模型，其中 B 是溶质组元且可以形成非常稳定的氧化物。设氧分压的大小能够使 B 组元氧化但不能氧化 A 组元（见图 5.5）。

准稳态近似假定，合金中的溶解氧浓度随跨过内氧化层（IOZ）而线性降低，根据 Fick 第一定律可以得到通过内氧化层的氧流量可表达为式（5.3）：

$$J = \frac{dm}{dt} = D_0 \frac{N_O^{(S)}}{XV_m} \quad (\text{mol} \cdot \text{cm}^{-2} \cdot \text{s}^{-1})$$

(5.3)

这里，$N_O^{(S)}$ 是氧在 A 中的溶解度（原子分数），V_m 是基体金属或合金的摩尔体积（$\text{cm}^3 \cdot \text{mol}^{-1}$），$D_0$ 是氧在 A 中的扩

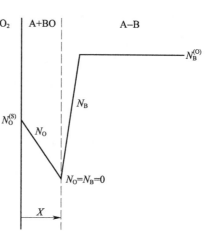

图 5.5　A – B 合金发生内氧化时，组元浓度分布的简化示意图

散系数（$\text{cm}^2 \cdot \text{s}^{-1}$）。设溶质 B 的对扩散可以忽略，则内氧化层反应前沿单位面积积累的氧量可用式（5.4）表达：

$$m = \frac{N_B^{(o)} \nu X}{V_m} \quad (\text{mol} \cdot \text{cm}^{-2})$$

(5.4)

这里，$N_B^{(o)}$ 是溶质的初始浓度。将式（5.4）微分可得到流量的表达式 [式（5.5）]：

$$\frac{dm}{dt} = \frac{N_B^{(o)} \nu}{V_m} \cdot \frac{dX}{dt}$$

(5.5)

令式（5.3）与式（5.5）相等，可得

$$D_0 \frac{N_O^{(S)}}{XV_m} = \frac{N_B^{(o)} \nu}{V_m} \cdot \frac{dX}{dt}$$

(5.6)

整理式（5.6）可得式（5.7）：

$$X dX = \frac{N_O^{(S)} D_0}{\nu N_B^{(o)}} dt$$

(5.7)

假设当 $t = 0$ 时，$X = 0$。由式（5.7）积分可得式（5.8）：

$$\frac{1}{2} X^2 = \frac{N_O^{(S)} D_0}{\nu N_B^{(o)}} dt$$

(5.8)

或者式（5.9）：

$$X = \left[\frac{2N_O^{(S)} D_0}{\nu N_B^{(o)}} t \right]^{1/2}$$

(5.9)

后者给出了内氧化层深度与氧化时间的关系。可以看到：

（1）内氧化层深度与氧化时间的关系符合抛物线规律，$X \propto t^{1/2}$。

（2）某个时刻，内氧化层深度与溶质初始浓度的平方根成反比。

（3）通过内氧化层深度与氧化时间的函数关系以及合金的溶质浓度可以得到氧在基体金属中的溶解度与扩散系数的乘积 $N_0^{(S)}D_0$（渗透性）。

对于圆柱状样品[14]，应用相似的推导可得式（5.10）：

$$\frac{(r_1)^2}{2} - (r_2)^2 \ln\left(\frac{r_1}{r_2}\right) + \frac{1}{2} = \frac{2N_0^{(S)}D_0}{\nu N_B^{(o)}}t \tag{5.10}$$

对于球状样品[14]，则有式（5.11）：

$$\frac{(r_1)^2}{3} - (r_2)^2 + \frac{2}{3}\frac{(r_2)^3}{(r_1)} = \frac{2N_0^{(S)}D_0}{\nu N_B^{(o)}}t \tag{5.11}$$

这里，r_1 是样品半径，r_2 是未氧化的合金内核半径。

图 5.6 为 Cu – Ti 内氧化圆柱样品的抛光腐蚀截面，可以看到所形成的内氧化层[17]。图中，由于 TiO$_2$ 颗粒太细小，光学显微镜无法分辨。测量不同氧化时间后的 r_2 值，可以得到内氧化速率。这里，对于圆柱状样品，内氧化层深度用 $(r_1 - r_2)$ 表示。图 5.7 给出了 Cu – Ti 合金在 850 ℃内氧化层深度与氧化时间的关系。图中实线是根据式（5.10）得到的理论分析结果，分析中考虑了随着内氧化前沿的深入合金体积不断减小的影响因素。以式（5.10）左边项作为时间的函数作图可得到斜率为 $2N_0^{(S)}D_0/\nu N_B^{(o)}$ 的直线，由此可以计算 $N_0^{(S)}D_0$ 的值[17]。

内氧化区

0.2mm

图 5.6 Cu – 0.47%（质量分数）Ti 合金在 800 ℃氧化 97 h 后的内氧化形貌

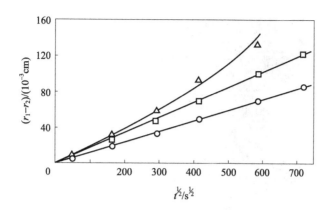

图 5.7　圆柱状 Cu – Ti 合金在 850 ℃氧化后的内氧化层深度

[○—0.91%（质量分数）Ti；□—0.47%（质量分数）Ti；△—0.25%（质量分数）Ti]

内氧化物形貌

内氧化对于合金的腐蚀以及力学、磁学等性能的影响通常与氧化物析出形貌密切相关。下面将定量讨论影响内氧化物尺寸、形状和分布的因素。

通常，内氧化物形核与随后的长大、粗化过程之间的竞争决定了氧化物颗粒的尺寸。氧化物颗粒的生长依赖于氧与溶质组元通过扩散到达其表面，而形核必然导致溶质组元的"供应"贫乏，因此在下一个形核过程到来之前颗粒的长大时间越长则氧化物颗粒尺寸越大。随后可能发生的粗化现象本章暂不考虑。总之，那些有利于提高成核速率的因素必然减小颗粒尺寸，而那些有利于提高生长速率的因素必然使颗粒尺寸增大。

设氧化物的成核由氧化前沿的移动速度（即建立临界过饱和前沿的速度）控制，且析出物的生长由颗粒长大时间的长短控制，那么颗粒尺寸应当与反应前沿的移动速度成反比，表达式为：$r \propto 1/\vec{v}$。重新整理式(5.7)，对于平板样品可以得到式(5.12)：

$$\vec{v} = \frac{\mathrm{d}X}{\mathrm{d}t} = \frac{N_0^{(S)} D_0}{\nu N_\mathrm{B}^{(o)}} \frac{1}{X} \tag{5.12}$$

因此由上式可知，在其他条件相同时，氧化物颗粒尺寸与（a）X，（b）$N_\mathrm{B}^{(o)}$，（c）$1/N_0^{(S)}$ 或 $(1/p_{0_2})^{1/2}$ 成正比。

温度的影响较为复杂。但是，与生长速率相比，温度对成核速率的影响显然较小，因此内氧化物颗粒的尺寸随温度的升高而增大。随着内氧化层深度的增加，反应前沿移动速度最终下降到某个值，此时溶质组元向颗粒表面的扩散足够快从而抑制了新颗粒的形核。这导致了长条状或针状颗粒的形成[18]，见图 5.8。同样，氧沿着合金 – 氧化物界面的内扩散也有利于条状颗粒的形成。

尽管内氧化物颗粒 – 基体界面自由能经常被忽略，但是它对于内氧化物的

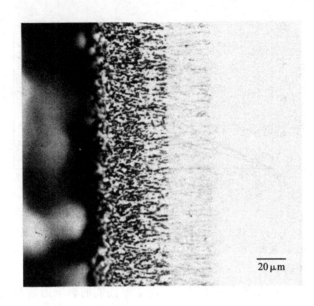

图 5.8　Co-5%(质量分数)Ti 合金在 900 ℃氧化 528 h 后的内氧化形貌

形核与粗化有重要影响作用。现在介绍球形晶核的经典成核理论。如果不考虑应变，则半径为 r 的晶核形成自由能可表示为式(5.13)：

$$\Delta G = 4\pi r^2 \sigma + \frac{4}{3}\pi r^3 \Delta G_V \tag{5.13}$$

其中，σ 是单位面积界面自由能，ΔG_V 是反应析出颗粒的单位体积自由能差。表面自由能、体积自由能以及 ΔG 与半径 r 的函数关系见图 5.9。半径大于 r^* 的晶核倾向于自发生长。当半径等于 r^* 时，有式(5.14)：

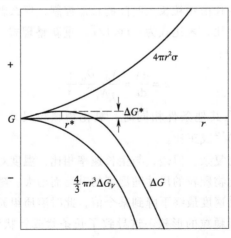

图 5.9　自由能与形核颗粒半径的关系示意图

$$\frac{\mathrm{d}\Delta G}{\mathrm{d}r} = 8\pi r^* \sigma + 4\pi r^{*2} \Delta G_V = 0 \qquad (5.14)$$

可得到 r^* 的解，见式(5.15)：

$$r^* = \frac{-2\sigma}{\Delta G_V} \qquad (5.15)$$

将式(5.15)代入式(5.13)可得形核的活化能垒 ΔG^* 为

$$\Delta G^* = 4\pi \frac{4\sigma^3}{\Delta G_V^2} - \frac{4}{3}\pi \frac{8\sigma^3}{\Delta G_V^3} \Delta G_V$$

$$= \left(16 - \frac{32}{3}\right)\pi \frac{\sigma^3}{\Delta G_V^2} = \frac{16}{3}\pi \frac{\sigma^3}{\Delta G_V^2} \qquad (5.16)$$

根据绝对反应速率理论，形核速率为式(5.17)：

$$J = \omega C^* = \omega C_o \exp(-\Delta G^*/RT) \qquad (5.17)$$

这里，C_o 是反应物的摩尔分数，C^* 是临界尺寸晶核的浓度，w 是原子跃迁至临界晶核的频率。显然，由于成核速率与表面自由能的立方呈指数关系，该参数对于成核有显著影响，颗粒尺寸随表面自由能的增大而增大。由于界面自由能是颗粒粗化的驱动力，因此，这种效应同样在颗粒粗化过程中观察到。

同样，内氧化物的稳定性 $\Delta G^\ominus$ 将影响 ΔG_V，氧化物越稳定则成核速率越大、颗粒尺寸越小。

综上所述，内氧化物的尺寸取决于众多影响因素。下列因素有利于获得较大的内氧化物颗粒：

（1）内氧化前沿 X 较深；

（2）溶质浓度 $N_B^{(o)}$ 较大；

（3）氧在合金中的溶解度较小，即环境氧分压较低；

（4）温度较高；

（5）颗粒 – 基体界面自由能较高；

（6）氧化物较不稳定。

这些预测已在众多有关内氧化物形态的研究中[17-20]得到证实。然而，内氧化过程相当复杂，很多体系与上述的简单分析有偏差。Douglass[16]对这些现象做过描述，它们是：

（1）原子沿内氧化物 – 合金基体界面的快速扩散导致针状氧化物的形成，而且内氧化深度大于式(5.9)的计算值。

（2）如果内氧化物优先在合金晶界处析出，则相邻区域无氧化物析出。

（3）平行于样品表面的交替内氧化物带。

（4）在内氧化区的应力作用下基体金属在表面形成纯金属瘤状物。

（5）形成的溶质 – 氧原子簇中的氧含量高于化学计量比。

内氧化向外氧化转变

式(5.12)表明，内氧化前沿的前进速率与 $N_B^{(o)}$ 成反比、与 $N_O^{(S)}$ 成正比。所以，合金的溶质浓度有一个临界值，大于该值时 B 组元的外扩散速率足够快，在表面形成一层连续的氧化物阻挡层 BO_ν，抑制了内氧化的发生(见示意图5.10)。这种向外氧化转变的机制是 Fe，Ni，Co 基工程合金的设计基础。这些合金含足够高浓度的溶质组元(如 Cr,Al 或 Si)以形成稳定的、生长速率低的外氧化膜(如氧化铬、氧化铝或氧化硅)，从而阻止基体金属的氧化。这一过程被称为"选择性氧化"，将在以后讨论，这里仅分析内氧化/外氧化转变的机制。Wagner[21]分析了这一转变机制。以图5.11所示的浓度曲线为例，内氧化层的厚度以式(5.18)表示(见附录 B)：

$$X = 2\gamma\,(D_0 t)^{1/2} \tag{5.18}$$

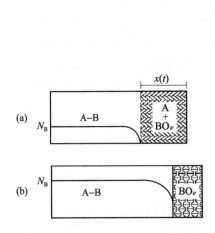

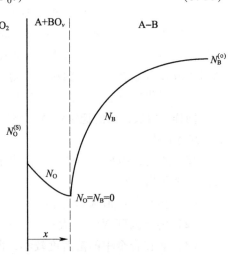

图5.10　由内氧化/外氧化转变的示意图。(a)图中的合金发生了内氧化；(b)图中合金中的组元浓度更高，形成了外氧化膜

图5.11　发生内氧化的 A – B 合金内的组元浓度分布

根据 Fick 第二定律，组元 B 的扩散由式(5.19)表示：

$$\frac{\partial N_B}{\partial t} = D_B \frac{\partial^2 N_B}{\partial x^2} \tag{5.19}$$

初始条件($t = 0$ 时)：

当 $x < 0$ 时，$N_B = 0$

当 $x > 0$ 时，$N_B = N_B^{(o)}$

边界条件($t = t$ 时)：

当 $x = X$ 时，$N_B = 0$

98

当 $x = \infty$ 时，$N_B = N_B^{(o)}$

于是，解式(5.19)得到式(5.20)：

$$N_B(x,t) = N_B^{(o)} \left[1 - \frac{\operatorname{erfc}\left(\dfrac{x}{2\,(D_B t)^{1/2}}\right)}{\operatorname{erfc}(\theta^{1/2}\gamma)} \right] \tag{5.20}$$

这里，$\theta = D_0/D_B$。

如果 f 是 BO_ν 在内氧化层的摩尔分数，V_m 是合金的摩尔体积，则 f/V_m 是单位体积的物质的量浓度，那么一个体积元（$A\mathrm{d}X$）内的氧化物物质的量为 $(f/V_m)A\mathrm{d}X$，这里 A 是扩散横截面积。这个值必须与组元 B 在时间 $\mathrm{d}t$ 内由 $x > X$ 处扩散至 $x = X$ 处的物质的量。因此，可得到式(5.21)：

$$\frac{fA\mathrm{d}X}{V_m} = \left(\frac{AD_B}{V_m} \frac{\partial N_B}{\partial x} \right)\mathrm{d}t \tag{5.21}$$

将式(5.18)和式(5.20)代入式(5.21)得到富集系数 α，见式(5.22)：

$$\alpha = \frac{f}{N_B^{(o)}} = \frac{1}{\gamma\pi^{1/2}} \left(\frac{D_B}{D_0} \right)^{1/2} \frac{\exp(-\gamma^2\theta)}{\operatorname{erfc}(\gamma\theta^{1/2})} \tag{5.22}$$

如果 $N_0^{(S)}D_0 \ll N_B^{(o)}D_B$，即氧的渗透性远远小于溶质 B 的渗透性，$\gamma\theta^{\frac{1}{2}} \ll 1$，其中 γ 由附录 B 中的式(B20)给出，则 α 可由式(5.23)表示：

$$\alpha \approx \frac{2\nu}{\pi} \left(\frac{N_B^{(o)}D_B}{N_0^{(S)}D_0} \right) \tag{5.23}$$

当 α 足够大时，内氧化物的聚集和横向生长导致连续氧化物层的形成，即向外氧化转变。图 5.12 是 Co – 7.5%（质量分数）Ti 合金[18]向外氧化转变的实例。Wagner 认为，当氧化物的体积分数 $g = f(V_{OX}/V_m)$ 达到一个临界值 g^* 时，内氧化将会向外氧化转变。将 f 以 g^* 的形式代入式(5.23)，可得到向外氧化转变的临界判据，见式(5.24)：

$$N_B^{(o)} > \left(\frac{\pi g^*}{2\nu} N_0^{(S)} \frac{D_0 V_m}{D_B V_{ox}} \right)^{1/2} \tag{5.24}$$

该式揭示了氧化条件对形成外氧化膜所需溶质浓度的影响作用。降低氧的内扩散通量，即减小 $N_0^{(S)}$（较低的氧分压）；或者提高溶质 B 的外扩散通量，即合金冷变形处理（通过增加快速扩散途径提高 D_B）将降低发生外氧化所需的溶质浓度。Rapp[22]利用 Ag – In 合金体系验证了 Wagner 理论。实验发现，在 550 ℃ 和 1 atm 的氧分压下，合金在 $g^* = 0.3$（$N_{In} = 0.16$）时发生外氧化转变。在此基础上，Rapp 预测了较低氧分压下（较小的 $N_0^{(S)}$）外氧化转变所需的 In 浓度，实验结果与式(5.24)的计算值非常吻合。对于利用冷变形增大 D_B 进而影响外氧化转变，Rapp 的实验结果同样给出了间接的证明。在无变形表面形成 In_2O_3 的外氧化物需要 15%（质量分数）的 In 含量，而在划痕附近只需要

6.8% 的 In 含量。

图 5.12　Co-7.5%（质量分数）Ti 合金在 900 ℃氧化 528 h
后的氧化物形貌，可以观察到合金由内氧化/外氧化转变

　　另一个对内氧化/外氧化转变有显著影响的因子是第二溶质组元，其氧化物的稳定性介于组元 A 与 B 之间。如果氧分压足够高可形成第二溶质的氧化物，这将减少氧的内扩散通量，从而降低形成 BO_v 外氧化物所需的 B 组元浓度[23]。这一现象通常被称为"第三组元效应"。Wagner 在研究 Cu-Zn-Al 合金[23] 时观察到这种现象，Pickering 研究 Ag-Zn-Al 合金[24] 时也得到相似的结果。Pickering 的研究表明，Ag-3%（原子分数）Al 合金发生了内氧化，而在相同条件下 Ag-21%（原子分数）Zn-3%（原子分数）Al 形成了外氧化铝膜。第三组元效应认为第二溶质组元降低了 $N_O^{(S)}$。然而，对于该效应的解释必须考虑它对式(5.24)中所有因子的影响[25,26]。已经证明第三组元效应对于高温合金的设计具有实际意义，由于大多数通过选择性氧化形成保护性氧化膜的组元（如 Al）通常对于合金的性能，尤其是力学性能有害，因此必须限制在较低的浓度值。在该效应指导下发展的 M-Cr-Al(M=Fe,Ni,Co)合金将在下一节讨论。

　　以上讨论的都不是同时形成两种氧化物的体系，原则上，只要环境氧分压低于不活泼组元氧化物的平衡分解压，对任何合金体系都可以这样分析。

选择性氧化

　　前面讨论的过程中溶质组元优先氧化，在合金表面形成连续氧化膜，这种现象称为"选择性氧化"。通过组元选择性氧化形成生长速率低的保护性氧化膜是高温条件下合金和涂层防护的基础。可形成保护性氧化膜的组元有 Cr（氧化铬膜）、Al（氧化铝膜）、Si（氧化硅膜）。因此，众多研究致力于寻找合适的合金和涂层成分，既能满足性能需求（如力学性能）又能形成保护性氧化膜。

贱金属基体－贱金属合金组元

这类合金被广泛应用，并且通常可形成两种或多种氧化物。其氧化机制将根据具体合金体系予以阐述。

Ni，Fe，Co 基合金的氧化

这类合金是大多数工业高温合金的基础，其主要基体组元 Ni，Fe 和 Co 可形成较为稳定的氧化物，而合金组元 Cr，Al，Si 可形成高稳定性的氧化物。

氧化铬形成合金

（i）Ni－Cr 合金

已经有众多研究者对 Ni－Cr 合金的氧化行为进行了深入研究[27,28]。低 Cr 的 Ni－Cr 合金通常在近似纯 Ni 基体中形成岛状的 Cr 的内氧化物（Cr_2O_3）。外氧化膜分为两层，外层是 NiO，内层是含岛状 $NiCr_2O_4$ 的 NiO，有时内层呈多孔结构，见示意图 5.13。

铬离子在内层 NiO 中固溶，与第二相 $NiCr_2O_4$ 平衡。这提供了阳离子空位，增加了镍离子的移动性。与纯 Ni 的氧化相比，这种掺杂效应（见附录 C）导致了氧化速率常数的增加，同时内氧化铬的形成也增加了合金的氧化增重，见图 5.14。

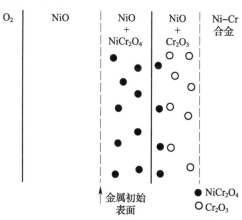

图 5.13　低 Cr 含量的 Ni－Cr 合金氧化形貌示意图

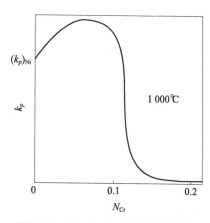

图 5.14　Ni－Cr 合金抛物线氧化速率常数与 Cr 含量的关系

随着外氧化膜向金属侧生长，岛状内氧化铬被 NiO 包围，通过固相反应形成 $NiCr_2O_4$：

$$NiO + Cr_2O_3 \Longrightarrow NiCr_2O_4 \qquad (5.25)$$

（实际上，氧向内扩散快于 NiO 前沿的内移，所以在该前沿的前方，$NiCr_2O_4$ 就已开始生成。）在 Cr 含量较高的合金中，这些岛状 $NiCr_2O_4$ 保留在氧化膜中，可作为原始金属界面的标记。

与 NiO 相比，阳离子在 $NiCr_2O_4$ 尖晶石中的扩散速率低，因此氧化膜中的岛状尖晶石成为镍离子的外扩散障。随着合金中 Cr 含量的增加，尖晶石体积分数的增加减少了 Ni 的外扩散流量，氧化速率随之下降。当 Cr 含量达到 10%（质量分数）时，合金在 1 000 ℃ 的氧化行为发生改变，形成了完整的 Cr_2O_3 外氧化膜，这与 Ag－In 合金相似。在此 Cr 浓度以上，合金的氧化速率急剧下降至与 Cr 相当，见图 5.14。

上面讨论的 Cr 含量效应适用于合金的稳态氧化。实际上，即使合金中 Cr 含量高于向外氧化转变的临界值，当干净的合金表面暴露于氧化气氛时，氧化初期既形成 Ni 的氧化物又有 Cr 的氧化物。由于含 Ni 氧化物的生长速率高于 Cr_2O_3，在连续 Cr_2O_3 膜形成前有大量的 NiO 和 $NiCr_2O_4$ 形成。这个现象称为"暂态氧化"[29-31]，在一定条件下，对于可形成一种以上稳定氧化物的合金体系都会发生暂态氧化。示意图 5.15(b) 说明了暂态氧化现象，组元 B（如 Cr，Al）氧化物的稳定性高于组元 A（如 Ni，Fe）的氧化物，但是在连续 BO 膜形成前已有 AO 形成。暂态氧化通常会影响到最终的选择性氧化过程。例如，由内氧化向外氧化转变的临界溶质浓度随着暂态氧化物生长的抛物线速率常数的增大而增大[32]。而提高选择性氧化的因素会缩短暂态氧化的时间。例如，对于Ni－Cr 合金体系，较高的 Cr 浓度、较低的氧分压以及冷变形都会减少富 Ni 氧化物的形成。

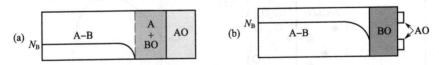

图 5.15　A－B 合金表面形成的氧化膜示意图，其中 A，B 的氧化物都是稳定的，而 BO 比 AO 稳定性更高。(a) 当 B 浓度低时，发生了 B 的内氧化并形成了连续的 A 的外氧化膜。(b) 当 B 的浓度足够高时，形成了连续的 B 的外氧化膜；而初期形成的暂态氧化物 AO 在 BO 形成连续氧化膜前继续生长

当 Cr 浓度在临界值附近时，由于 Cr 的选择性氧化导致合金亚表面处 Cr 的贫化，浓度低于临界值，从而 Cr_2O_3 膜的保护性无法长期维持。因此，保护性氧化膜的蠕变或力学损伤将致使低 Cr 表面暴露于氧化气氛，导致内氧化的

发生以及 NiO 的形成，增加氧化速率，如图 5.16 所示。本质上，合金再次进入暂态氧化阶段。

由于选择性氧化而发生组元贫化是一种常见现象，如前面讨论的 Pt – Ni 合金体系和图 5.17 所示的 Ni – 50%（质量分数）Cr 合金。由于 Ni – 50%（质量分数）Cr 合金由富 Ni 的 fcc 基体和富 Cr 的 bcc 析出相组成，Cr 的贫化可以用富 Cr 相的溶解层厚度来表征。选择性氧化组元的贫化程度与众多因素相关，其中组元浓度、氧化膜生长速率及合金互扩散系数是最重要的影响因素。当在合金 – 氧化膜界面下，Cr 组元贫化到了无法通过由合金内 Cr 的外扩散维持其临界浓度

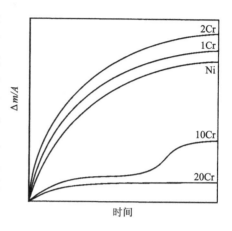

图 5.16　几种 Ni-Cr 合金的氧化增重曲线

时，保护性氧化铬膜的稳定性不再持续，它就会失效而未必发生开裂。该判据由式(5.2)给出。考虑到贫化效应，Ni – Cr 基抗氧化合金的 Cr 含量通常至少为 18%~20%（质量分数）。

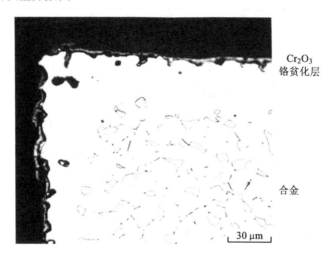

图 5.17　Ni – 50%（质量分数）Cr 合金在 1 100 ℃氧气
中氧化 21 h 形成的铬贫化层形貌

（ii）Fe – Cr 合金

和前面的讨论一样，按照 Cr 含量由低到高的顺序进行分析。低 Cr 合金中没有观察到内氧化区，这是因为外氧化膜的形成极为迅速以至于内氧化层深度可以忽略不计。Fe – Cr 合金的氧化可以用图 5.18 所示的 Fe – Cr – O 三元相图

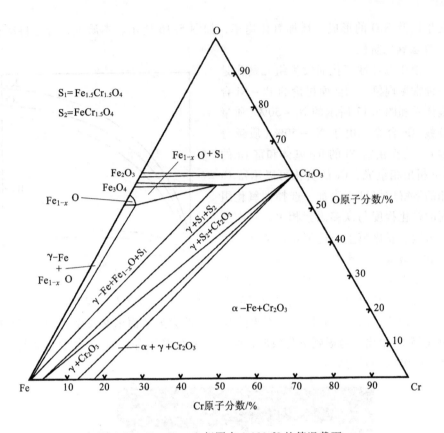

图 5.18　Fe – Cr – O 相图在 1 200 ℃ 的等温截面

来描述。可以看到，斜方晶系的 Fe_2O_3 和 Cr_2O_3 形成连续固溶体。铁、铬氧化物反应形成尖晶石，它与 Fe_3O_4 形成固溶体。

低 Cr 合金表面形成富 Cr 氧化物与富 Fe 氧化物。一些 Cr 固溶于 FeO，但类似于 Ni – Cr 合金，由于尖晶石的稳定性，Cr 的固溶度是有限的（见图 5.18）。再者，由于 p 型 FeO 的缺陷浓度高，难以观察到更多空位缺陷的影响作用，因此无法观察到氧化速率常数的增大。随着合金 Cr 含量的增加，Fe^{2+} 的扩散被岛状 $FeCr_2O_4$ 阻碍，相对于 Fe_3O_4 层厚度，FeO 层的厚度不断减薄（见图 5.19）。此时，合金的反应速率仍然相当高，与纯 Fe 相当。当 Cr 含量进一步增加时，形成混合尖晶石（$Fe(Fe,Cr)_2O_4$）膜，抛物线速率常数降低。当氧化速率由铁离子通过内层混合尖晶石膜的扩散控制时，合金长时间氧化后外表面形成较纯的铁的氧化物，显然铁离子在这种氧化物中的扩散快于 Cr^{3+}。

当 Cr 浓度高于临界浓度 N_{Cr}^* 时，氧化初期合金表面形成外层 Cr_2O_3 膜，氧化速率常数相应减小。如果 Cr 浓度不高于临界浓度 N_{Cr}^*，则无法维持保护性氧化膜的长期稳定性，因此大多数 Fe – Cr 耐热合金的 Cr 含量设计都超过 20%

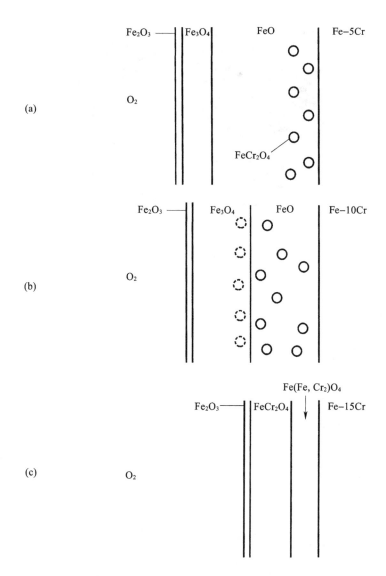

图 5.19 Fe – 5%（质量分数）Cr(a)，Fe – 10%（质量分数）Cr(b)，
Fe – 15%（质量分数）Cr(c)合金表面氧化膜形貌的示意图

（质量分数）。应当注意的一个常见问题是，常用 18 – 8 不锈钢是应用于水溶液环境的耐蚀材料，而不是高温抗氧化合金。实际上，由于 Fe_2O_3 – Cr_2O_3 可形成连续固溶体，所以 Fe – Cr 合金体系并不适于长期应用于高温氧化环境。即使 Cr 含量很高，铁离子依然能够溶于并快速穿过 Cr_2O_3 膜，形成较纯的铁氧化物外层。图 5.20 给出了 Fe – 25%（质量分数）Cr 合金在 1 150 ℃ 氧化 24 h 后的表面形貌，可见 Fe_3O_4 凸起（A）突出于 Cr_2O_3 膜表面（B）。Cr 含量高于

图 5.20　Fe – 25%（质量分数）Cr 合金在 1 150 ℃
氧化 24 h 后的膜 – 气界面形貌

20%~25%（质量分数）的 Fe – Cr 合金难以获得实际应用，因为在不添加其他
合金元素的情况下，过高的 Cr 含量会导致脆性相的形成。

（iii）　Co – Cr 合金

Co – Cr 合金的氧化与 Ni – Cr 合金相似。但是，由于合金组元的扩散系数
低并且暂态氧化速率较高，Co – Cr 合金形成外氧化铬膜所需的临界 Cr 浓度比
Ni – Cr 合金高[33]。通常，抗氧化 Co 基合金的 Cr 含量设计为 30%（质量分数）
左右。

氧化铝形成合金

图 5.21 给出了 Ni – Al 二元合金氧化产物与合金成分、温度的关系[34]。
根据反应产物可以分为三个区域：（Ⅰ）0~6%（质量分数）[0~13%（原子分

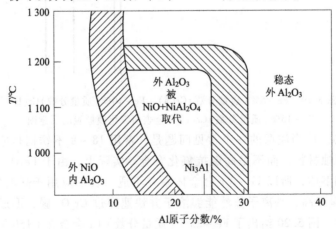

图 5.21　Ni – Al 合金成分与形成氧化物的关系

数）]Al，形成外 NiO 膜与 Al_2O_3（+ $NiAl_2O_4$）内氧化物；（Ⅱ）6%～17%（质量分数）[13%～31%（原子分数）]Al，氧化初期形成的外 Al_2O_3 膜不能维持，由式（5.2）可知，由于 Al 组元供应不足，随后被快速生长的 NiO + $NiAl_2O_4$ + Al_2O_3 混合膜取代；（Ⅲ）高于 17%（质量分数）[31%（原子分数）]，Al 组元的外扩散足以维持外 Al_2O_3 膜的稳定。区域Ⅲ随着温度的升高向低 Al 方向延伸。在阴影区域，形成何种氧化产物取决于合金表面状态。事实上，在此区域，同一样品的不同位置可能形成不同的氧化产物。该氧化产物图表明，NiAl 总是能够形成稳定的保护性氧化铝膜，而在 1 200 ℃以下 $Ni_3Al(\gamma')$ 合金的成分处于氧化铝膜形成区域的边沿。

稳态氧化铝是 α（刚玉）型结构。然而，某些条件下初期形成的氧化铝也可能处于亚稳态[35]。Ni_3Al 在 950～1 200 ℃、1 atm 氧分压下形成的氧化膜内层是柱状 $\alpha - Al_2O_3$，外层为含 Ni 的暂态氧化物——NiO 和 $NiAl_2O_4$。Schumann 与 Rühle[36] 利用截面透射电镜术，研究了 Ni_3Al 单晶（001）面在 950 ℃空气中的初期氧化过程。氧化 1 min 后，在形成外 NiO 膜的同时发生了合金内氧化。内氧化颗粒为 $\gamma - Al_2O_3$，与 Ni 基体间呈立方 - 立方取向关系。氧化 6 min 后，在内氧化区与 γ' 单晶间形成连续的 $\gamma' - Al_2O_3$ 层。氧化 30 min 后的微观形貌与氧化 6 min 后相似，两相区的 Ni 被氧化成 NiO。氧化 50 h 后形成三层氧化物，外层为 NiO，中间层为 $NiAl_2O_4$，内层为 $\gamma - Al_2O_3$，其中 $\alpha - Al_2O_3$ 在合金 - 氧化物界面形核。一般假设尖晶石是 NiO 与 $\gamma - Al_2O_3$ 通过固相反应形成。实验观察表明，$\alpha - Al_2O_3$ 与 $\gamma - Al_2O_3$ 的晶体取向关系为 $(0001)[1\bar{1}00]_\alpha \parallel (111)[1\bar{1}0]_\gamma$，即 α 相与 γ 相的密排面与密排方向平行。

在 1 000 ℃及以上温度，NiAl 合金的抗氧化性能极为优异，几乎观察不到含 Ni 暂态氧化物的形成，暂态氧化物为各种亚稳态氧化铝（γ,δ 与/或 θ）[35]。由亚稳态向稳态氧化铝的相变显著降低氧化膜的生长速率，同时形成"脊"状氧化物形貌，与 Ni_3Al 表面观察到的柱状形貌不同[35]。暂态氧化铝的生长主要由阳离子的外扩散控制，而稳态氧化铝的生长主要以氧的沿晶内扩散为主。一些研究揭示了表面氧化膜晶型结构与氧化时间和温度的关系。Rybicki 和 Smialek[37] 证实了 Zr 改性 NiAl 表面的暂态氧化物是 $\theta - Al_2O_3$，并且发现氧化温度越低向稳态氧化物转变的时间越长。例如，在 800 ℃氧化 100 h 后氧化膜完全由 $\theta - Al_2O_3$ 组成；而在 1 000 ℃氧化 8 h 暂态氧化物转变为稳态结构；在 1 100 ℃和 1 200 ℃只能观察到 $\alpha - Al_2O_3$。在 1 500 ℃氧化 160 s 后，Pint 和 Hobbs[38] 在纯 NiAl 表面只观察到 $\alpha - Al_2O_3$。Brumm 和 Grabke[39] 在 900 ℃研究 NiAl 氧化时，观察到两个相变过程。氧化初期形成的 $\gamma - Al_2O_3$ 在大约 10 h 后转变为 $\theta - Al_2O_3$；而 θ 相向 α 相的转变需要更长的时间，该相变过程随温度的升高加速。NiAl 氧化动力学与温度的关系见图 5.22[39]。合金中第三组元对于氧化铝膜的相变具有重要的影响。Cr组元能够加速暂态氧化铝向稳态的转变[39]，因为 Cr_2O_3 与 $\alpha - Al_2O_3$ 的晶型相同，因此暂态氧化铬可作为稳态氧化铝的形核质点。这也导致了氧化铝的晶粒更细小，其生长速率在一定程度上高于 NiAl 二元合金表面形成的 $\alpha - Al_2O_3$。对 ODS 的 NiAl 合金的研究表明，Y，Zr，La 和 Hf 减缓了暂态氧化铝向稳态的转变，而 Ti 起加速作用[40]，这可能是因为较大的离子更容易进入暂态氧化铝的晶格。

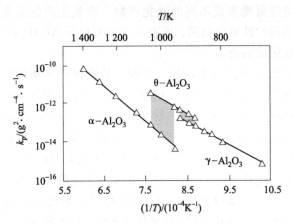

图 5.22　纯 Ni - Al 合金氧化速率常数与
温度的关系（Brumm 和 Grabke[39]）

　　Ni - Al 合金中添加 Cr 产生显著的协同效应，这对于工程应用具有重要意义。例如，添加 10%（质量分数）的 Cr 可以将 Al 的临界浓度降低至 5%（质量分数），这有助于设计出塑性更好的合金和涂层。

　　合金成分与氧化产物的关系可以归纳成氧化产物图[41,42]，合金氧化数据被叠放在三元成分相图上，如图 5.23 所示。该图不是热力学相图，而是基于氧化膜形成的动力学过程。图中有三个主要区域：（Ⅰ）外 NiO 膜 + Al_2O_3/Cr_2O_3 内氧化物，（Ⅱ）外 Cr_2O_3 膜 + Al_2O_3 内氧化物，（Ⅲ）单一的外 Al_2O_3 膜。

　　对于 Ni - 15% Cr - 6% Al（质量分数）合金，Cr 促进 Ni - Al 合金表面氧化铝膜形成的效应可见示意图 5.24[43]。（a）氧化初期，所有表面合金组元发生氧化，

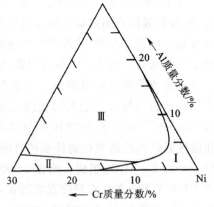

图 5.23　Ni - Cr - Al 合金成分与形成氧化物的关系。（Ⅰ）区形成外 NiO，内 $Cr_2O_3/Al_2O_3/Ni(Al,Cr)_2O_4$；（Ⅱ）区形成外 Cr_2O_3，内 Al_2O_3；（Ⅲ）区形成外 Al_2O_3

形成的氧化膜组成为 15% NiO – 85% Ni (Cr,Al)$_2$O$_4$(质量分数)。(b)由于氧化铬能够在低于 NiO – 合金的平衡分压下保持稳定，形成了 Cr$_2$O$_3$ 亚表面膜；同时由于氧化铝的平衡分解压更低，发生了 Al 的内氧化。(c)高的铬含量可导致连续氧化铬膜的形成，进而降低了氧化膜 – 合金界面的氧活度、阻碍氧的扩散以及内氧化铝的形成。随后，NiO – Ni (Cr, Al)$_2$O$_4$ 的生长得到抑制。最终，亚表面氧化铝连续成膜，其生长成为合金氧化速率控制步骤。组元 Cr 的这种效应最初用纯热力学术语"俘氧剂"来描述[23]；然而，目前的研究已澄清，添加组元 Cr 对式(5.2)与式(5.24)中的所有参数以及暂态氧化物的生长都有影响[25,26]。

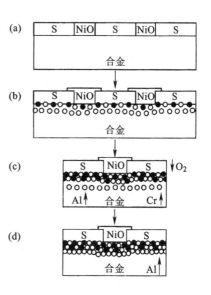

图 5.24　Ni – 15% Cr – 6% Al(质量分数)合金在 1 000 ℃ 暂态氧化过程中，Cr 对外 Al$_2$O$_3$ 膜形成的促进作用。(a)氧化 1 min；(b)氧化 5 min；(c)氧化 40 min；(d)氧化时间大于 40 min。S = Ni(Al,Cr)$_2$O$_4$，● = Cr$_2$O$_3$，○ = Al$_2$O$_3$

FeCrAl 合金[44]与 CoCrAl 合金[45]的氧化行为在本质上与 NiCrAl 合金相似。

氧化硅形成合金

一般 Si 的合金化会导致大多数合金的脆化，因此结构材料通常都不靠生成氧化硅膜来提供保护。一些金属间化合物(如 MoSi$_2$)、硅化物涂层以及陶瓷材料(如 SiC)可形成氧化硅。下面简单描述 Fe – Si 合金的氧化模型。

Fe – Si 合金

与 Fe – Cr 合金相似，这类合金通常不发生内氧化。表面氧化物包括 SiO$_2$ 与通过固相反应形成的硅酸盐——Fe$_2$SiO$_4$，以及 FeO，Fe$_3$O$_4$，Fe$_2$O$_3$。

当 Si 含量低时，SiO$_2$ 在合金表面形成。它们不是被铁的氧化物包围，而是在合金表面平铺生长，因此分布极为细小均匀。同时，SiO$_2$ 与 FeO 反应生成铁橄榄石(Fe$_2$SiO$_4$)，并且当颗粒长大时，被包埋在氧化膜中。虽然这些岛状颗粒像标记一样存在于 FeO 层中，但却不能准确指示金属 – 氧化物原始界面的位置。实际上，经常可以发现铁橄榄石呈杆条状平行于金属表面分布在 FeO 层中(见图 5.25)。

提高 Si 含量能够形成连续的保护性 SiO$_2$ 膜[46]。然而，高的 Si 浓度导致金属间化合物的形成，进而降低合金的力学稳定性。

通过阻碍或抑制外层氧化膜向内移动，Fe-Cr 与 Fe-Si 合金都能够发生内氧化。将合金在空气中氧化成膜，然后密封于真空中，在氧化膜-金属分离区域，尤其是边角处，可以观察到内氧化的出现。

目前所讨论的合金体系中，相对于基体金属，合金元素与氧有更高的反应的活性，因此更容易生成氧化物。当合金倾向于发生内氧化时，这将导致合金

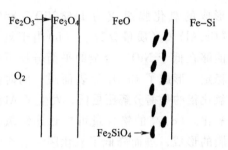

图 5.25　低 Si 含量的 Fe-Si 合金表面形成的氧化膜示意图

元素的严重贫化。而当只有外氧化膜形成时，即使合金元素与氧有很强的亲和力，只要该元素的互扩散系数不是很小，金属相中也不会发生严重贫化。进而，在发生内氧化的条件下，快速的外氧化膜生长将使内氧化层厚度减小至忽略不计，因此贫化层不能继续发展。

其他合金的氧化

Fe-Cu 合金系

另一类具有不同氧化行为的合金，其基体组元比合金元素更活泼，这类合金的氧化以 Fe-Cu 合金体系为例予以讨论。当 Fe-Cu 合金氧化时，Cu 不参与氧化，而是在金属-氧化膜界面形成富 Cu 层。当富 Cu 的金属第二相在氧化膜-金属界面析出时，随着成膜过程的进行 Cu 的浓度超过氧化温度下在合金中的溶解度，于是 Cu 的富集过程不断继续。如果氧化温度低于 Cu 的熔点，析出的第二相为固相，由于 Fe 在 Cu 中的固溶度低，因此可作为 Fe 的扩散障降低合金的氧化速率。

如果氧化温度高于 Cu 的熔点，析出的新相是液相，将沿晶界向合金内渗透。含铜的钢轧制前的预热可能发生这一现象。钢中可能含有铜杂质，也可利用铜作为提高其耐腐蚀性的合金元素。前一种情况可能来自炼铁的矿石所含的微量铜，也可能来自回收的含铜废钢，后者则是有意添加的。轧制含铜钢时，液相渗透的晶界因无法承受剪切或拉伸应力而开裂，致使钢坯表面发生龟裂。结果，所获得的扁坯、方坯或锭坯都无法继续加工，必须废弃或返回进行表面处理。这种现象被称为"热脆性"。其他较不活泼的元素，如 Sn，As，Bi 或 Sb 等，也会导致钢的热脆性。它们和 Cu 一样富集，降低第二相熔点。

可以通过几种途径来解决热脆性的问题。首先，监测炼钢炉中添料的铜含

量，如果需要，可以利用钢水或生铁稀释。其次，通过制订再热工艺，使材料在敏感温度的加热时间最短。再次，在很高的温度下 Cu 的内扩散变得比钢的氧化迅速，从而降低 Cu 在表面的富集程度。这种技术并不常用，因为材料氧化会导致低的收得率。最后，同样会产生富集的 Ni 可以增加 Cu 在富集层的溶解度，于是延迟了第二相的析出；或者，析出相是富 Ni 的固相。以上所有途径中，前两种方法，即在冶炼阶段降低 Cu 含量以及严格控制再热工艺，通常是最有效也是最经济的方法。

Nb – Zr 型合金

含有少量 Zr 的 Nb 合金在形成富 Nb 外氧化膜的同时发生 Zr 的内氧化。这类合金的氧化与低 Cr 的 Ni – Cr 合金不同，富 Nb 的氧化膜呈线性生长，而不是遵循抛物线规律。Rapp 与 Colson[47] 分析了它的生长动力学，表明这是一个内氧化受扩散控制与外氧化膜线性生长的复合过程，即亚线性过程。稳态氧化时，内氧化层的有限厚度在理论上得到预测。Rapp 和 Goldberg[48] 已针对 Nb – Zr 合金体系验证了这一理论预测。

Ni – Co 合金

这类合金的氧化与纯 Ni 相似，因为 CoO 稳定性仅略高于 NiO，两种氧化物可形成固溶的单相膜[49]。然而，合金的氧化速率稍高于纯 Ni，并且在氧化膜中观察到阳离子的富集。图 5.26 为 Co 在合金与氧化膜中的浓度分布[49]，可以看到 Co 的浓度在靠近氧化膜 – 气体界面处增大，这是由于钴离子在氧化物晶格中的迁移率高于镍离子。钴离子较高的迁移率来自两方面的原因：一是 CoO 中的阳离子空位浓度高于 NiO；二是钴离子的迁移活化能较低。阳离子在密排氧离子点阵的八面体和四面体阵点能量差的计算与后者一致。由八面体阵点扩散至空位的最容易途径是经过四面体阵点，这解释了为什么它们之间的能量差会影响阳离子的迁移活化能。由于富 Co 氧化物具有较高的阳离子空位，并且离

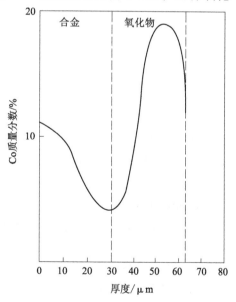

图 5.26　Ni – 10.9% Co 合金在 1 000 ℃（1 atm 氧气）氧化 24 h 后形成的 (Ni, Co) O 膜中合金组元的浓度分布

子移动的活化能较低，所以 CoO 浓度在氧化膜－气体界面的增加与氧化膜较高的生长速率相对应。

Wagner[51]分析了迁移率不同的阳离子在单相膜内的扩散以及合金成分对氧化膜生长速率的影响。Bastow 等[52]测量了一系列 Ni－Co 合金的浓度分布和氧化膜生长速率，结果与 Wagner 的模型基本一致。

金属间化合物的氧化

关于金属间化合物的氧化行为，已有一些综述报道[35,53-56]。本节将简单介绍金属间化合物选择性氧化的特点，并与前面讨论的传统 Ni 基、Fe 基合金进行比较。

前面介绍的选择性氧化基本理论同样也适用于金属间化合物。然而，与合金相比还存在量上的差别。

氧的溶解度

关于氧在金属间化合物中的溶解度，目前还没有定量的数据。但是间接证据表明大多数金属间化合物中，氧的溶解度可以忽略不计。因为，在金属间化合物中难以观察到内氧化。其中的例外是 Ti_3Al 和 Ni_3Al，它们能够溶解大量的氧。

化合物的化学计量比

多数金属间化合物的成分范围很窄。因此，一个组元的选择性氧化会导致氧化膜下方很快形成该组元浓度较低的化合物，如图 5.27 所示。这意味着新形成化合物的性质决定了合金维持保护性氧化膜的能力，见式(5.2)。显然，一些化合物，如 Mo_5Si_3，能够提供足够的 Si 流量至氧化物－合金界面以维持 $MoSi_2$ 表面氧化硅膜的生长。然而，很多体系不是这样，如图中所示的 $NbAl_3$ 的氧化。氧化初期，化合物表面形成连续的氧化铝膜，Al 的贫化导致氧化物下方形成 Al 含量低的 Nb_2Al。这种化合物不能形成连续的氧化铝膜[57]，于是表面保护性氧化铝膜失效，并在 Nb_2Al 层下方重新形成氧化铝，并包围 Nb_2Al，最终后者氧化成 Nb－Al 氧化物。这个过程的不断重复导致多层膜的形成，其生长速率远高于氧化铝。

氧化物的相对稳定性

合金组元，如 Al 或 Si 的选择性氧化，要求氧化铝或氧化硅比其他组元的氧化物有更高的稳定性。图 2.5 表明 Ni－Al，Mo－Si 金属间化合物能够满足选择性氧化的条件。然而对于 Nb 基或 Ti 基金属间化合物，基体金属氧化物的稳定性与 Al 或 Si 的相近，这可能导致选择性氧化不能发生。如图 5.27 所示，TiAl 中 Al 含量低于 50%（原子分数）时不能形成氧化铝膜，而是 Al_2O_3 与 TiO_2 的两相混合膜。必须强调的是，主要组元的活度决定了哪种氧化物更稳定。

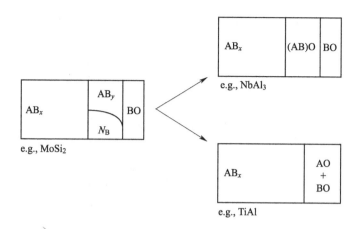

图 5.27 成分范围窄的金属间化合物的氧化特性

氧化膜的实际形貌通常比图 5.27 更复杂。Ti_3Al 在 900 ℃ 氧气中氧化 165 h 后的形貌如图 5.28 所示。氧化膜的主要部分是 $\alpha - Al_2O_3$ 与 TiO_2（金红石结构）混合氧化层。它的外层是不连续的氧化铝层，最外层为纯 TiO_2 层。显然，氧与 Al，Ti 通过中间混合层的对扩散导致了这种复杂形貌的出现。氧化膜下方的合金中溶解了大量的氧，导致严重的脆化。

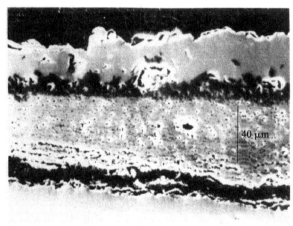

图 5.28 Ti_3Al 合金在 900 ℃，1 atm 氧气中氧化 165 h 后的截面形貌

暂态氧化物的生长速率

如前所述，即使保护性氧化物在热力学上是稳定的，暂态氧化物的形成对保护性氧化膜的形成也具有影响。这对于一些含有难熔元素的金属间化合物尤为重要。图 5.29 给出了 $MoSi_2$ 的氧化速率与温度的关系[58]。当温度高于 600 ℃ 时，由于连续氧化硅膜的形成，合金氧化速率很低。然而，合金在 500 ℃ 的氧化动力学显著加速，形成了 SiO_2 与 MoO_3 的混合氧化物。如图 5.30

所示，Mo 的暂态氧化物在较高温度下挥发（见图 4.14），氧化硅横向生长成连续

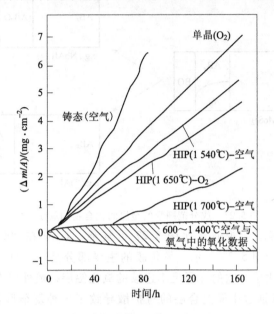

图 5.29　$MoSi_2$ 合金制备方法（铸态多晶，单晶，以及 1 540 ℃，1 650 ℃，1 700 ℃热等静压）与 500 ℃空气中氧化速率的关系。合金在 600~1 400 ℃范围内的氧化速率位于阴影区域

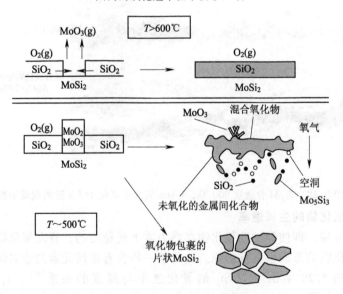

图 5.30　$MoSi_2$ 合金在高于 600 ℃（上图）、600 ℃，以及 500 ℃左右（下图）的氧化机制

膜。当温度较低时，氧化钼的挥发减少、氧化硅的生长速率降低，从而抑制了连续氧化硅膜的形成。MoO_3 向内快速生长，与氧化硅不断混合，形成 MoO_3 与 SiO_2 的混合层。对于多晶材料，这种混合氧化产物能够沿晶界生成，导致合金的碎解或粉化（pesting）[58]。$TaSi_2$ 与 $NbSi_2$ 合金的氧化可以观察到相似的现象，由于 Ta 和 Nb 的氧化物难以挥发，因此它们加速氧化的温度区间超过了 1 000 ℃[59]。

合金氧化的其他影响因素

氧化膜中应力的产生与释放

纯金属与合金氧化的讨论表明，合金抗高温氧化的前提是在它的表面上形成可将基体与环境隔离的氧化膜，而持久的抗氧化性能则持续保有完整的氧化膜。因此，如果应力可导致氧化膜开裂或剥落，则氧化膜内应力的产生与释放以及合金重新形成保护性氧化膜的能力等都将影响合金的高温氧化特性。这方面的讨论可见 Douglass[60]，Stringer[61]，Hancock 与 Hurst[62]，Stott 与 Atkinson[63]，以及 Evans[64] 的综述。

应力产生

通常，应力可以来源于被氧化构件所承受的载荷。然而，氧化过程能够产生两种额外的应力。一是生长应力，在恒温氧化过程中氧化膜生长形成的应力。二是热应力，来自于合金基体与氧化膜热膨胀或收缩的差异。

生长应力可能的产生机制概括如下：

（1）氧化物与形成该氧化物所消耗金属的体积差；

（2）取向应力；

（3）合金或氧化膜的成分变化；

（4）点缺陷应力；

（5）再结晶应力；

（6）氧化膜中新氧化物的形成；

（7）样品几何形状。

上述机制将分别予以讨论。

（a）氧化物与金属的体积差

这种应力的产生是由于生成氧化物的体积几乎总是不等于消耗的相应金属体积。该应力水平可能与 Pilling-Bedworth 比（PBR）相关[65]：

$$PBR = \frac{V_{Ox}}{V_M} \tag{5.26}$$

表 5.1 列出了部分体系的 PBR[62]。如果 PBR 大于 1(大多数金属属于此类),则氧化物中产生压应力;反之,则产生拉应力。一般认为,产生拉应力的体系(如 K,Mg,Na),不能形成保护性氧化膜。由 PBR 值可以看到,大部分金属和合金表面的氧化物中产生压应力。然而,只有当金属 – 氧化膜界面的氧化物向金属内生长时,才可能产生压应力。实际上,氧化物生长过程中,压应力的形成取决于实验条件。对于小样品,如果金属 – 氧化膜界面氧化物以离子内扩散方式生长,则只要氧化膜不与金属分离就会形成压应力。对于平面样品,氧化物在氧化膜 – 气体界面生成时则不能形成压应力,因为金属与氧化物的体积差仅仅反映于氧化膜的厚度。而且,应力大小不总是与 PBR 值的大小相关[62]。显然,当体积比是产生生长应力的原因之一时,其他应力产生机制也依然有效。

表 5.1　一些常见金属的氧化物 – 金属体积比

氧　化　物	PBR	氧　化　物	PBR
K_2O	0.45	TiO_2	1.70 ~ 1.78
MgO	0.81	CoO	1.86
Na_2O	0.97	Cr_2O_3	2.07
Al_2O_3	1.28	$Fe_3O_4(\alpha - Fe)$	2.10
ThO_2	1.30	$Fe_2O_3(\alpha - Fe)$	2.14
ZrO_2	1.56	Ta_2O_5	2.50
Cu_2O	1.64	Nb_2O_5	2.68
NiO	1.65	V_2O_5	3.19
$FeO(\alpha - Fe)$	1.68	WO_3	3.30

(b) 取向应力

成核理论表明,最先生成的氧化物与基体具有取向关系。由于金属与氧化物的点阵常数不同,因此氧化物与基体的取向关系导致了应力的产生。当氧化膜很薄时,比如氧化时间短或者氧化温度低,这种机制可能产生明显的应力。然而,有研究认为离子膜空位湮灭过程中,本征位错在一定程度上与半共格界面的作用能产生可测的应力[66]。也有研究认为,界面位错结构并不能产生明显的应力[67]。

(c) 合金或氧化膜中的成分变化

成分变化可以通过几种途径产生生长应力。合金中一个或多个组元由于选择性氧化而发生贫化致使点阵常数改变,从而产生应力。氧化膜成分的变化也有同样的作用。氧在金属中的溶解,如 Nb,Ta,Zr 这些氧溶解度高的金属,能够产生应力。同样，与内氧化或碳化相关的体积变化也可以在某些合金中产生应力。如 Ag – In[68] 与 Ag – Mg[69] 合金的内氧化在样品表面形成 Ag 的瘤状物，这是由于内氧化区巨大的压应力促使 Ag 通过位错管道向样品表面扩散传输。在发生内氮化的 Ni – Cr – Al 合金表面，同样可以观察到纯 Ni 的瘤状物[16]。

（d）点缺陷应力

由于点缺陷浓度梯度导致点阵常数变化，因此偏离化学计量比较大的氧化膜中（如 FeO）易产生应力。同样，金属的氧化以阳离子的外扩散为主时，来自氧化膜的空位注入在基体中形成空位浓度梯度。由于空位附近晶格的弛豫致使点阵常数变化，从而在基体中产生应力。然而，Hancock 和 Hurst[62] 指出，这些空位通过增强金属的蠕变成为应力的释放源。但是，这种过饱和空位的效应不明显，因为它难以维持，而且这些空位易于在氧化膜 – 金属界面以及基体晶界处聚集成空洞析出。图 5.31 给出了纯 Ni 基体中空洞析出的例子。空位最重要的影响作用是通过形成空洞减小了氧化膜与金属的接触面积。

（e）再结晶应力

有研究认为氧化膜的再结晶是产生应力的原因之一[70,71]。然而，再结晶可能只是释放生长应力而不是产生应力。已有研究报道[72]，细晶 Fe – Cr 合金氧化时，合金晶粒的长大致氧化铬膜遭局部破坏，令粗大的瘤状富 Fe 氧化物得以生成；而粗晶合金的氧化却只形成连续的氧化铬膜。Ni – Cr 合金的氧化行为恰恰相反，预变形处理的合金表面发生再结晶促进了连续氧化铬膜的形成[73]。对于后者，再结晶结构被认为有利于 Cr 向合金表面的传输。

（f）氧化膜中氧化物的形成

如果氧化剂沿着氧化物晶界与微观

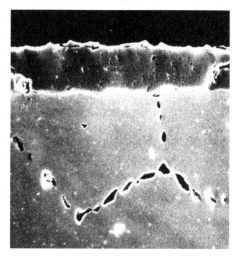

图 5.31　镍在 950 ℃氧化过程中由于空位聚集在晶界处形成的空洞形貌

裂纹向内扩散可导致新的氧化物在氧化膜中生成，则会在氧化膜中产生压应力。Rhines 与 Wolf[74] 用晶界传输机制解释了氧化过程中 Ni 棒长度和 Ni 板面积的增加，两者的氧化膜的生长应力都是压应力（Rhines-Wolf 机制）。

有关氧化膜内生成新氧化物的可能性依然存在争论。目前还不清楚，在这个过程中是否遵守氧化膜中点缺陷的浓度平衡条件[75]。在氧化膜中新的氧化物是生成还是消耗取决于相关点缺陷的类型[76]。显然，根据点缺陷的类型不同，新氧化物可能在氧化膜中形成，也可能消耗，或者两种情况都不发生。当晶界扩散占主导时，这些情况都可能发生，但目前仍然缺少晶界处点缺陷的相关知识[76]。先在 O^{16} 然后换成 O^{18} 的氧化气氛中生成氧化铝膜，随后用二次离子质谱分析（SIMS）[77] 的实验结果表明 O^{18} 出现在氧化膜中，这说明新氧化物在氧化膜中形成。Caplan 和 Sproule[78] 发现，Cr 表面的单晶氧化物区域平整，表明不存在较大应力；而同一样品表面的多晶氧化物区出现皱褶，说明氧化膜中有较大的压应力。Lillerud 和 Kofstad[79] 利用新氧化物在氧化铬膜晶界处形成来解释铬氧化时出现的氧化物皱褶现象；Golightly 等[80] 用同样的机制解释了 Fe – Cr – Al 合金表面氧化铝膜的皱褶。可见，大量的证据表明这一机制在一些体系中的有效性。

（g）样品几何形状

前面讨论的机制适用于大尺寸的平面样品。实际上，较小的样品尺寸以及复杂的曲面是产生生长应力的一个重要来源，产生的应力取决于曲率和氧化膜生长机制。对 PBR 大于 1 的体系，Hancock 和 Hurst[62] 将应力的产生分为四种情况：凸起表面上阳离子扩散占优的氧化，凸起表面上阴离子扩散占优的氧化，凹入表面上阳离子扩散占优的氧化，凹入表面上阴离子扩散占优的氧化。

热应力

即使在氧化温度下氧化膜中不存在任何应力，由于金属与氧化物的热膨胀系数不同，冷却过程中也将产生应力。Timoshenko[81] 最先研究了双材料条带在温度变化 ΔT 时产生的应力。根据 Timoshenko 的推导，下面针对一个实例进行讨论。该体系中金属的上下面都有氧化膜覆盖，因此不产生弯曲，如图 5.32 所示。在氧化温度 T_H 下金属与氧化膜的长度为 l_1，冷却至较低温度 T_L

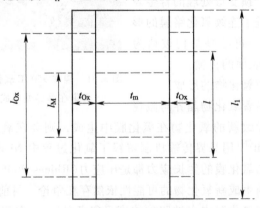

图 5.32　用于金属板氧化热应力计算的示意图

后它们的长度为 l。如果金属与氧化膜是分离的，冷却至 T_L 时它们的自由热应变分别由式(5.27)和式(5.28)表示：

$$\varepsilon_{\text{热}}^{\text{金属}} = \alpha_M \Delta T \tag{5.27}$$

$$\varepsilon_{\text{热}}^{\text{氧化物}} = \alpha_{Ox} \Delta T \tag{5.28}$$

这里，α_M 与 α_{Ox} 分别为金属与氧化物的线性热膨胀系数（假设为常数），$\Delta T = T_L - T_H$ 是负值。由于金属与氧化膜相互约束，在残余应力的作用下金属与氧化膜的应变见式(5.29)和式(5.30)：

$$\varepsilon_{\text{力}}^{\text{金属}} = \frac{\sigma_M (1 - \nu_M)}{E_M} \tag{5.29}$$

$$\varepsilon_{\text{力}}^{\text{氧化物}} = \frac{\sigma_{Ox} (1 - \nu_{Ox})}{E_{Ox}} \tag{5.30}$$

这里，运用了适用于等双轴应力状态的 Hook 定律。由于金属与氧化膜的约束关系，它们总的轴向应变必须相等，于是得到式(5.31)：

$$\varepsilon_{\text{热}}^{\text{金属}} + \varepsilon_{\text{力}}^{\text{金属}} = \varepsilon_{\text{热}}^{\text{氧化物}} + \varepsilon_{\text{力}}^{\text{氧化物}} \tag{5.31}$$

由于作用于样品上的力平衡，以 t_M 和 t_{Ox} 分别代表金属与单层氧化膜的厚度，得到式(5.32)：

$$\sigma_M t_M + 2\sigma_{Ox} t_{Ox} = 0 \tag{5.32}$$

合并上述等式得到式(5.33)或式(5.34)：

$$\alpha_M \Delta T - \frac{2\sigma_{Ox} t_{Ox} (1 - \nu_M)}{t_M E_M} = \alpha_{Ox} \Delta T + \frac{\sigma_{Ox} (1 - \nu_{Ox})}{E_{Ox}} \tag{5.33}$$

$$\sigma_{Ox} = \frac{-(\alpha_{Ox} - \alpha_M) \Delta T}{\dfrac{2 t_{Ox} (1 - \nu_M)}{t_M E_M} + \dfrac{(1 - \nu_{Ox})}{E_{Ox}}} \tag{5.34}$$

如果金属与氧化物之间不存在泊松比失配，可简化为式(5.35)：

$$\sigma_{Ox} = \frac{-E_{Ox} (\alpha_{Ox} - \alpha_M) \Delta T}{(1 - \nu) \left(1 + 2 \dfrac{t_{Ox} E_{Ox}}{t_M E_M}\right)} \tag{5.35}$$

由于 ΔT 是负值，而 α_{Ox} 通常小于 α_M，因此氧化膜内应力一般为负值。对于厚金属基体表面有单面薄氧化膜的体系，仍然可以认为金属 - 氧化膜薄片不发生弯曲变形。这种情况下，如果去除分母中最后一项的系数 2，式(5.35)依然适用。当氧化膜厚度相对金属基体极薄时，式(5.35)分母中的最后一项可以忽略，于是得到式(5.36)：

$$\sigma_{Ox} = \frac{-E_{Ox} (\alpha_{Ox} - \alpha_M) \Delta T}{1 - \nu} \tag{5.36}$$

该式对应于氧化膜中的残余应力不产生金属变形的物理模型。式(5.35)和式(5.36)广泛用于计算氧化膜中的热应力[82]。

热应力通常会导致保护性氧化膜的剥落，因此热循环氧化一般比恒温氧化更为苛刻，如图5.33所示。表5.2表明，氧化物的热膨胀系数通常比金属小，所以氧化膜在冷却过程中往往产生压应力，应力的大小与 $\Delta\alpha = \alpha_M - \alpha_{O_x}$ 成正比。实验表明，冷却过程中 Ni 和 Co 表面的氧化膜具有较好的粘附性，而 Cu 和 Cr 则相反，与上述分析一致。

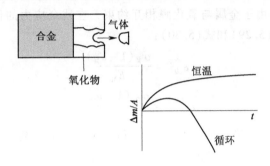

图 5.33　典型恒温氧化与循环氧化动力学

表 5.2　金属与氧化物的线膨胀系数[62]

体　　系	氧化物的线膨胀系数/10^6	金属的线膨胀系数/10^6	比　　值
Fe – FeO	12.2	15.3	1.25
Fe – Fe$_2$O$_3$	14.9	15.3	1.03
Ni – NiO	17.1	17.6	1.03
Co – CoO	15.0	14.0	0.93
Cr – Cr$_2$O$_3$	7.3	9.5	1.30
Cu – Cu$_2$O	4.3	18.6	4.33①
Cu – CuO	9.3	18.6	2.00

应力测量

已经有多种方法用于测量氧化膜中的应力，常用的力学方法包括测量单面氧化产生的样品弯曲，或者测量样品长度变化[64]。通常，最准确的方法是直接测量氧化物点阵的应变。

X 射线衍射

氧化膜中的应变可以利用 X 射线衍射方法，以点阵常数与样品倾角的关

---

① 原文为4.32，疑有误。——译者注

系来表征。应变值通常以式(5.37)表示:

$$\varepsilon_{\phi\psi} = \frac{d_{\phi\psi} - d_0}{d_0} \tag{5.37}$$

这里,d_0是无应力状态下(hkl)面的间距,$d_{\phi\psi}$是应力状态下倾角为ψ时(hkl)的面间距。这种通常使用的"倾转技术"如图5.34所示。可以看到,应变与$\sin^2\psi$成正比,因此对于一个等双轴应力,式(5.37)可表示为式(5.38)[83]:

$$\frac{d_{\phi\psi} - d_0}{d_0} = \frac{1+\nu}{E}\sigma_\phi \sin^2\psi - \frac{\nu}{E}(\sigma_1 + \sigma_2) \tag{5.38}$$

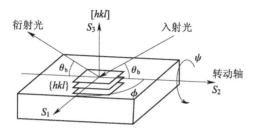

图5.34　利用"倾转技术"测量
氧化膜应变的示意图

对于多晶、无织构的各向同性表面,如果$\varepsilon - \sin^2\psi$是直线关系,则可以由$d - \sin^2\psi$的斜率以及E,ν,d_0值准确计算膜中的应力。这类技术已经用于测量氧化铝膜在室温以及高温氧化时的应力(见文献84)。氧化铝膜中的生长应力最小可以忽略不计,最大可超过 1 GPa 的压应力。当氧化温度为 1 100 ℃时,氧化膜中的残余压应力(包括生长应力和热应力)可超过 5GPa。已有利用 X 射线衍射技术研究氧化铬膜应力的报道。Hou 与 Stringer[85]测量了 Ni – 25% Cr – 1% Al(质量分数)和 Ni – 25% Cr – 0.2% Y(质量分数)合金在 1 000 ℃氧化后表面氧化铬膜中的残余应力,发现两者都是压应力而且应力水平相当。通过与计算得到的热应力比较可以认为,生长应力可以忽略不计。另一方面,Shores[86]的研究结果表明,Cr 表面形成的氧化铬膜存在很大的压应力,Ni – Cr 合金表面膜在热循环的冷却阶段发生了明显的应力弛豫[86-88],而 Y 改性合金出现了生长应变,应变值明显大于无活性元素改性的合金[89]。

激光技术

对于一些体系,可以利用激光拉曼光谱测量氧化膜中的应变[90],氧化铝膜的应变可用光激励荧光谱测量[91]。

应力释放

氧化过程中产生的生长应力和热应力能够以多种方式释放,其中最重要的途径如下：

（1）氧化膜开裂；

（2）氧化膜剥落；

（3）基体的塑性变形；

（4）氧化膜的塑性变形。

在不同的体系中都可以观察到上述的应力释放机制，具体以何种机制释放应力取决于控制氧化过程的所有参数。机制（1）和（2）会致使新鲜的金属表面暴露于氧化环境中，因此导致的结果最恶劣。

当氧化膜处于拉伸状态时发生氧化膜的开裂。第 4 章中讨论的 Nb 的氧化就是 Nb_2O_5 的生长机制导致氧化膜的开裂。碱金属表面的氧化膜同样处于拉伸状态，因为这些体系的 PBR 值小于 1（表 5.1）。

大多数工程合金表面氧化膜处于压应力状态。首先，生长应力一般为压应力；其次，由于金属与氧化物热膨胀系数的不匹配（表 5.2），冷却过程中产生的热应力为压应力。当完整氧化膜中的弹性应变能超过金属 – 氧化膜界面的断裂抗力（G_c）时，处于压应力状态的保护性氧化膜发生剥落。以 E 和 ν 代表氧化膜的弹性模量和泊松比，h 是氧化膜厚度，σ 是膜中等双轴残余应力，则膜中单位面积存储的弹性应变能为 $(1-\nu)\sigma^2 h/E$。于是，氧化膜剥落失效的判据为式（5.39）[92,93]：

$$(1-\nu)\sigma^2 h/E > G_c \tag{5.39}$$

这个判据是必要条件而不是充分条件。根据该判据可知，当应力大、氧化膜厚或者界面自由能高（粘附力低）时，氧化膜倾向于剥落。大多数处于压应力状态的氧化膜或者通过皱褶，或者通过楔状开裂发生剥落[64]。根据弹性力学知识，薄膜在双轴压应力作用下形成半径为 a 的对称翘曲所需的临界应力见式（5.40）：

$$\sigma_c = 1.22\,\frac{E}{1-\nu^2}\left(\frac{h}{a}\right)^2 \tag{5.40}$$

然而，此时的皱褶是稳定的，如果应变能的释放速率不能满足式（5.39），皱褶将不能继续发展进而导致氧化膜的分离剥落。图 5.35（a）是氧化膜皱褶的示意图，图 5.36 和图 5.37 分别给出了 Fe – Cr – Al 和 Fe – Cr – Al – Ti 合金表面氧化铝膜的皱褶形貌。

由式（5.40）可见，皱褶临界应力随着氧化膜厚度的增大而增大，因此厚氧化膜不容易发生皱褶。此时，如果满足式（5.39），氧化膜将发生剪切开裂，导致氧化膜以"楔状机制"发生剥落，见示意图 5.35（b）。

某些体系中，如果 G_c 足够大而合金强度相对较低，压应力可以通过氧化膜与合金同时变形释放，而不发生氧化膜剥落。这种现象的示意图与实际氧化

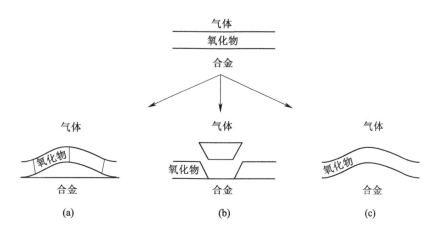

图 5.35　压应力作用下氧化膜应力释放模式。(a)皱褶，(b)剪切开裂，
(c)氧化物与合金的塑性变形

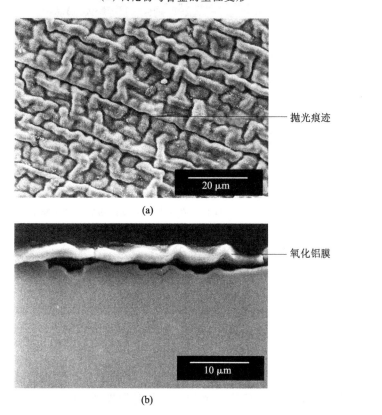

图 5.36　Fe – Cr – Al 合金在 1 000 ℃氧化随后冷却至室温的表
面(a)与截面(b)形貌。可以观察到氧化铝膜发生了皱褶

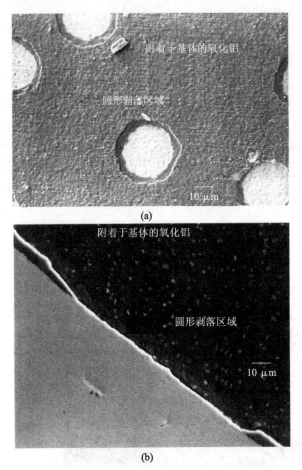

图 5.37　Fe – Cr – Al – Ti 合金在 1 100 ℃氧化随后冷却至室温的表
面(a)与截面(b)形貌。形成的圆形氧化铝膜皱褶发生了剥落

铝膜的形貌分别见图 5.35(c)和图 5.38。

活性元素效应

　　目前已经知道，添加少量的活性元素，如 Y，Hf，Ce 等，能够显著提高
氧化铬和氧化铝膜与基体的粘附性[94]。图 5.39 中比较了 Fe – Cr – Al(正常 S
含量)与 Fe – Cr – Al – Y 合金的循环氧化动力学，可以看到添加 Y 的显著影
响。由图 5.40 可见，Fe – Cr – Al – Y 合金表面氧化膜在氧化后具有良好的粘
附性。尽管活性元素的效应广为周知，但是它们提高粘附力的机理尚不完全清
楚。过去的 50 年里，提出了多种机制，例如，活性元素作为空位陷阱抑制空
洞在合金 – 氧化膜界面析出[95,96]；在合金 – 氧化膜界面的氧化物钉扎效
应[97]；改变氧化物生长机制从而减小生长应力[80]；活性元素偏聚在合金 – 氧

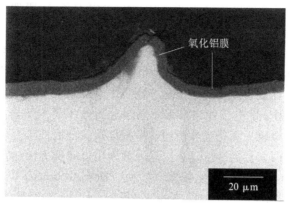

图 5.38　在 1 100 ℃ 至室温热循环过程中出现的氧
化膜与 Fe – Cr – Al – Ti 合金的协同变形

化膜界面聚集形成递级封接[98]，或者增强合金 – 氧化物的界面结合力[99]；增加氧化物塑性[100]；以及活性元素在合金中束缚 S 组元，阻止硫偏聚在合金 – 氧化膜界面聚集降低界面结合力[101,102]。

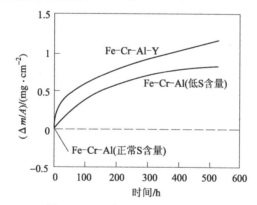

图 5.39　几种 Fe – Cr – Al 合金在
1 100 ℃ 的循环氧化动力学

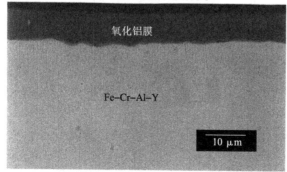

图 5.40　Y 改性 Fe – Cr – Al 合金在 1 100 ℃
循环氧化 525 h 后的氧化铝膜形貌

其中，S 机制已经得到了实验支持。Ni 基单晶合金[103,104]和 Fe – Cr – Al 合金[105]在氢气中退火可以将 S 含量降低至极低的水平，进而显著提高了氧化铝膜的粘附性。由图 5.39 可以看到，低 S 含量 Fe – Cr – Al 合金(正常 S 含量 Fe – Cr – Al 合金经氢气退火)的循环氧化行为与 Y 改性合金相当。

低 S 理论已经被普遍接受，但是 S 削弱氧化铝膜粘附性的机制还不清楚。Grabke 等[106]利用俄歇电子能谱(AES)逐层分析技术研究了合金元素的分布，认为并没有硫在金属－氧化膜界面的非平衡偏聚。他们从热力学角度出发，认为必须先产生空洞，然后 S 可以在空洞表面聚集以降低表面能，而 S 原子的尺寸和电荷效应令其不可能发生偏聚。然而，Hou 和 Stringer[107]在无空洞的金属－氧化膜界面发现了 S。对此，Grabke 等[108]认为，在完整的合金－氧化膜界面观察到的 S 含量很低，而且 S 可能偏聚在俄歇技术无法分辨的小缺陷上，比如微观空洞、位错等。

高温不锈钢、大多数多晶高温合金、渗铬涂层都依赖于表面氧化铬膜的形成提供氧化保护。相对于形成氧化铝膜的体系，活性元素效应对于生成氧化铬膜体系的合金氧化的影响更明显。活性元素不仅能提高氧化膜粘附性(图 5.41)，而且可以减少暂态氧化物的数量、降低氧化物的生长速率(图 5.42)、减小氧化物晶粒尺寸(图 5.43)，以及改变氧化物的传输机制。这方面的详细内容可以参考 Hou 与 Stringer[109]的综述。前面提及的提高氧化膜粘附性的大部

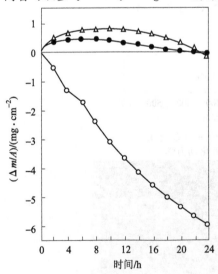

图 5.41 Ni – 50%(质量分数)Cr 合金在 1 100 ℃空气中的循环氧化失重与 Ce 含量的关系(○:0% Ce;△:0.01% Ce;●:0.08% Ce)

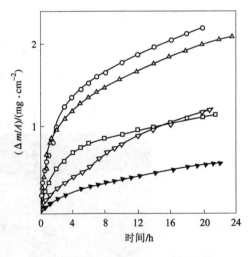

图 5.42 不同 Ce 含量对 Ni – 50%(质量分数)Cr 合金在氧气中氧化速率的影响(○:0% Ce;△:0.004% Ce;□:0.010% Ce;▽:0.030% Ce;▼:0.080% Ce)

分机制都可以应用于氧化铬体系。然而，与氧化铝体系不同的是，氧化铬体系中 S 机制的作用不明显[109]。针对氧化铬体系的活性元素效应，最近提出的新模型认为，活性元素偏聚在合金－氧化膜界面阻碍了阳离子进入氧化膜的界面反应[66,110]，导致生长应力的降低，从而提高了氧化膜的结合力。

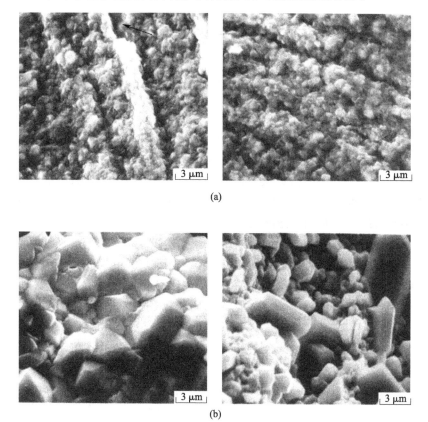

图 5.43　Ce 对 Ni－50% Cr(质量分数)合金在 1 100 ℃氧气中形成的氧化铬晶粒尺度的影响。(a)氧化 1 min 后 Ni－50% Cr(质量分数)合金表面氧化物晶粒尺度(左)与 Ni－50% Cr－0.09% Ce(质量分数)合金氧化 21 h 后表面氧化物的晶粒尺度(右)相当。(b)Ni－50% Cr(质量分数)合金表面氧化物平均晶粒尺寸(左)远大于 Ni－50% Cr－0.09% Ce(质量分数)合金表面氧化物的晶粒尺寸(右)

相比形成氧化铝的体系，活性组元在形成氧化铬体系中的作用机制尚需要更多的研究。正如 Ecer 和 Meier[111] 提出的，一般认为活性元素在晶界的偏聚降低了氧化物的生长速率。同时，活性元素的添加使氧化铬由向外生长转变为向内生长。这两个因素可能是提高氧化膜粘附性的主要原因。然而，Ni－Cr 合金中添加 Al 既不影响氧化膜生长速率也不影响其生长取向，但却可以提高氧化铬膜的粘附性[85]。

此外，在合金表面涂敷氧化钇（和氧化铈）与在合金中添加活性元素具有相同的效应[112,113]，这难以用活性元素作用机制解释。MgO 对金属的氧化没有作用，至少对于氧化铬的生长速率没有影响[112]。

难熔金属组元导致的灾难性氧化

氧化文献中介绍了 Fe 基、Ni 基合金中难熔组元引起的灾难性氧化[114]。Leslie 和 Fontana[115]发现，尽管 Fe – 25% Ni – 16% Cr – 6% Mo（质量分数）合金在 900 ℃流动空气中有良好的氧化抗力，但是在静态空气中却遭受了灾难性氧化。Brenner[116]发现含 30%（质量分数）Mo 的 Ni – Mo 和 Fe – Mo 合金在 1 000 ℃没有发生灾难性氧化，而一些 Fe – Ni – Mo 和 Fe – Cr – Mo 合金却遭受了灾难性氧化[117]。一种假设认为，氧化膜 – 合金界面的 MoO_2 层被氧化成液态的 MoO_3，导致氧化膜开裂（MoO_3 的熔点是 795℃，而且可以和多数氧化物形成低熔点共晶物）。从而，熔融氧化物引起保护性氧化膜的熔化和开裂。

Rathenau 和 Meijering[118]的早期研究与上述假设一致，他们的研究结果表明，Mo 引起的加速氧化开始于合金表面氧化物和 Mo 氧化物的共晶温度。形成氧化铬合金的腐蚀与液态氧化钼溶解 Cr_2O_3 有关。

Mo 引起加速腐蚀的另一个重要特征是 Mo 氧化物的高挥发性（见图 4.14 所示）。Peters 等[119]观察到这一现象的影响。他们发现，Mo 含量超过 3% 的 Ni – 15%（质量分数）Cr – Mo 合金在 900 ℃静态空气中发生了灾难性氧化。在氧化膜 – 合金界面可观察到富 Mo 氧化物，说明了 MoO_3 的积累对加速氧化的重要性。然而，该合金在快速流动氧气中形成了保护性氧化膜，其氧化速率与不含 Mo 的 Ni – 15%（质量分数）Cr 合金相当。显然，MoO_3 在流动气体中的挥发阻止了 Mo 氧化物的积累，从而抑制了合金的加速氧化。

形成液态氧化物时，合金氧化动力学通常表现为两个阶段：初期为快速抛物线氧化阶段，后期为线性氧化阶段。一般认为，在快速抛物线氧化阶段，包围岛状固体氧化物的液态氧化物成为金属和（或）氧的快速扩散通道[120]。

尚未观察到 W 引起 Ni 基和 Co 基合金的灾难性氧化，这可能是因为 W 的氧化物熔点比 Mo 的氧化物更高（WO_3 的熔点为 1 745 K）。然而，已有研究发现，W 可导致一些 Ni – Cr 合金的表面氧化膜失效[121]。W 有利于提高 Co – Cr 合金抗氧化性，表现为缩短暂态氧化时间和促进连续 Cr_2O_3 膜的形成[122]。

难熔金属组元对形成 Al_2O_3 合金氧化行为的影响，目前尚缺乏系统的研究。对于难熔金属组元含量一般不超过 10%（质量分数）的高温合金，目前已观察到三种影响作用[114]。首先与基体组元（Ni 和 Co）相比，难熔金属组元可作为氧"吸收剂",从而促进 Al 和 Cr 的选择性氧化。其余两个表现为有害作用。一是难熔组元降低了选择性氧化组元的扩散系数。二是难熔金属氧化物的保护性很差,因此不希望它们出现在外氧化膜中。已有研究表明,当合金表面有熔融硫酸盐沉积时,难熔组元可引起快速腐蚀[123]。这一现象将在第 8 章中讨论。

钢的氧化和脱碳

碳钢和低合金钢的氧化机制与第 4 章讨论的纯铁相似。在低温(约 500 ℃)、典型服役条件下,合金生成 Fe_3O_4 和 Fe_2O_3 组成的多层膜。Caplan 等[124] 研究了 0.1%,0.5% 和 1.0%(质量分数)C 含量的 Fe – C 合金在 500 ℃,1 atm 氧气中的氧化行为。结果表明,对于退火合金,由于珠光体上形成的 Fe_3O_4 晶粒更小,其表面氧化膜厚度大于单相铁素体表面的氧化膜厚度。冷变形合金的氧化速率高于退火合金。没有观察到合金的碳化和脱碳,这可能是 C 通过 Fe_3O_4 内层向外扩散,氧化成 CO 后由 Fe_3O_4 内层和 Fe_2O_3 外层的微观通道和孔洞挥发。有报道表明,500 ℃氧分压为 10 torr 时合金发生脱碳[125]。

高温氧化,例如钢的再加热,可导致合金脱碳,这对于构件的性能有很大影响。热处理钢的拉伸强度主要取决于碳含量。构件弯曲时最大应力出现在表面。显然,如果要避免钢构件在服役条件下,尤其是反向弯曲应力作用下的失效,合金表面层必须维持一定的碳含量。对于转轴和受力螺纹等,这尤其重要。

然而,在热加工或热处理的再热过程中,合金表面有强烈的脱碳倾向。在钢铁冶金工业中,脱碳是最古老、最长期的问题之一。

通常的材料再热过程在大型加热炉中进行,由于与燃料(通常是油或气)的燃烧产物接触,因此钢材同时经历脱碳和生成氧化膜两个过程。钢的脱碳机理研究已经较为完善[126,127],尤其是普通碳素钢和低合金钢,现讨论如下。

一般情况下,在加热炉的氧化性气氛中,材料表面形成铁的氧化膜。在氧化膜 – 金属界面处,C 与氧化膜反应形成 CO,见式(5.41):

$$\underline{C} + FeO \Longrightarrow Fe + CO \qquad \Delta G^{\ominus} = 147\ 763 - 150.07T \quad J \qquad (5.41)$$

(注:下画线元素表示钢中固溶的元素)

只有当反应产物 CO 能够通过氧化膜挥发时,这一反应才能进行。通常,氧化膜总是疏松的,尤其是工业条件下形成的氧化膜,因此 CO 的挥发较为容易。但是,有研究表明[128],精确控制加热过程可以形成致密的氧化膜或者 CO 难以渗透的氧化膜。因此,脱碳过程不能进行,钢表面产生碳的富集。这说明 CO 的挥发对于脱碳的发生是至关重要的。

图 5.44 是碳含量为 0.6% 的钢在 1 100 ℃空气中加热 30 min 后发生脱碳的

组织形貌。这里需要注意几点。首先，脱碳虽然发生在表面层，但是碳显然来自于快速的晶界扩散，于是样品中总是存在晶界脱碳。其次，尽管脱碳是表面现象，但不存在脱碳层的内边界。第二点很重要，因为"脱碳深度"的测量在工业上被用来表征钢的状态。事实上，这种测量是不准确的，需要判断脱碳层的内边界，因此在测量中引入了主观因素。更多的困难是冷却速度和合金组元（如 Mn）对先共析铁素体的析出以及珠光体最终成分的影响。这里将不深入讨论这些因素。

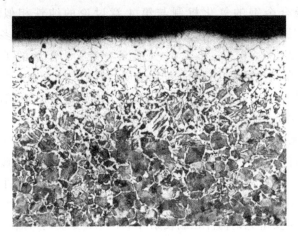

图 5.44　碳含量为 0.6%（质量分数）的钢在 1 100 ℃
空气中加热 30 min 后的微观结构

恒温氧化与脱碳

同时发生恒温氧化与脱碳的各种可能条件见图 5.45 所示。图 5.45（a）给出了碳含量 0.4%（质量分数）的钢处于不同再热温度的情况，可以看到条件 A 和 B 将导致表面铁素体层的形成，随着碳的消耗，由于碳在铁素体中的固溶度很低，表面层将阻碍碳向外扩散，因此发生脱碳的表面层极薄。虽然这对于成品部件的最终热处理影响明显，但合金被加热至奥氏体区［图 5.45（a）中的条件 C］时，在再热过程中该效应可以忽略不计。此时，即使合金中碳含量为 0，奥氏体结构依然被保留，因此 C 将迅速外扩散形成厚的脱碳层，相应的碳浓度曲线见图 5.45（b）。脱碳机制示意图见图 5.46。

通过脱碳生成铁素体表面层的温度与钢中合金元素及其浓度有关，但是对于普通碳素钢，可以认为它和纯铁一样，该温度为 910 ℃。预测合金组元对该温度值的影响甚为复杂，这是因为在成膜氧化过程中合金组元同样会发生贫化或富集现象。

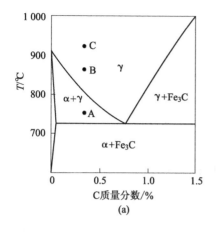

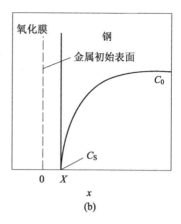

(a)   (b)

图 5.45　(a)A、B、C 三种加热条件在 Fe－C 相图上的表示；α 为铁素体，β 为奥氏体。(b)对应于图(a)中的条件 C，碳素钢在 910 ℃ 以上发生脱碳的碳浓度分布

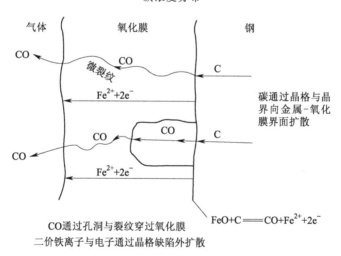

图 5.46　碳素钢同时发生氧化与脱碳的机制

在图 5.45(b)中，C_0 是原始碳浓度，C_S 是在氧化膜－金属界面处的碳浓度，x 是以原始金属表面为原点的距离，X 是氧化膜－金属界面位置。

假设碳的扩散系数 D_C 是常数，利用 Fick 第二定律半无限长模型(附录 A)可以得到碳的浓度分布，见式(5.42)：

$$C = A + B_{erf}\left(\frac{x}{2\sqrt{D_C t}}\right) \tag{5.42}$$

这里，C 是碳的浓度(质量分数，%)。根据初始和稳态边界条件解得常数 A 和 B，如式(5.43)：

$$C = C_0 \quad (x > 0, t = 0) \tag{5.43}$$

即，不同位置处碳的初始浓度为常数，和式(5.44)：

$$C = C_S \quad (x = X, t > 0) \tag{5.44}$$

即，在金属 - 氧化膜界面处碳的浓度 C_S 与氧化膜达到平衡。恒温条件下，碳的浓度分布由式(5.45)表示：

$$\frac{C_0 - C}{C_0 - C_S} = \frac{\mathrm{erfc}\left(\dfrac{x}{2\sqrt{D_c t}}\right)}{\mathrm{erfc}\left(\dfrac{k_c}{2D_C}\right)^{1/2}} \tag{5.45}$$

这里，k_c 是钢氧化的抛物线速率常数，见式(5.46)：

$$k_c = \frac{X^2}{2t} \tag{5.46}$$

其中，X 是 t 时刻由于氧化反应所消耗的金属厚度。由于 C_S 的值极小 [$\approx$ 0.01%(质量分数)]，可以认为 $C_S = 0$，因此式(5.45)简化为式(5.47)：

$$C = C_0\left[1 - \frac{\mathrm{erfc}\left(\dfrac{x}{2\sqrt{D_c t}}\right)}{\mathrm{erfc}\left(\dfrac{k_c}{2D_C}\right)^{1/2}}\right] \tag{5.47}$$

例如，钢中含 0.85%(质量分数)C，0.85%(质量分数)Mn，0.18%(质量分数)Si，实际测量的 k_c 值[129] 满足经验等式(5.48)：

$$k_c = 57.1\exp\left(\frac{-21\ 720}{T}\right) \quad \mathrm{mm}^2 \cdot \mathrm{s}^{-1} \tag{5.48}$$

虽然碳的扩散系数是碳含量的函数，但是当碳含量低时，D_C 的计算值与实测值相吻合[128]。于是，将 Wells[130] 的数据外推至碳含量为 0 时，得到式(5.49)：

$$D_C = 24.6\exp\left(\frac{-17\ 540}{T}\right) \quad \mathrm{mm}^2 \cdot \mathrm{s}^{-1} \tag{5.49}$$

结合式(5.47)、式(5.48)、式(5.49)，可以计算出碳的浓度分布曲线，见图 5.47，与实际测量值相一致。

由于碳的浓度曲线很平滑，难以定义内界面，因此很难得到准确的脱碳层深度。也许需要(或者是应该)定义一个碳浓度，当碳含量低于这个浓度值时材料的力学性能不能满足需求，但目前仍然依赖于金相工作人员的经验来完成这一工作。通过对比报告的脱碳层深度与碳的浓度曲线，一般认为碳浓度为初始值的 92% 处为脱碳内界面的位置，见图 5.47。

在内界面 $x = x^*$ 处，有 $C = C^* = 0.92C_0$，则脱碳层深度 d 由式(5.50)表示：

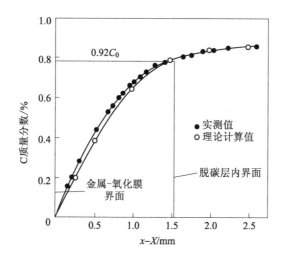

图 5.47 碳含量为 0.85%（质量分数）C 的钢在 1 100 ℃
加热 90 min 后，碳浓度分布的理论计算值与实测值比较，
以及脱碳层内界面的位置

$$d = x^* - X = x^* - (2k_c t)^{1/2} \tag{5.50}$$

可以看到，d 值的大小取决于 X 或 k_c 的值。在大气环境中，k_c 和 X 较大，因此 d 只相应的较小。利用式（5.50）计算了共析钢的脱碳层深度，在 900 ~ 1 300 ℃ 内符合经验式（5.51）[129,131]：

$$d = 10.5 \exp\left(\frac{-8\ 710}{T}\right) t^{1/2} \quad \text{mm} \tag{5.51}$$

这里 t 的单位是 s。在 900 ~ 1 300 ℃ 范围内，利用式（5.51）可以计算恒温条件下 0.85%（质量分数）C 钢的脱碳层深度。对于其他碳含量的钢，可以得到相似的等式，主要的不同是指数项。

需要注意的是，对于碳含量低于共析成分的钢，铁素体的出现给脱碳层深度的判断带来了更多的困难和错误。因此，碳含量较低时，脱碳层深度的理论预测与实际测量的一致性较差。

氧化速率对脱碳的影响

通过降低加热炉中的氧势来减轻脱碳程度是最常见的错误之一。由于金属 – 氧化膜界面处的碳浓度是常数，所以只要 FeO 覆盖在钢的表面，则碳的扩散驱动力也为常数。降低气氛中的氧势必然减小氧化速率，这将影响观察到的脱碳深度。

现举例说明如下。图 5.48 所示，碳含量为 0.85%（质量分数）的钢在 1 050 ℃ 加热，当其氧化速率不同，则 90 min 后有不同的碳浓度曲线[131]。浓

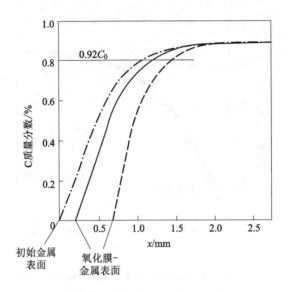

图 5.48　氧化速率对脱碳深度的影响。理论计算中，钢
中碳含量为 0.85%（质量分数），温度为 1 050 ℃，加热
时间为 90 min。氧化速率（mm・s^{-1}）分别为 0（点划线），
4.1×10^{-6}（实线），4.1×10^{-5}（虚线）

度曲线以金属原始表面为原点，氧化速率 k_c 分别为：4.1×10^{-6} mm^2・s^{-1} 代
表真实的加热气氛；4.1×10^{-5} mm^2・s^{-1} 代表一个假设的高氧化速率；0 mm^2・
s^{-1} 表示无氧化膜形成，但仍然发生了表面脱碳。

　　从图 5.48 中可以看到，降低氧化速率减少了金属的消耗，但是增大
了观察到的脱碳深度。通过比较表 5.3 中的金属氧化消耗量 X 和测量的脱
碳深度值 d，可以看到这一结论。

表 5.3　碳含量为 0.85%（质量分数）的钢在 1 050 ℃氧化 90 min 后脱碳深度的计算

k_c mm^2・s^{-1}	脱 碳 深 度 mm	金属氧化消耗量 mm	总深度变化 mm
0	1.19	0	1.19
4.1×10^{-6}	1.09	0.21	1.30
4.1×10^{-5}	0.84	0.66	1.50

　　如果产品需要通过加工去除脱碳层，则气氛的腐蚀性越弱浪费的金属越
少。相反，如果产品的形状不宜再加工，比如钢丝，腐蚀性强的气氛（注入蒸
汽）可减小实测的脱碳深度。显然，成本与经济性必须认真考虑。

预脱碳的影响

多数钢材在再热前已经形成了脱碳层，尤其是在坯料阶段。式(5.51)只能预测钢材没有初始脱碳层的脱碳深度。考虑到材料初始的脱碳层，式(5.51)修正为式(5.52)：

$$d^2 = d_0^2 + 110t \exp\left(\frac{-17\,420}{T}\right) \quad \text{mm}^2 \tag{5.52}$$

这里 d_0 是 $t=0$ 时的脱碳深度。于是，由式(5.51)可知，当 $d_0=0$ mm 时，在 1 200 ℃加热 20 min 后 $d^2=0.965$ mm²，对应的脱碳深度为 0.98 mm。如果 $d_0=0.5$ mm，则在 1 200 ℃加热 20 min 后 $d=(0.5^2+0.98^2)^{1/2}$ mm = 1.10 mm。

非恒温氧化与脱碳

前面讨论的所有情况都是等温加热，而实际的再热循环很少是恒温过程。因此，对于工业生产中常见的非恒温环境，必须考虑钢材中的温度梯度、碳的晶界扩散，以及碳的扩散系数随碳浓度和温度的变化。为实现这个目的，可能需要利用合适的计算程序；同时可以尝试将加热过程分解为多个离散的恒温步骤[127,129]。

总结

尽管钢的脱碳过程的定量分析在恒温条件下得到了可以接受的结果，但其依然需要很多的假设。为了对非恒温条件进行分析，必须要考虑被忽视的一些因素。比如，钢中的温度梯度、晶界扩散，以及碳扩散系数与碳浓度的关系。然而，模型有助于商业应用和对过程的理解，程序计算有可能做出更准确的预测。

□ 参考文献

1. O. Kubaschewski and B. E. Hopkins, *Oxidation of Metals and Alloys*, London, Butterworth, 1962.

2. K. Hauffe, *Oxydation von Metallen und Metallegierungen*, Berlin, Springer, 1957.

3. J. Benard, *Oxydation des Métaux*, Paris, Gauthier-Villars, 1962.

4. H. Pfeiffer and H. Thomas, *Zunderfeste Legierungen*, Berlin, Springer, 1963.

5. C. E., Birchenall, Oxidation of alloys. In *Oxidation of Metals and Alloys*, ed. D. L. Douglass, Metals Park, Ohio, ASM, 1971, ch. 10.

6. S. Mrowec and T. Werber, *Gas Corrosion of Metals*, Washington, DC, National Bureau of Standards and National Science Foundation(translated from Polish), 1978.

7. P. Kofstad, *High Temperature Corrosion*, London, Elsevier Applied Science, 1988.

8. G. Beranger, J. C. Colson, and F. Dabosi, *Corrosion des Materiaux à Haute Température*, Les Ulis, les Éditions de Physique, 1987.

9. C. Wagner, *Ber. Bunsenges. Phys. Chem.*, **63**(1959), 772.

10. C. Wagner, *J. Electrochem. Soc.*, **99**(1956), 369.

11. C. Wagner, *J. Electrochem. Soc.*, **103**(1956), 571.

12. H. Rickert, *Z. Phys. Chem. NF***21**(1960), 432.

13. R. A. Rapp, *Corrosion*, **21**(1965), 382.

14. J. H. Swisher, Internal oxidation. In *Oxidation of Metals and Alloys*, ed. D. L. Douglass, Metals Park, Ohio, ASM, 1971, ch. 12.

15. J. L. Meijering, Internal oxidation in alloys. In *Advances in Materials Research*, ed. H. Herman, New York, Wiley, 1971, Vol. 5, pp. 1–81.

16. D. L. Douglass, *Oxid. Met.*, **44**(1995), 81.

17. S. Wood, D. Adamonis, A. Guha, W. A. Soffa, and G. H. Meier, *Met. Trans.*, **6A**(1975), 1793.

18. J. Megusar and G. H. Meier, *Met. Trans.*, **7A**(1976), 1133.

19. G. Bohm and M. Kahlweit, *Acta met.*, **12**(1964), 641.

20. P. Bolsaitis and M. Kahlweit, *Acta met.*, **15**(1967), 765.

21. C. Wagner, *Z. Elektrochem.*, **63**(1959), 772.

22. R. A. Rapp, *Acta met.*, **9**(1961), 730.

23. C. Wagner, *Corr. Sci.*, **5**(1965), 751.

24. H. R. Pickering, *J. Electrochem. Soc.*, **119**(1972), 64.

25. G. H. Meier, *Mater. Sci. Eng.*, **A120**(1989), 1.

26. F. H. Stott, G. C. Wood, and J. Stringer. *Oxid. Met.*, **44**(1995), 113.

27. C. S. Giggins and F. S. Pettit, *TAIME*, **245**(1969), 2495.

28. N. Birks and H. Rickert, *J. Inst. Met.*, **91**(1962–63), 308.

29. G. C. Wood, *Oxid. Met.*, **2**(1970), 11.

30. G. C. Wood, I. G. Wright, T. Hodgkiess, and D. P. Whittle, *Werkst. Korr.*, **21**(1970), 900.

31. G. C. Wood and B. Chattopadhyay, *Corr. Sci.*, **10**(1970), 471.

32. F. Gesmundo and F. Viani, *Oxid. Met.*, **25**(1986), 269.

33. G. C. Wood and F. H. Stott, *Mater. Sci. Tech.*, **3**(1987), 519.

34. F. S. Pettit, *Trans. Met. Soc. AIME*, **239**(1967), 1296.

35. J. Doychak, in *Intermetallic Compounds*, eds. J. H. Westbrook, R. L. Fleischer, New York, Wiley, 1994, p. 977.

36. E. Schumann and M. Rühle, *Acta metall. mater.*, **42**(1994), 1481.

37. G. C. Rybicki and J. L. Smialek, *Oxid. Met.*, **31**(1989), 275.

38. B. A. Pint and L. W. Hobbs. *Oxid. Met.*, **41**(1994), 203.

39. M. W. Brumm and H. J. Grabke, *Corr. Sci.*, **33**(1992), 1677.

40. B. A. Pint, M. Treska, and L. W. Hobbs, *Oxid. Met.*, **47**(1997), 1.

41. C. S. Giggins and F. S. Pettit, *J. Electrochem. Soc.*, **118**(1971), 1782.

42. G. R. Wallwork and A. Z. Hed, *Oxid. Met.*, **3**(1971), 171.

43. B. H. Kear, F. S. Pettit, D. E. Fornwalt, and L. P. Lemaire, *Oxid. Met.*, **3** (1971), 557.

44. G. R. Wallwork, *Rep. Prog. Phys.*, **39**(1976), 401.

45. C. S. Giggins and F. S., Pettit, Final Report to Aerospace Research Laboratories, Dayton, OH, Wright-Patterson AFB, contract NF33615 – 72 – C – 1702, 1976.

46. T. Adachi and G. H. Meier, *Oxid. Met.*, **27**(1987), 347.

47. R. A. Rapp and H. Colson, *Trans. Met. Soc. AIME*, **236**(1966), 1616.

48. R. A. Rapp and G. Goldberg, *Trans. Met. Soc. AIME*, **236**(1966), 1619.

49. G. C. Wood, in *Oxidation of Metals and Alloys*, ed. D. L. Douglass, Metals Park, OH, ASM, 1971, ch. 11.

50. M. G. Cox, B. McEnaney, and V. D. Scott, *Phil. Mag.*, **26**(1972), 839.

51. C. Wagner, *Corr. Sci.*, **10**(1969), 91.

52. B. D. Bastow, D. P. Whittle, and G. C. Wood, *Corr. Sci.*, **16**(1976), 57.

53. G. H. Meier, Fundamentals of the oxidation of high temperature intermetallics. In *Oxidation of High Temperature Intermetallics*, eds. T. Grobstein and J. Doychak, Warrendate, PA, TMS, 1989, p. 1.

54. G. H. Meier, N. Birks, F. S. Pettit, R. A. Perkins, and H. J. Grabke, Environmental behavior of intermetallic materials. In *Structural Intermetallics*, 1993, p. 861.

55. G. H. Meier, *Mater. Corr.*, **47**(1996), 595.

56. M. P. Brady, B. A. Pint, P. F. Tortorelli, I. G. Wright, and R. J. Hanrahan, Jr., High temperature oxidation and corrosion of intermetallics. In *Materials Science and Technology: A Comprehensive Review*, eds. R. W. Cahn, P. Haasen, and E. J. Kramer, Wiley-VCH Verlag, 2000, Vol. Ⅱ, ch. 6.

57. R. Svedberg, Oxides associated with the improved air oxidation performance of some niobium intermetallics and alloys. In *Properties of High Temperature Alloys*, eds. Z. A. Foroulis and F. S. Pettit, New York, NY, The Electochemical Society, 1976, p. 331.

58. H. J. Grabke and G. H. Meier, *Oxid. Met.* **44**(1995), 147.

59. D. A. Berztiss, R. R. Cerchiara, E. A. Gulbransen, F. S. Pettit, and G. H. Meier, *Mater. Sci. Eng.*, **A155**(1992), 165.

60. D. L. Douglass, Exfoliation and the mechanical behavior of scales. In *Oxidation of Metals and Alloys*, ed. D. L. Douglass, Metals Park, OH, ASM, 1971.

61. J. Stringer, *Corr. Sci.*, **10**(1970), 513.

62. P. Hancock and R. C., Hurst, The mechanical properties and breakdown of surface oxide films at elevated temperatures. In *Advances in Corrosion Science and Technology*, eds, R.

W. Staehle and M. G. Fontana, New York, NY, Plenum Press, 1974, p. 1.

63. F. H. Stott and A. Atkinson, *Mater. High Temp.* , **12**(1994), 195.

64. H. E. Evans, *Int. Mater. Rev.* , **40**(1995), 1.

65. N. B. Pilling and R. E. Bedworth, *J. Inst. Met.* , **29**(1923), 529.

66. B. Pieraggi and R. A. Rapp, *Acta met.* , **36**(1988), 1281.

67. J. Robertson and M. J. Manning, *Mater. Sci. Tech.* , **4**(1988), 1064.

68. G. Guruswamy, S. M. Park, J. P. Hirth, and R. A. Rapp, *Oxid. Met.* , **26**(1986), 77.

69. D. L. Douglass, B. Zhu, and F. Gesmundo, *Oxid. Met.* , **38**(1992), 365.

70. W. Jaenicke and S. Leistikow, *Z. Phys. Chem.* , **15**(1958), 175.

71. W. Jaenicke, S. Leistikow, and A. Stadler, *J. Electrochem. Soc.* , **111**(1964), 1031.

72. S. Horibe and T. Nakayama, *Corr. Sci.* , **15**(1975), 589.

73. C. S. Giggins and F. S. Pettit, *Trans. Met. Soc. AIME*, **245**(1969), 2509.

74. F. N. Rhines and J. S. Wolf, *Met. Trans.* , **1**(1970), 1701.

75. M. V. Speight and J. E. Harris, *Acta met.* , **26**(1978), 1043.

76. A. Atkinson, *Corr. Sci.* , **22**(1982), 347.

77. R. Prescott and M. J. Graham, *Oxid. Met.* , **38**(1992), 233.

78. D. Caplan and G. I. Sproule, *Oxid. Met.* , **9**(1975), 459.

79. K. P. Lillerud and P. Kofstad, *J. Electrochem. Soc.* , **127**(1980), 2397.

80. F. A. Golightly, F. H. Stott, and G. C. Wood, *J. Electrochem. Soc.* , **126**(1979), 1035.

81. S. P. Timoshenko, *J. Opt. Soc. Amer.* , **11**(1925), 233.

82. J. K. Tien and J. M. , Davidson, Oxide spallation mechanisms. In *Stress Effects and the Oxidation of Metals*, ed. J. V. Cathcart, New York, AIME, 1975, p. 200.

83. I. C. Noyan and J. B. Cohen, *Residual Stresses*, Berlin, Springer-Verlag, 1987.

84. C. , Sarioglu, J. R. Blachere, F. S. Pettit, and G. H. Meier, Room temperature and *in-situ* high temperature strain(or stress)measurements by XRD techniques. *Microscopy of Oxidation 3*, eds. , S. B. Newcomb and J. A. Little, London, The Institute of Materials. 1997, p. 41.

85. P. Y. Hou and J. Stringer, *Acta metall. mater.* , **39**(1991), 841.

86. J. H. Stout, D. A. Shores, J. G. Goedjen, and M. E. Armacanqui, *Mater. Sci. Eng.* , **A120**(1989), 193.

87. J. J. Barnes, J. G. Goedjen, and D. A. Shores, *Oxid. Met.* , **32**(1989), 449.

88. J. G. Goedjen, J. H. Stout, Q. Guo, and D. A. Shores, *Mater. Sci. Eng.* , **A177**(1994), 15.

89. Y. Zhang, D. Zhu, and D. A. Shores, *Acta metall. mater.* , **43**(1995), 4015.

90. D. J. Gardiner, Developments in Raman spectroscopy and applications to oxidation studies. In *Microscopy of Oxidation 2*, eds. S. B. Newcomb and M. J. Bennett, London, Institute of Materials, 1993, p. 36.

91. M. Lipkin and D. R. Clarke, *J. Appl. Phys.* , **77**(1995), 1855.

92. U. R. Evans, *An Introduction to Metallic Corrosion*, London, Edward Arnold, 1948, p. 194.

93. H. E. Evans and R. C. Lobb, *Corr. Sci.* , **24**(1984), 209.

94. D. P. Whittle and J. Stringer, *Phil. Trans. Roy. Soc. Lond.*, **A295**(1980), 309.

95. J. Stringer, *Met. Rev.*, **11**(1966), 113.

96. J. K. Tien and F. S. Pettit, *Met. Trans.*, **3**(1972), 1587.

97. E. J. Felten, *J. Electrochem. Soc.*, **108**(1961), 490.

98. H. Pfeiffer, *Werks. Korr.*, **8**(1957), 574.

99. J. E. McDonald and J. G. Eberhardt, *Trans. TMS-AIME*, **233**(1965), 512.

100. J. E. Antill and K. A. Peakall, *J. Iron Steel Inst.*, **205**(1967), 1136.

101. A. W. Funkenbusch, J. G. Smeggil, and N. S. Bornstein, *Met. Trans.*, **16A**(1985), 1164.

102. J. G. Smeggil, A. W. Funkenbusch, and N. S. Bornstein, *Met. Trans.*, **17A**(1986), 923.

103. B. K. Tubbs and J. L., Smialek, Effect of sulphur removal on scale adhesion to PWA 1480. In *Corrosion and Particle Erosion at High Temperatures*, eds. V. Srinivasan and K. Vedula, Warrendate, PA, TMS, 1989, p. 459.

104. R. V. McVay, P. Williams, G. H. Meier, F. S. Pettit, and J. L. Smialek, Oxidation of low sulphur single crystal nickel-base superalloys. In *Superalloys 1992*, eds. S. D. Antolovich, R. W. Stusrud, R. A. MacKay, D. L. Anton, T. Khan, R. D. Kissinger, and D. L. Klarstrom, Warrendale, PA, TMS, 1992, p. 807.

105. M. C. Stasik, F. S. Pettit, G. H. Meier, A. Ashary, and J. L. Smialek, *Scripta met. mater.*, **31**(1994), 1645.

106. H. J. Grabke, D. Wiener, and H. Viefhaus, *Appl. Surf. Sci.*, **47**(1991), 243.

107. P. Y. Hou and J. Stringer, *Oxid. Met.*, **38**(1992), 323.

108. H. J. Grabke, G. Kurbatov, and H. J. Schmutzler, *Oxid. Met.*, **43**(1995), 97.

109. P. Y. Hou and J. Stringer, *Mater. Sci. Eng.*, **A202**(1995), 1.

110. R. A. Rapp and B. Pieraggi, *J. Electrochem. Soc.*, **140**(1993), 2844.

111. G. M. Ecer and G. H. Meier, *Oxid. Met.*, **13**(1979), 159.

112. L. B. Pfeil, UK Pat. No. 459848, 1937.

113. G. M. Ecer, R. B. Singh, and G. H. Meier, *Oxid. Met.*, **18**(1982), 53.

114. F. S. Pettit and G. H., Meier, The effects of refractory elements on the high temperature oxidation and hot corrosion properties of superalloys, In *Refractory Alloying Elements in Superalloys*, eds. J. K Tien and S. Reichman, Metals Park, OH, ASM, 1984, p. 165.

115. W. C. Leslie and M. G. Fontana, *Trans. ASM*, **41**(1949), 1213.

116. S. S. Brenner, *J. Electrochem. Soc.*, **102**(1955), 7.

117. S. S. Brenner, *J. Electrochem. Soc.*, **102**(1955), 16.

118. G. W. Rathenau and J. L. Meijering, *Metallurgia*, **42**(1950), 167.

119. K. R. Peters, D. P. Whittle, and J. Stringer, *Corr. Sci.*, **16**(1976), 791.

120. V. V. Belousov and B. S. Bokshtein, *Oxid. Met.*, **50**(1998), 389.

121. M. E. El-Dashan, D. P. Whittle, and J. Stringer, *Corr. Sci.*, **16**(1976), 83.

122. M. E. El-Dashan, D. P. Whittle, and J. Stringer, *Corr. Sci.*, **16**(1976), 77.

123. J. A. Goebel, F. S. Pettit, and G. W. Goward, *Met. Trans.*, **4**(1973), 261.

124. D. Caplan, G. I. Sproule, R. J. Hussey, and M. J. Graham, *Oxid. Met.* , **12**(1968), 67.

125. W. E. Boggs and R. H. Kachik, *J. Electrochem. Soc.* , **116**(1969), 424.

126. K. Sachs and C. W. Tuck, ISI Publication 111, London, The Iron and Steel Institute, 1968, p. 1.

127. N. Birks and W. Jackson, *J. Iron Steel Inst.* , **208**(1970), 81.

128. J. Baud, A. Ferrier, J. Manenc, and J. Bénard, *Oxid. Met.* , **9**(1975), 1.

129. N. Birks and A. Nicholson, ISI Publication 123, London, The Iron and Steel Institute, 1970, p. 219.

130. C. Wells, *Trans. Met. Soc. AIME*, **188**(1950), 553.

131. N. Birks, ISI Publication 133, London, The Iron and Steel Institute, 1970, p. 1.

6

不同氧化剂中的氧化反应

前言

　　大多数金属，与它们的化合物相比，特别是与其卤化物、硫化物以及氧化物相比，在热力学上是不稳定的。这可以从众多由矿石提炼金属的过程得到证实。本章主要讨论金属与硫、碳、氮和卤素的腐蚀反应，即金属通过这些反应而返回到其原始稳定的氧化态的过程。实际的腐蚀气氛通常为包括氧气及上述气体中的一种的混合气体，这类"混合气体腐蚀"问题将在下一章讨论。

金属的硫化

　　金属与硫的反应机理类似于与氧的反应。Fe 和 Ni 的硫化物呈金属导体特性，即它们具有高的导电性，其电导率随温度升高而下降，而与硫分压和化学计量比无关（H. J. Grabke，个人通讯）[1]。与氧化物相比，硫化物的化学计量比通常有较大的偏差，组元扩散较快，塑性较好、熔点较低。而低熔点的金属－硫化物共晶物尤为常见。

金属的硫化过程比氧化更快速，可以在更低的温度下与更短的反应时间内进行研究。硫化膜具有较好的塑性但是粘附力较差，这是因为多数硫化膜通过阳离子外扩散生长，因此在硫化膜－金属界面易形成空洞。Rickert 及其合作者[2-4]利用机械载荷将硫化物与金属压制在一起，深入研究了硫化机理。

作为模型体系，研究金属－硫的反应可验证高温氧化机理。Wagner 最初的理论[5]与硫化实验结果的高度一致性证实了高温氧化理论的正确性，表明该理论广泛适用于各种实际金属的氧化过程。

硫化物的标准生成自由能与相应的氧化物相比通常为更大的正值，因此金属与其硫化物的平衡硫分压（硫化物的平衡分解压）一般高于相应的氧化物。硫化反应机理，包括 S 在硫化膜内孔洞中的传输的研究较为容易实现，通过比较，其结果可应用于氧化过程。可以认为，硫化物和氧化物的分解是形成产物膜疏松内层的重要原因，而且这个过程在晶界处比在晶粒表面进行得更快[6]，如图 4.2 所示。

除了理论探讨外，金属－硫体系的研究还有助于澄清石油重整与煤气化过程中金属构件的腐蚀。在这些过程中，气氛中的氧势一般较低，因此，如果环境中的含 S 物质浓度足够高，则硫势较高。这类气氛对于材料的应用极为重要，基于抗氧化性能而选用的高温材料往往遭受严重的硫化腐蚀，这在低氧势环境中极为普遍。对此问题更为详细的讨论超出了本书的范畴，有关 S 和 $H_2 - H_2S$ 混合气氛腐蚀过程的综述可参见文献[7-9]。通常，在 H_2S 或 $H_2 - H_2S$ 混合气氛中的反应动力学由表面反应、H_2S 的分解过程控制。这一结论通过研究各种条件下 FeS 的生长得到证实[10,11]。

Strafford 针对金属的硫化进行了大量的研究工作，尤其是对难熔金属的硫化，相关综述见文献[12]。难熔金属的硫化物很稳定，偏离化学计量程度低，因此硫化膜的生长速率低。

所有的"常用金属"（包括铬）的硫化物偏离化学计量程度一般高于其氧化物[13,14]，这意味着硫化物中的缺陷浓度高于氧化物。因此，当缺陷的迁移率与化学势梯度一定时，硫化物中的扩散速度远高于氧化物。Mrowec 与 Fueki 及其合作者[13-15]比较了氧化物与硫化物的化学扩散系数，发现它们相差不到一个数量级。因此他们认为，与氧化物相比，金属硫化物中阳离子的自扩散系数更高是由于硫化物中的缺陷浓度高。

与大多数过渡金属相反，难熔金属的硫化物偏离化学计量程度低（与 Cr_2O_3 相似），其氧化物和硫化物的缺陷为阴离子缺陷[16]。图 6.1 中比较了几种过渡金属与难熔金属的氧化和硫化速率：难熔金属低的硫化速率是由于其硫化物的缺陷浓度低[13]。

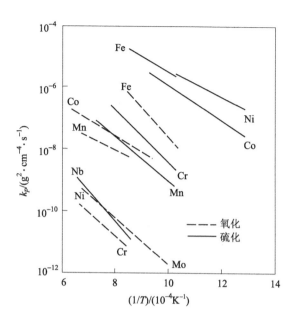

图 6.1 几种过渡金属与难熔金属的硫化与氧化速率的比较
（大部分数据来自文献 13）

很多过渡金属 – 硫体系可形成低温共晶产物，如 $Ni - Ni_3S_2$（645 ℃），$Fe - FeS$（985 ℃）与 $Co - Co_4S_3$（880 ℃）等金属 – 硫化物共晶物。Hancock[17] 将 Ni 暴露于 900 ℃ 的硫化氢气氛中，发现金属腐蚀极快并伴有液相的形成，在腐蚀产物中观察到枝晶状组织特征也证实了高温液相的形成。

液相膜的形成将加速金属的腐蚀速率，这是由于通过液相的扩散更快。如果液相是金属与硫化物的共晶物，那么硫化膜 – 金属的界面反应有一个溶解步骤。该溶解过程在某些表面取向上发生得更快。此外，在晶界的无序区域溶解过程可能很快。因此可以推断，液相共晶物形成处的金属表面不平坦，发生了晶界腐蚀。当构件加载时，晶界腐蚀形成的缺口会加速疲劳和蠕变过程。图 6.2 给出了晶界腐蚀的机制示意图。

Wagner[18] 提供了用硫化反应验证氧化理论的例子。第 3 章中，在假设只有阳离子和电子是可移动粒子的前提下，利用第一原理推导出抛物线速率常数。由于阴离子的迁移速度很慢，因此可以认为它是不移动的。Wagner[5,19] 考虑了所有粒子的移动性（阳离子、阴离子和电子），以阳离子和阴离子的自扩散系数表示"理论"速率常数，见式（6.1）：

$$k_r = C \int_{a_X'}^{a_X''} \left(\frac{Z_c}{Z_a} D_M + D_X \right) \mathrm{dln}\, a_X \qquad (6.1)$$

这里，C 是离子浓度（每立方厘米离子数），Z_c、Z_a 和 D_M、D_X 分别表示阳离子

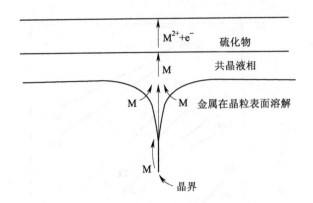

图 6.2　液态共晶物加速晶界腐蚀的机制。金属在晶界处溶解最快

和阴离子的化合价和自扩散系数。除了以 k_r 代替 k'、且假设两种离子都可移动，式(6.1)与式(3.48)、式(3.49)是相同的。假设阴离子的迁移可以忽略、a'_X 为常数，对式(6.1)进行微分处理，得到式(6.2)：

$$\frac{\mathrm{d}k_r}{(\mathrm{d}\ln a''_X)_{a'_X}} = 2\left(\frac{A}{Z_a \overline{V}}\right)^2 \frac{Z_c}{Z_a} D_M \tag{6.2}$$

Mrowec[16]测量了在 800 ℃，不同硫活度下铁硫化的抛物线速率常数。以抛物线速率常数和硫活度的对数作图，由曲线的斜率可得到阳离子扩散系数与硫活度的函数关系。结果表明，阳离子的自扩散系数为 1.8×10^{-7} cm$^2 \cdot$ s^{-1}，与硫活度无关。Condit[20]利用放射线示踪法测得的自扩散系数为 8.6×10^{-8} cm$^2 \cdot$ s^{-1}，显示出良好的一致性，验证了 Wagner 的高温腐蚀反应模型。

　　硫化物体系可用来检验标记实验的利弊。反应前将一个化学惰性材料放置在金属表面，氧化或硫化后，标记相对于膜－金属界面的位置能够说明膜的生长机制主要是阳离子扩散还是阴离子扩散，或者两者相当。如果膜致密、没有孔洞形成，那么标记在膜－金属界面可认为膜是通过阳离子外扩散生长；相反，标记在膜－气体界面则可认为膜主要是依靠阴离子内扩散生长。因此，如果阳离子与阴离子的迁移率相当，标记应当在膜的中间位置。然而，这里出现一个问题，由于大多数形成膜的化合物通常主要依靠一种离子的扩散而生长，所以当标记出现在膜的中间位置时，一般是膜在生长过程中与金属基体分离了或者粒子的传输不是纯粹的点阵扩散。已有多位学者对此进行了阐述[19-23]，在实验前应当阅读相关文献。

　　硫化物中的缺陷浓度很高，以至于缺陷间的相互反应无法避免。以 FeS 为例，如果存在局部电子缺陷，缺陷的离子化步骤由式(6.3)～式(6.5)表示：

$$\frac{1}{2}S_2(g) \Longrightarrow S_S^X + V_{Fe} \tag{6.3}$$

$$\frac{1}{2}S_2(g) \rightleftharpoons S_S^x + V_{Fe}' + h^{\cdot} \qquad (6.4)$$

$$\frac{1}{2}S_2(g) \rightleftharpoons S_S^x + V_{Fe}'' + 2h^{\cdot} \qquad (6.5)$$

铁离子空位浓度作为硫分压的函数可表示为式(6.6)~式(6.8):

$$[V_{Fe}] = kp_{S_2}^{1/2} \qquad (6.6)$$

$$[V_{Fe}'] = kp_{S_2}^{1/4} \qquad (6.7)$$

$$[V_{Fe}''] = kp_{S_2}^{1/6} \qquad (6.8)$$

Mrowec[16]利用已有的数据[24-26]计算得到 800 ℃铁离子空位浓度与硫分压的 1/1.9 次方成正比。这个结果与 FeS 的金属特征一致,即局部电子缺陷数目可以忽略。

最后,由于 Fe,Ni,Co,Cr 和 Al 的硫化物的生成自由能相近,Cr,Al 不能发生选择性硫化,这与氧化不同。Lai[9]总结了合金硫化的文献,得到以下结果:

(1) Fe,Ni,Co 合金的硫化速率相当——在一个数量级上。

(2) Cr 含量低于 40% 的合金,可以通过形成三元硫化物内层或硫化铬而改善其抗硫化性。钢中 Cr 含量超过 17%(质量分数)时能够有一定程度的抗硫化性[27]。

(3) Cr 含量高于 40% 的合金,可以形成单一的保护性 Cr_2S_3 外层。对于更高的 Cr 含量,三种合金体系的硫化抗力相近。

(4) 因为 Al – 硫化物的形成,Al 对于 Fe 基和 Co 基合金是有益的,但 Ni 基合金的结果不确定。

(5) Al_2S_3 膜的形成没有实际意义,因为它与水甚至能够在室温下也发生反应。

另一方面,难熔金属的硫化物非常稳定,而且生长缓慢。Douglass 及其合作者[28-35]已经对此进行过探讨,他们证明添加 Mo 和 Mo – Al 可以显著降低 Ni 的硫化抛物线速率常数。如,Ni – 30% Mo – 8% Al(质量分数)大约降低 5 个数量级;对于 Fe 基合金,Fe – 30% Mo – 5% Al(质量分数)可降低 6 个数量级。这些体系中形成的 $Al_{0.5}Mo_2S_4$ 膜具有优良的抗硫化性,但在氧化性气氛中会形成 Mo 的氧化物[13]。

金属的卤化

金属反应形成稳定的卤化物对于各种工业生产很重要。金属卤化物一般具有沸点低、易挥发的特点,因此经常被用于一些重要的金属生产和提炼过程,如活泼金属 Ti 和 Zr 的提炼。这些金属的生产采用 Kroll 法，将金属氧化物转换成氯化物或氟化物，然后还原成金属。这种方法避免了金属生产中一些无法解决的困难，包括金属氧化物的还原，详细内容可以参考相关冶金教材。

金属－卤素－氧三元体系中易形成稳定的易挥发物质，如 $CrOCl_2$ 和 WO_2Cl，因此正如第 2 章中所讨论的，平衡相图中必须考虑这些相的稳定区域。

挥发性金属卤化物，一般是氯化物和氟化物，也涉及表面防护涂层制备的核心步骤，比如富含 Al，Cr，Si 及其复合成分的表面层。在这个过程中，工件被包埋在粉末中加热到反应温度获得所需制备的涂层。粉末包括惰性的氧化铝填料、母合金粉末（如铝）以及活化剂（如氯化铵）。一般情况下，在 630 ℃ 活化剂挥发与母合金粉反应形成氯化铝蒸气，随后在工件表面反应导致铝的沉积，沉积铝扩散进入工件表面层形成扩散涂层。这个过程的基本驱动力是母合金粉与工件间的铝活度差。这种方法的原理已经很清楚，但要在实际生产中得到可重复、可信赖的结果依然需要丰富的经验。详细的讨论将在第 10 章给出。最后，氯化处理可用于去除镀锡钢的表面镀层，有利于锡和钢的回收再利用。氟化可用来生产聚合物和碳氟化合物，因此相应厂房的结构材料必须能够抵御氟的腐蚀。

原理上，金属表面卤化物腐蚀产物膜的形成机制与氧化物和硫化物相同。Daniel 和 Rapp[37] 给出了有关金属与卤素反应的全面综述。实际上，很多金属卤化物几乎是纯的离子导体，因此卤化物膜的生长应当由电子迁移步骤控制而不是离子传输。此时，卤化物膜在金属表面更容易横向生长。根据 Ilschner－Gensch 和 Wagner[38] 提出的机制，卤化物膜并不在反应金属表面生成而是在与之相连的惰性金属表面上生成。这个体系中，离子通过卤化物传输，而电子通过惰性金属向反应位置迁移。图 6.3 是银的碘化的示意图，清楚地说明了这一反应机制，同时也印证了前述的，低电导率的卤化物倾向于表面铺展而不是增厚。Kuiry 等[39] 研究了 Pb 的碘化，发现当发生跨过表面膜电子短路导通后，碘化膜生长速率迅速增大，从而证实了 PbI_2 的离子导体本质。

与氧化膜相似，卤化物膜同样会遭受力学损伤，如开裂等。此外，卤化物的蒸气压高，其在膜－气体界面的挥发不容忽视。因此，卤化物膜在生长的同时以蒸气形式挥发，Daniel 和 Rapp[37] 对此进行了针对性分析。这种条件下，膜的增厚速率遵循抛物线－线性规律[40]，与第 4 章讨论的氧化铬膜的生长和挥发相似。

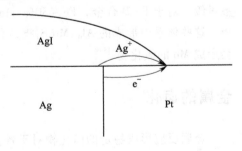

Lai[9] 证实加入 Cr 和 Ni 可以提高铁　图 6.3　碘化银生长至与银相接触的铂表面

基合金抗氯化的能力。因此镍基合金通常用于含氯的气氛。大多数金属的耐氯腐蚀抗都有一个温度上限，此温度以上发生快速腐蚀。对于铁基合金，此临界温度约为250 ℃，而镍基合金为500 ℃[9]。

很多工业环境含有氧气和氯气，这种气氛中形成固态氧化物和挥发性氯化物之间存在竞争。形成挥发性氯化物的趋势随着氯分压和温度的升高而增大，见 Maloney 和 McNallen 对 Co 的研究结果[41]。由于形成挥发性的氯氧化物 MoO_2Cl_2 和 WO_2Cl_2[42]，含 Mo 和 W 的合金在卤素气体环境中的耐蚀性较差。在氧气和氯气混合气氛中，反应速率的降低取决于能否形成保护性氧化膜。根据 Lai 的研究结果[9]，很多含 Al 的工业合金有可能在 900 ℃ 以上形成保护性氧化铝膜。

氟化与氯化的机制相同。较低温度下，当保护性氟化物膜形成时反应较慢；但温度较高时，液态尤其是挥发性氟化物的形成导致金属的快速腐蚀。

更多有关金属在 Cl_2，$H_2 - H_2S$，$O_2 - Cl_2$，以及相应的含氟气氛中的反应细节可以参见 Lai 的工作[9]。

金属的卤化为研究高挥发性的纯离子导体膜的成膜反应提供了可能。可以在较低的温度下研究这些体系的反应，这对于以气态卤化物为中间化合物的萃取和化学气相沉积过程很重要。

金属的碳化

在很多工业过程中，碳作为主要或次要的氧化剂存在。当碳是主要氧化剂时，主要的反应是渗碳或者碳在金属基体中的溶解。碳在不同金属中的溶解度差异很大：在 Ni，Cu，Co 和铁素体铁中溶解度很小，但在奥氏体铁中却很大。合金的渗碳（主要是钢）是构件表面强硬化的常用方法，用于有磨损的服役工况。相关的理论和方法参见文献[43]。

可以利用多种气体体系进行渗碳处理，如式(6.9)~式(6.11)：

$$CO(g) + H_2(g) \Longrightarrow C + H_2O(g) \quad \Delta G_9^\ominus \qquad (6.9)$$

$$2CO(g) \Longrightarrow C + CO_2(g) \quad \Delta G_{10}^\ominus \qquad (6.10)$$

$$CH_4(g) \Longrightarrow C + 2H_2(g) \quad \Delta G_{11}^\ominus \qquad (6.11)$$

上述各种气氛的碳活度可以用反应平衡常数表示，见式(6.12)~式(6.14)：

$$a_C = \frac{p_{CO}p_{H_2}}{p_{H_2O}}\exp\left(\frac{-\Delta G_9^\ominus}{RT}\right) \qquad (6.12)$$

$$a_C = \frac{p_{CO}^2}{p_{CO_2}}\exp\left(\frac{-\Delta G_{10}^\ominus}{RT}\right) \qquad (6.13)$$

$$a_C = \frac{p_{CH_4}}{p_{H_2}^2} \exp\left(\frac{-\Delta G_{11}^\ominus}{RT}\right) \tag{6.14}$$

标准文献[9,43]中的相图给出了各种气氛在一定温度范围内的碳活度。渗碳处理时间由碳的扩散控制，取决于所需的表面碳含量、渗碳层厚度、温度和碳的扩散系数。这个过程完全由扩散控制时，其数学解涉及 Fick 第二定律[44]在平面坐标、圆柱坐标和球形坐标中的解，它们与样品的尺寸和几何形状相关。

实际的渗碳过程中，反应速率由表面反应和扩散混合控制[45]。然而，钢的渗碳一般很简单，通过热处理形成高碳马氏体硬化，在不锈钢和高温合金中形成 Cr 和其他合金组元的碳化物。过度渗碳会导致保护性组元如铬的贫化，这将降低构件的抗腐蚀性能，尤其在材料的晶界处。

尽管渗碳能够提高一些构件的性能，如石油和碳氢化合物的重整管道，但不锈钢的碳化是有害的。不锈钢中碳化物的形成动力学与内氧化相似[46]。因此，抗渗碳合金主要是通过 Ni 的合金化来降低碳的扩散系数，或者是通过加入 Si 和 Al 在低氧势环境中形成稳定的保护性表面氧化膜[10]。

金属粉化是碳化有害作用的另一种表现形式[47,48]。在这个反应中，气体的碳活度必须大于1，而且碳以气体形式溶入金属的速度快于碳黑在金属表面的形核速度。这导致金属中形成高的碳活度，有利于铁基合金中亚稳态碳化物的生长，这些碳化物随后分解为粉末状产物。发生金属粉化的典型温度区间在 $450 \sim 800\ ℃$。

很多金属粉化的研究以镍基和铁基合金体系为研究对象，它们与重整反应中使用的材料相似[47-49]。金属粉化具有危害性，可以在几个小时内导致管道穿孔，一般这些构件接触低氧势的含碳混合气氛（$CO - H_2$是典型气氛），或者是含有机气体的气氛。由于气氛中的碳活度大于1，而且在无催化剂时难以在金属表面形核，因此可以形成亚稳态的 M_3C 和 $M_{23}C_6$ 型碳化物。随着石墨的形核，这些亚稳态碳化物分解成金属和碳。因此，金属粉化的腐蚀产物是细小的金属与碳的混合粉末。通常，低合金钢表现为均匀腐蚀，合金钢和镍基合金表现为点蚀。有研究报道[50]，石墨的形成可导致镍基合金发生退化，但不存在形成亚稳态碳化物的中间过程。

铁的金属粉化过程分为 5 个阶段[51,52]。

(1)碳在金属中溶解达过饱和。

(2)金属表面和晶界处析出渗碳体。

(3)石墨由气氛中沉积在渗碳体上。

(4)渗碳体开始分解，形成石墨和金属颗粒。

(5)金属颗粒起催化作用令石墨沉积继续进行。

可以认为低合金钢的粉化机制与铁相似。

高铬含量的合金钢表面可以形成保护性氧化铬膜，但在氧化膜局部失效部位可以发生粉化反应，因为碳能在缺陷处穿过氧化膜。这导致了点蚀的表面形貌，开始形成的小点蚀坑随着时间的延长变成较大的半球形。因此，可以通过提高氧化铬膜的保护性来增加钢的抗金属粉化的能力。已有研究表明，表面处理能够有效地提高氧化铬膜的保护性[53,54]。然而，必须认识到，这种保护性是不稳定的，一旦粉化进程开始材料就将迅速失效。

实际应用中发现，气氛中以 H_2S 形式出现的 S 可以有效抑制金属的粉化。有学者认为[54-57]，S 抑制了石墨的形核，从而中断了粉化反应的进行。

金属的氮化

关于氮对金属高温腐蚀的影响作用已有大量研究[9,58-63]。Pettit[58]研究了纯铬在 1 200 ℃空气中的氧化，发现在外氧化铬膜形成的同时金属表面迅速形成了一层 Cr_2N 膜，产物膜结构表明氮穿过氧化铬膜形成氮化物。Perkins[59]研究了一系列铬合金在 1 150 ℃空气中的氧化，得到相似结果。大多数合金都会发生内氮化。已经知道，合金表面处理可能影响氮穿透氧化铬膜的速率。

当含 Cr 的铁基、镍基和钴基合金在 900 ℃空气中氧化 25 h 后只生成了氧化膜，且仅在 Co - 35% Cr(质量分数)合金中观察到氮化物的形成[60]。对此的解释是，假定所有合金都发生了氮通过氧化铬膜向内扩散，只有 Co - 35% Cr (质量分数)合金的 Cr 活度足够高，能够形成氮化物。氮的参与不能改变合金的恒温氧化行为，但 Ni - 25% Cr - 6% Al 和 Co - 25% Cr - 6% Al(质量分数)合金在循环氧化过程中析出大量内氮化物。显然，金属氮化物的析出并成为合金基体中的夹杂物，可能令其变脆，这是氮的主要有害效应。

□ **参考文献**

1. H. Rau, *J. Phys. Chem. Solids*, **37**(1976), 425.

2. H. Rickert, *Z. Phy. Chem. NF*, **23**(1960), 355.

3. S. Mrowec and H. Rickert, *Z. Phy. Chem. NF*, **28**(1961), 422.

4. S. Mrowec and H. Rickert, *Z. Phy. Chem. NF*, **36**(1963), 22.

5. C. Z. Wagner, *Phys. Chem. B*, **21**(1933), 25.

6. S. Mrowec and T. Werber, *Gas Corrosion of Metals*, Springfield, VA, National Technical Information Service, 1978, p. 383.

7. S. Mrowec and K. Przybylski, *High Temp. Mater.*, **6**(1984), 1.

8. D. J. Young, *Rev. High Temp. Mater.*, **4**(1980), 229.

9. G. Y. Lai, *High Temperature Corrosion of Engineering Alloys*, Materials Park, OH, ASM International, 1990.

10. S. Wegge and H. J. Grabke, *Werkst. u. Korr.*, **43**(1992), 437.

11. W. L. Worrell and H. Kaplan, in *Heterogenous Kinetics at Elevated Temperatures*, eds. W. L. Worrell and G. R. Belton, New York, Plenum Press, 1970, p. 113.

12. K. N. Strafford, The sulfidation of metals and alloys, Metallurgical Review No. 138, *Met. Mater.*, **3**(1969), 409.

13. S. Mrowec, *Oxid. Met.*, **44**(1995), 177.

14. Y. Fueki, Y. Oguri, and T. Mukaibo, *Bull. Chem. Soc. Jpn.*, **41**(1968), 569.

15. S. Mrowec and K. Przybylski, *High Temp. Mater. Process*, **6**(1984), 1.

16. S. Mrowec, *Bull. Acad. Polon. Sci.*, **15**(1967), 517.

17. P. Hancock, *First International Conference on Metallic Corrosion*, London, Butterworth, 1962, p. 193.

18. C. Wagner, *Pittsburgh International Conference on Surface Reactions*, Pittsburgh, PA, Corrosion Publishing Company, 1948, p. 77.

19. C. Wagner, *Atom Movements*, Cleveland, OH, ASM, 1951, p. 153.

20. R. Condit, *Kinetics of High Temperature Processes*, ed. W. D. Kingery, New York, John Wiley, 1959, p. 97.

21. A. Bruckman, *Corr. Sci.*, **7**(1967), 51.

22. M. Cagnet and J. Moreau, *Acta. Met.*, **7**(1959), 427.

23. R. A. Meussner and C. E. Birchenall, *Corrosion*, **13**(1957), 677.

24. S. Mrowec, *Z. Phys. Chem. NF*, **29**(1961), 47.

25. P. Kofstad, P. B. Anderson, and O. J. Krudtaa, *J. Less Comm. Met.*, **3**(1961), 89.

26. T. Rosenqvist, *J. Iron Steel Inst.*, **179**(1954), 37.

27. W. Grosser, D. Meder, W. Auer, and H. Kaesche, *Werkst. u. Korr.*, **43**(1992), 145.

28. M. F. Chen and D. L. Douglass, *Oxid. Met.*, **32**(1989), 185.

29. R. V. Carter, D. L. Douglass, and F. Gesmundo, *Oxid. Met.*, **31**(1989), 341.

30. B. Gleeson, D. L. Douglass, and F. Gesmundo, *Oxid. Met.*, **31**(1989), 209.

31. M. F. Chen, D. L. Douglass, and F. Gesmundo, *Oxid. Met.*, **31**(1989), 237.

32. G. Wang, R. V. Carter, and D. L. Douglass, *Oxid. Met.*, **32**(1989), 273.

33. B. Gleeson, D. L. Douglass, and F. Gesmundo, *Oxid. Met.*, **33**(1990), 425.

34. G. Wang, D. L. Douglass, and F. Gesmundo, *Oxid. Met.*, **35**(1991), 279.

35. G. Wang, D. L. Douglass, and F. Gesmundo, *Oxid Met.*, **35**(1991), 349.

36. C. L. Marshall, *Tin*, New York, Reinhold, 1949.

37. P. L. Daniel and R. A. Rapp, *Advances in Corrosion Science and Technology*, eds. M. G. Fontana and R. W. Staehle, New York, Plenum Press, 1980.

38. C. Ilschner-Gensch and C. Wagner, *J. Electrochem. Soc.*, **105**(1958), 198.

39. S. C. Kuiry, S. K. Roy, and S. K. Bose, *Oxid. Met.*, **46**(1996), 399.

40. C. S. Tedmon, *J. Electrochem Soc.*, **113**(1966), 766.

41. M. J. Maloney and M. J. McNallen, *Met. Trans. B*, **16**(1983), 751.

42. J. M. Oh, M. J. McNallen, G. Y. Lai, and M. F. Rothman, *Met. Trans. A*, **17**(1986), 1087.

43. *Metals Handbook*, 10th edn, Metals Park, OH, ASM International, 1991, vol. 4, p. 542.

44. J. Crank, *Mathematics of Diffusion*, Oxford, UK, Oxford University Press, 1956.

45. H-. J. Grabke, *Härt. -Tech. Mitt.*, **45**(1990), 110.

46. A. Schnaas and H. -J. Grabke, *Oxid. Met.*, **12**(1979), 387.

47. R. F. Hochmann, Catastrophic deterioration of high-temperature alloys in carbonaceous atmospheres. In *Properties of High-Temperature Alloys*, eds. A. Foroulis and F. S. Pettit, Princeton, NJ, Electrochemical Society, 1977, p. 715.

48. H. J. Grabke, *Corrosion*, **51**(1995), 711.

49. G. H. Meier, R. A. Perkins, and W. C. Coons, *Oxid. Met.*, **17**(1982), 235.

50. H. J. Grabke, *Corrosion*, **56**(2000), 801.

51. H. J. Grabke, R. Krajak, and J. C. Nava Paz, *Corrosion Sci.*, **35**(1998), 1141.

52. H. J. Grabke, *Mater. Corr.*, **49**(1998), 303.

53. H. J. Grabke, E. M. Müller-Lorenz, B. Eltester, M. Lucas, and D. Monceau, *Steel Res.*, **68**(1997), 179.

54. H. J. Grabke, E. M. Müller-Lorenz, and S. Strauss, *Oxid. Met.*, **50**(1998), 241.

55. Y. Inokuti, *Trans. Iron Steel Inst. Jpn.*, **15**(1975), 314, 324.

56. H. J. Grabke and E. M. Müller-Lorenz, *Steel Res.*, **66**(1995), 252.

57. A. Schneider, H. Viefhaus, G. Inden, H. J. Grabke, and E. M. Müller-Lorenz, *Mater. Corr.*, **49**(1998), 330.

58. F. S. Pettit, J. A. Goebel, and G. W. Goward, *Corr. Sci.*, **9**(1969), 903.

59. R. A. Perkins, Alloying of chromium to resist nitridation, NASA *Report* NASA-Cr-72892, July, 1971.

60. C. S. Giggins and F. S. Pettit, *Oxid. Met.*, **14**(1980), 363.

61. I. Aydin, H. E. Bühler, and A. Rahmel, *Werkst. u. Korr.*, **31**(1980), 675.

62. U. Jäkel and W. Schwenk, *Werkst. u. Korr.*, **22**(1971), 1.

63. H-. J. Grabke, S. Strauss, and D. Vogel, *Mater. Corr.*, **54**(2003), 895.

7

金属在混合气氛中的反应

前言

    研究纯金属和合金在单一氧化剂中的高温腐蚀行为对于理解金属的氧化和成膜反应至关重要。然而,在几乎所有实际的高温环境中,如燃气轮机、热交换器或者高温炉的结构件,合金一般是暴露于含各种气体的混合气氛中。这些体系十分复杂,需要足够的热力学和动力学知识来描述各种反应及其机制。此时,研究目标不仅是简单地解释和理解反应是如何进行的,而是需要进一步预测如何能抑制或控制这些反应过程。

    不同于实验室内的可控气氛,实际气体总是复杂的多氧化剂体系,即使在空气中氧化除了形成氧化物外,空气中的氮也可以与一些合金反应形成氮化物。这常见于含 Cr, Ti, Nb 的合金,在空气中氧化时,它们形成的氮化物会影响氧化过程,因此在空气中的氧化与在纯氧气或氧气 – 氩气混合气氛中"单纯的"氧化是不一样的[1,2]。

空气 – H_2O 和空气 – CO_2 气氛

空气或化石燃料燃烧气氛中的水蒸气和二氧化碳能够显著增加钢或其他金属的反应速率。Rahmel 和 Tobolski[3] 研究并解释了这个现象，他们认为气体中建立的 $H_2 – H_2O$ 和 $CO – CO_2$ 氧化 – 还原气氛促进氧通过氧化物结构中的孔洞传输。当金属表面氧化膜中形成孔洞时，假设孔洞中的压力与气氛压力相同，其成分取决于可穿过氧化膜的那些气体和氧化膜的某种分解。当金属在空气中氧化时，可以预料，孔洞中的气氛实际上是含少量氧气的纯氮气，氧分压等于或接近于与该处氧化物的平衡分解压（式 7.1），以金属活度 a_M 可表示为式 (7.2)：

$$2M(s) + O_2(g) \Longrightarrow 2MO(s) \tag{7.1}$$

假设为纯氧化物 MO：

$$p_{O_2} = \frac{1}{a_M^2} \exp\left(\frac{\Delta G_1^\ominus}{RT}\right) \tag{7.2}$$

以铁为例，得到式 (7.3)：

$$2Fe(s) + O_2(g) \Longrightarrow 2FeO(s) \quad \Delta G_3^\ominus = -528\ 352 + 129.33T \quad J \tag{7.3}$$

其中，p_{O_2} 表示为式 (7.4)：

$$p_{O_2} = \frac{1}{a_{Fe}^2} (1.02 \times 10^{-15}) \quad atm \quad (1\ 273\ K) \tag{7.4}$$

于是，靠近金属表面处，铁的活度近似为 1，则孔洞内的氧分压大约为 10^{-15} atm 或 10^{-10} Pa。在生长的氧化膜内存在着氧和金属的活度梯度，因此氧将由高氧势侧孔洞向低氧势侧孔洞传输。由于孔洞中的氧浓度低，这种传输很缓慢，其过程见示意图 7.1(a)。

当氧化气氛中含水蒸气和（或）二氧化碳时，氧势不变，但孔洞中有来自于气氛中的 H_2，H_2O，CO 和 CO_2，建立起 $H_2 – H_2O$ 和 $CO – CO_2$ 的氧化 – 还原体系，根据式 (7.5) 和式 (7.6) 可得到相应的氧势，见式 (7.7)：

$$CO_2(g) \Longrightarrow CO(g) + \frac{1}{2}O_2(g) \quad \Delta G_5^\ominus = 282\ 150 - 86.57T \quad J \tag{7.5}$$

$$H_2O(g) \Longrightarrow H_2(g) + \frac{1}{2}O_2(g) \quad \Delta G_6^\ominus = 245\ 993 - 54.84T \quad J \tag{7.6}$$

$$p_{O_2} = \left(\frac{p_{CO_2}}{p_{CO}}\right)^2 \exp\left(\frac{-2\Delta G_5^\ominus}{RT}\right) = \left(\frac{p_{H_2O}}{p_{H_2}}\right)^2 \exp\left(\frac{-2\Delta G_6^\ominus}{RT}\right) \tag{7.7}$$

对于 Fe – O 体系，必须考虑式 (7.8) 和式 (7.9) 的反应：

$$\mathrm{Fe(s)} + \mathrm{CO_2(g)} \Longrightarrow \mathrm{FeO(s)} + \mathrm{CO(g)}$$
$$\Delta G_8^\ominus = 17\,974 - 21.91T \quad \mathrm{J} \tag{7.8}$$

$$\mathrm{Fe(s)} + \mathrm{H_2O(g)} \Longrightarrow \mathrm{FeO(s)} + \mathrm{H_2(g)}$$
$$\Delta G_9^\ominus = -18\,183 - 9.82T \quad \mathrm{J} \tag{7.9}$$

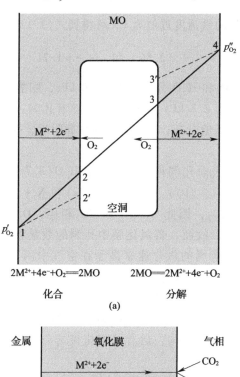

(a)

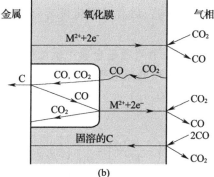

(b)

图7.1 （a）氧通过生长氧化膜中的孔洞传输。氧化物在孔洞的外侧分解，释放出的氧在孔洞内侧表面形成氧化物。图中的实线和虚线分别表示孔洞中传输速率快或慢时氧的化学势梯度。

（b）当反应气氛含 CO 和 CO_2 时，氧化膜与孔洞中的粒子传输

于是，1 000 ℃下氧化膜孔洞中的气体成分见式(7.10)和式(7.11)：

$$\frac{p_{CO}}{p_{CO_2}} = a_{Fe} \exp\left(\frac{-\Delta G_8^\ominus}{RT}\right) = 2.56 a_{Fe} \tag{7.10}$$

$$\frac{p_{H_2}}{p_{H_2O}} = a_{Fe} \exp\left(\frac{-\Delta G_9^\ominus}{RT}\right) = 1.71 a_{Fe} \tag{7.11}$$

由于靠近金属表面处的铁活度近似为1，可得到式(7.12)：

$$\frac{p_{CO}}{p_{CO_2}} = 2.56 \quad \text{和} \quad \frac{p_{H_2}}{p_{H_2O}} = 1.71 \tag{7.12}$$

假设燃烧气氛中的 CO_2 和 H_2O 分压大约为 10 kPa，则靠近金属表面孔洞中的 CO_2 和 H_2O 分压分别为 2.8 kPa 和 3.7 kPa。随着孔洞远离金属表面，铁活度降低、两种气体的分压值升高；在膜－气体界面附近，孔洞内气体的分压可达到 10 kPa。

于是，靠近金属表面孔洞内的气体为：H_2O(3.7 kPa)，H_2(6.3 kPa)，CO_2(2.8 kPa)，CO(7.2 kPa)，O_2(10^{-13} kPa)和 N_2(80 kPa)。显然，O_2 的浓度远低于 H_2O 和 CO_2，因此与 H_2O 和 CO_2 相比，O_2 对于氧通过孔洞传输的贡献可以忽略不计。故而，若氧化膜中孔洞的数量相同，则在含有 CO_2 和 H_2O 的氧化性气氛中金属的氧化速率高于在空气中测得的值。图7.1(b)以 CO_2 为例示意说明了气体通过孔洞传输的机制，Sheasby等[4]论证了这种机制，同时认为这种通过孔洞传输导致的氧化速率增大最多只能反映致密、无孔洞、粘附的氧化膜的生长速率。H_2O 和 CO_2 效应只限于通过孔洞的物理传输而不改变氧化膜的缺陷结构，后者的变化显然会影响致密、粘附的氧化膜的动力学过程。

$CO-CO_2$ 体系涉及的另一个问题是金属中碳浓度的影响作用。任何 $CO-CO_2$ 气氛中的碳势可由式(7.13)的反应平衡得到：

$$2CO(g) \Longrightarrow C(s) + CO_2(g) \qquad \Delta G_{13}^\ominus = -170\ 293 + 174.26T \quad J \tag{7.13}$$

得到碳活度 a_C：

$$a_C = \frac{p_{CO}^2}{p_{CO_2}} \exp\left(\frac{-\Delta G_{13}^\ominus}{RT}\right) = \frac{p_{CO}^2}{p_{CO_2}}\left(\frac{2\ 025}{T/K} - 21.06\right) \tag{7.14}$$

因此，当气氛中有含碳气体时，依金属中碳活度与气氛中碳活度相对的大小关系，金属将俘获或失去碳。正如第5章描述的，工业用钢在热处理或再热过程中发生脱碳可能是极其有害的；也可以有意利用合适的气氛通过渗碳提高钢表面的碳含量。

若气氛中含有水蒸气，它有可能与金属反应形成氢，并在高温下被金属所吸收，如式(7.15)：

$$M + H_2O(g) \Longrightarrow MO + 2H(soln) \tag{7.15}$$

溶解入金属基体中的碳可资利用，或通过改变热处理方式、或令合金元素（如Cr,Ti 或 Nb 等）碳化物沉淀析出，进而影响合金的表面性能。碳化物的形成使这些合金元素发生贫化，降低了它们在固溶体中的浓度，例如铬的碳化物析出降低了合金的抗氧化能力。对一些体系而言，CO_2 穿过氧化膜的传输是一个重要问题。

Pettit 和 Wagner[5] 研究了铁在 700 ~ 1 000 ℃、$CO - CO_2$ 气氛中的氧化行为，此条件下 FeO 是稳定的反应产物。结果表明，腐蚀动力学受控于膜 - 气界面反应，而且没有观察到碳化反应。相反的，Surman[6] 研究了铁在 350 ~ 600 ℃、$CO - CO_2$ 气氛中的氧化，此时 Fe_3O_4 是稳定的氧化产物。后者的实验观察表明，经过一段孕育期后金属发生"失稳"氧化，加速氧化的开始时间与碳在氧化膜中的沉积有关。Gibbs[7] 和 Rowlands[8] 认为，CO_2 穿过表面腐蚀产物膜导致碳在金属基体中溶解，随后碳在膜中的沉积破坏氧化膜，令体系处于快速的"失稳"氧化状态。观察到的孕育期与碳在金属基体中达到饱和所需的时间相对应。

已经观察到，Fe – 15%（质量分数）Cr 和 Fe – 35%（质量分数）Cr 合金体系中发生了碳通过保护性氧化膜渗入的现象[9]。高铬合金有更高的抗碳渗透的能力，说明与含铁氧化物膜相比，Fe – 35%（质量分数）Cr 合金表面的 Cr_2O_3 膜是更好的阻挡层。Ni – Cr 和 Fe – Ni – Cr 合金在 600 ~ 1 000 ℃ 富 CO 气氛中同样易遭受腐蚀[10 - 13]，这是由于内碳化物的形成导致合金中 Cr 的贫化，从而无法继续维持保护性氧化膜的生长。在这种气氛中，增加 Cr 浓度至 25%[14]、添加 Si 和 Nb[15]，或者气体中引入 5% 的 CO_2[16] 都有助于稳定的保护性氧化物的形成。

迄今的研究表明，水蒸气对高温氧化行为的影响如下：

• 水蒸气可以影响氧化膜的塑性。一些研究人员认为它降低氧化膜的塑性，增大其剥落倾向[17]。另有学者认为，随着它提高氧化速率[18]或改善粘附力，而提高氧化膜的塑性[18]。

• 水蒸气对铁基[19]和镍基[20]合金中 Al, Cr 组元选择性氧化的发生有负面的影响。图 7.2 以 Ni – Cr – Al 合金为例说明了水蒸气的有害作用。在干燥空气中合金表面形成了连续的外氧化铝膜，而潮湿空气导致大量 Al 的内氧化物形成。在 TiAl 合金中同样观察到水蒸气的这种有害作用[21]。

• 水蒸气可影响氧化物中的传输过程[22]，例如改变 SiO_2 的网络结构。

• 由于高蒸气压利于水合物的生成，水蒸气可促进一些氧化物的挥发[23]，这对于形成氧化铬膜的合金体系尤为重要。例如，在 1 000 ℃ 当空气中的水蒸气含量超过 0.1% 时，$CrO_2(OH)_2$ 与 Cr_2O_3 的平衡分压高于 CrO_3 的平衡分压，而且 $CrO_2(OH)_2$ 分压随着 H_2O 分压的增加而增加[24]。这意味着氧化铬膜的反

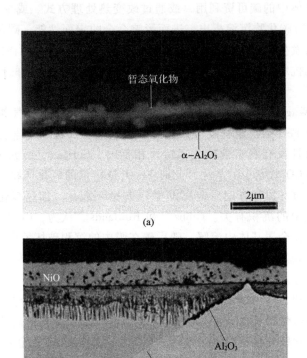

图 7.2　水蒸气对 Ni – 8% Cr – 6% Al(质量分数)合
金在 1 100 ℃ 发生 Al 选择性氧化的影响。(a)干燥空
气中的氧化，(b)空气 + 10% H_2O 气氛中的氧化

应挥发(见第 4 章)在含水蒸气的气氛中更为明显[25-28]。图 7.3 通过比较 Ni –
30%(质量分数)Cr 合金在 900 ℃ 干燥和潮湿空气中的恒温氧化速率说明了这一
现象。干燥空气中的氧化增重曲线表明有少量 CrO_3 的挥发，但基本上反映了氧
化铬的生长动力学。潮湿空气中的氧化增重曲线则反映出有大量 $CrO_2(OH)_2$ 的
挥发。

• 水蒸气可增加质子缺陷的浓度，从而影响与缺陷相关的性能，如高温蠕
变和扩散[29,30]。

　　水蒸气对高温氧化最重要的影响之一是增加了氧化铝和氧化铬膜的剥落倾
向[20,31]，见图 7.4 中形成氧化铝的高温合金 CMSX – 4 的循环氧化动力学。通
常认为水蒸气降低了合金 – 氧化物界面的断裂韧度。

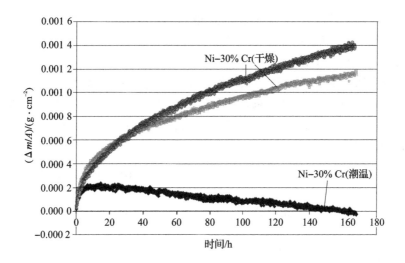

图 7.3 Ni – 30%（质量分数）Cr 合金在 900 ℃干燥空气（两次结果）与空气 +10% H₂O 气氛（潮湿）中的恒温氧化动力学曲线。不同的结果是由于氧化物在潮湿气氛中的快速挥发

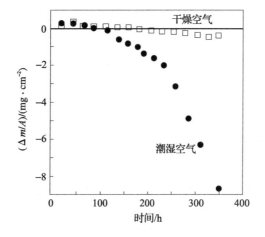

图 7.4 CMSX – 4 合金在 1 100 ℃干燥与潮湿（水蒸气分压为 0.1 atm）空气中的循环氧化动力学曲线

金属 – 硫 – 氧体系

很多金属构件服役的工业高温环境中都有含硫气体，一般包括多种氧化剂，如硫和氧。在氧化性气氛中（如燃料的燃烧产物），硫以 SO₂ 甚至 SO₃ 的形

式出现。在还原性气氛中（如石油的重整），硫一般以 H_2S 和 COS 形式出现。在这两种气氛中，硫与氧的同时出现导致了硫化物和氧化物的形成，严重影响了金属的高温耐蚀性能。

　　假设金属 A 暴露于含硫和氧的气氛中，如空气和二氧化硫混合气氛或者惰性气体和二氧化硫混合气氛，既可以形成氧化物 A_nO 又可以形成硫化物 A_mS。有关金属与气氛反应的处理方法可以参考文献[1,32]。这里需要讨论的反应见式(7.16)~式(7.18)：

$$\frac{1}{2}S_2(g) + O_2(g) = SO_2(g) \qquad \Delta G_{16}^{\ominus} = -361\,700 + 76.68T \quad J \quad (7.16)$$

$$nA(s) + \frac{1}{2}O_2(g) = A_nO(s) \tag{7.17}$$

$$mA(s) + \frac{1}{2}S_2(g) = A_mS(s \text{ 或 } l) \tag{7.18}$$

根据式(7.16)的反应平衡，气氛中的硫势表示为式(7.19)：

$$p_{S_2} = \left(\frac{p_{SO_2}}{p_{O_2}}\right)^2 \exp\left(\frac{2\Delta G_{16}^{\ominus}}{RT}\right) \tag{7.19}$$

由式(7.17)和式(7.18)可知，当 O_2 和 S_2 分压足够高时，可以形成金属的氧化物和硫化物，见式(7.20)与式(7.21)：

$$p_{O_2} > \frac{a_{A_nO}^2}{a_A^{2n}}\exp\left(\frac{2\Delta G_{17}^{\ominus}}{RT}\right) \tag{7.20}$$

$$p_{S_2} > \frac{a_{A_mS}^2}{a_A^{2m}}\exp\left(\frac{2\Delta G_{18}^{\ominus}}{RT}\right) \tag{7.21}$$

式中，a_A 是 A 的活度，a_{A_nO} 和 a_{A_mS} 分别表示氧化物和硫化物的活度。如果氧化物和硫化物不互溶，那么可认为 A – S – O 体系中氧化物和硫化物的活度为 1。同样，金属活度在金属 – 膜界面为 1，但在腐蚀产物膜中沿膜 – 气体界面方向不断降低。

　　膜 – 气体界面的金属活度 a_M''，取决于反应的速率控制步骤。当速率控制步骤是表面反应或气相传输过程，则 a_M'' 的值最大。如果反应速率由膜内扩散控制，则 a_M'' 的值较小，且与气氛达到平衡（或近似平衡）。Rahmel 和 Gonzales[33] 对此做了清晰的阐述，见图 7.5。

　　根据图 7.6 所示的金属 – 硫 – 氧体系的稳定相图，当气体成分确定时有可能在理论上预测形成的腐蚀产物。

　　当气体成分位于单相区时，反应结束后只有单相反应产物，或者是氧化物、或者是硫化物、或者是硫酸盐。尽管反应过程中只有膜 – 气体界面与反应气氛达到平衡，但是当气体成分位于单相区时仍然可以认为只有单相膜形成。

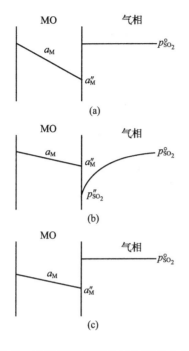

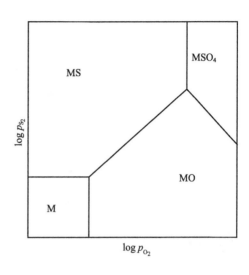

图 7.5　速率控制步骤对氧化膜内合金组元活度梯度以及膜－气界面组元活度的影响。(a)氧化膜内扩散为速率控制步骤；(b)气相扩散为速率控制步骤；(c)界面反应为速率控制步骤。合金组元 M 在膜－气界面的活度由(a)至(b)至(c)依次增大

图 7.6　金属－硫－氧体系的稳定相图

需要注意的是，当气体成分在相界线上时，如图 7.7 中的 A_nO/A_mS 相界线，可发生式(7.22)所示的置换反应：

$$nA_mS + \frac{m}{2}O_2 \Longrightarrow mA_nO + \frac{n}{2}S_2 \qquad (7.22)$$

当反应达到平衡时，得到硫和氧分压的关系，见式(7.23)：

$$\ln p_{S_2} = \frac{m}{n}\ln p_{O_2} - \frac{2}{n}\left(\frac{\Delta G_{22}^{\ominus}}{RT}\right) \qquad (7.23)$$

由该式可得图 7.7 中氧化物和硫化物的相界。这样的混合气体在实际工况中较少见，但如下面将要讨论的，这种条件往往可出现在腐蚀产物的局部位置。

　　当气体成分位于图 7.7 的氧化物单相区域中，根据相图预测金属表面形成氧化物膜 A_nO。然而，很多实例表明，这种条件下金属表面腐蚀产物膜既有硫化物又有氧化物，其中硫化物常常出现在（或靠近）金属－膜界面。因此，当金属暴露于含硫的氧化性气氛中时，有必要探讨硫化物的形成条件。

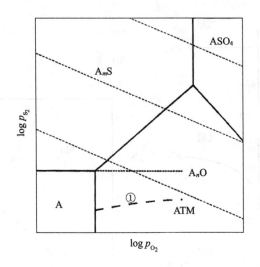

图 7.7　A – S – O 稳定相图中的 SO$_2$ 等压线以及穿过产物膜的反应路径

硫化物形成条件

图 7.7 中，氧化性气氛的硫势和氧势由图中 "ATM" 点给出，可见其位于氧化物单相区。如果在该气氛中金属 A 的表面生成氧化膜，且生长速率由通过氧化膜的扩散所控制，则膜 – 气体界面与气氛平衡，见图 7.5(a)，膜 – 气界面的状态对应于图 7.7 中的点 ATM。图中的虚线①反映了这种条件下沿氧化膜截面方向的反应路径，金属 – 膜界面对应于 A/A$_n$O 相界。这种情况由图 7.5(a)表示，化学势沿氧化膜截面方向下降。

如果反应气体向金属表面的传输是速率控制步骤，那么金属表面将出现一个 SO$_2$ 贫化的界面层。此时，化学势的下降部分是穿过界面层时 SO$_2$ 分压的降低，部分是穿过腐蚀膜时金属活度的降低，这两者决定了离子在产物膜中的外扩散速率。换言之，存在两个串联过程：气体中的扩散和产物膜中的扩散。这种情况由图 7.8 示意说明，它是图 7.5(b)的放大。

图 7.5 给出的所有条件中，核心问题是什么情况下什么地方能够形成硫化物。因此，确定硫化物的形成条件很重要。不论何时，只要局部硫活度(或化学势)大于形成金属硫化物所需的活度，就可以在该处形成硫化物。这一条件由式(7.21)表示。

气氛中的硫主要来自于 SO$_2$，例如 Ar – SO$_2$ 气氛。根据式(7.16)可以得到气氛中的硫势，该反应的平衡常数由式(7.24)表示：

$$\frac{p_{SO_2}}{p_{O_2}p_{S_2}^{1/2}} = \exp\left(\frac{-\Delta G_{16}^{\ominus}}{RT}\right) \tag{7.24}$$

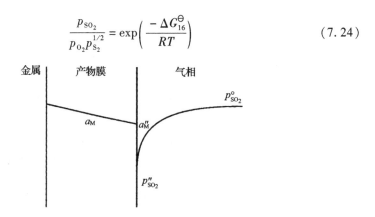

图 7.8　产物膜与气相中的化学势梯度，其中膜 – 气界面未达到平衡态

得到硫分压，见式(7.19)或式(7.25)：

$$\ln p_{S_2} = 2\ln p_{SO_2} - 2\ln p_{O_2} + \frac{2\Delta G_{16}^{\ominus}}{RT} \tag{7.25}$$

若硫化物和氧化物不互溶，则形成的硫化物和氧化物活度为 1，根据式(7.20)和式(7.21)，它们的形成条件分别表示为式(7.26)和式(7.27)：

$$p_{O_2} > \frac{1}{a_A^{2n}}\exp\left(\frac{2\Delta G_{17}^{\ominus}}{RT}\right) \tag{7.26}$$

$$p_{S_2} > \frac{1}{a_A^{2m}}\exp\left(\frac{2\Delta G_{18}^{\ominus}}{RT}\right) \tag{7.27}$$

于是，综合式(7.19)和式(7.27)得到硫化物的形成条件，见式(7.28)：

$$\left(\frac{p_{SO_2}}{p_{O_2}}\right)^2 \exp\left(\frac{2\Delta G_{16}^{\ominus}}{RT}\right) > \frac{1}{a_A^{2m}}\exp\left(\frac{2\Delta G_{18}^{\ominus}}{RT}\right) \tag{7.28}$$

腐蚀膜中任何位置的氧势由该处的金属活度控制，如式(7.26)所示。将式(7.26)代入式(7.28)可得

$$\left(\frac{p_{SO_2}}{\frac{1}{a_A^{2n}}\exp\left(\frac{2\Delta G_{17}^{\ominus}}{RT}\right)}\right)^2 \exp\left(\frac{2\Delta G_{16}^{\ominus}}{RT}\right) > \frac{1}{a_A^{2m}}\exp\left(\frac{2\Delta G_{18}^{\ominus}}{RT}\right) \tag{7.29}$$

整理式(7.29)后可见，任何位置的硫分压临界值决定于该位置的金属活度，如式(7.30)或式(7.31)所示：

$$p_{SO_2} > \frac{1}{a_A^{2n}}\exp\left(\frac{2\Delta G_{17}^{\ominus}}{RT}\right)\exp\left(\frac{-\Delta G_{16}^{\ominus}}{RT}\right) \cdot \frac{1}{a_A^m}\exp\left(\frac{\Delta G_{18}^{\ominus}}{RT}\right) \tag{7.30}$$

$$p_{SO_2} > \frac{1}{a_A^{(2n+m)}}\exp\left[\frac{1}{RT}(2\Delta G_{17}^{\ominus} - \Delta G_{16}^{\ominus} + \Delta G_{18}^{\ominus})\right] \tag{7.31}$$

当使用式(7.31)时，必须明确两个先决条件：硫化物和氧化物的活度为 1，且

两相达到平衡。所以，式(7.31)只能适用于图7.7中成分位于氧化物/硫化物相界线上的气氛。由式(7.31)可以看到，当SO_2分压一定时，金属 - 腐蚀膜界面处最容易形成硫化物，因为该界面处的金属活度最大。这种情况可表示为式(7.32)：

$$p_{SO_2} > \exp\left[\frac{1}{RT}(2\Delta G_{17}^{\ominus} - \Delta G_{16}^{\ominus} + \Delta G_{18}^{\ominus})\right] \tag{7.32}$$

式中，右侧项对应于图7.7中的$A - A_mS - A_nO$三相点。于是，对于确定的SO_2分压，形成硫化物所需的金属活度由式(7.33a)或式(7.33b)给出：

$$a_A^{(2n+m)} > \frac{1}{p_{SO_2}}\exp\left[\frac{1}{RT}(2\Delta G_{17}^{\ominus} - \Delta G_{16}^{\ominus} + \Delta G_{18}^{\ominus})\right] \tag{7.33a}$$

$$a_A > \frac{1}{p_{SO_2}^{1/(2n+m)}}\exp\left[\frac{1}{(2n+m)RT}(2\Delta G_{17}^{\ominus} - \Delta G_{16}^{\ominus} + \Delta G_{18}^{\ominus})\right] \tag{7.33b}$$

这里的金属活度对应于SO_2等压线与$A_mS - A_nO$相界线的交点。实际体系中，既可以观察到双相腐蚀膜，又可以得到主要是氧化物的腐蚀产物膜[34-38]。当化合物形成迅速而反应气体供应不足时，硫化物 - 氧化物复合产物膜的形成倾向增大。图7.9是铁在900 ℃、$Ar - SO_2$气氛中形成的双相膜形貌[34]，其反应机理如下。

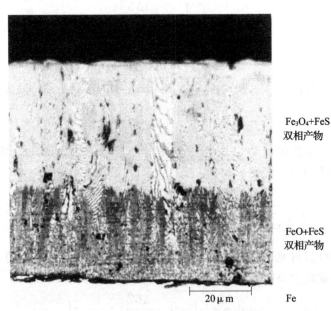

Fe₃O₄+FeS 双相产物

FeO+FeS 双相产物

20 μm

Fe

图7.9 铁在900 ℃、$Ar - 1\% SO_2$气氛中形成的硫化铁 - 氧化铁双相膜形貌

考虑SO_2含量低的$Ar - SO_2$混合气氛，其成分位于FeO单相区。金属的快速反应迅速建立起SO_2贫化层。由于腐蚀产物膜中传质快，在膜 - 气界面处的

金属活度可维持在较高水平,其化学势梯度如图7.8所示。随着氧化物和硫化物的连续交互生长,腐蚀产物极有可能是双相膜,如图7.9所示。(需要注意的是,图中的腐蚀产物是在较高的氧分压下形成,有Fe_3O_4生成。)

这种情况满足FeO的形成条件,但不能直接形成FeS。随着FeO的形成和生长,不断释放出硫,气氛中的SO_2分压和FeO-气体界面的铁活度决定了相应的硫势。释放出的硫导致硫化物在氧化物晶核的相邻位置形核。随着FeO的生成,更多的硫会释放出来,它将扩散至最近的硫化物。如果硫活度足够高,则与铁反应形成更多的硫化物。由于FeO中铁离子的扩散速度不足以维持FeO-气体界面处高的铁活度,因此无法长久维持前述反应形成FeS的过程。然而,相邻的FeS相成为铁离子的快速扩散通道并支持FeO的生长,因此保证了FeO-气体界面高的铁活度。根据这样的机制,硫化物得以持续形成,如图7.10所示。

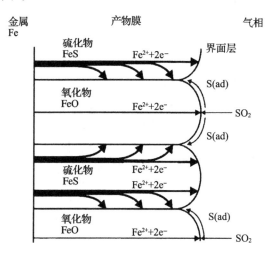

图7.10 Ar-SO_2气氛中铁表面双相产物
(FeO+FeS)的形成机制示意图。图示表明
片状FeS为阳离子传输提供了快速通道,
并维持了相邻片状FeO的生长

图7.10表明,FeO-气体界面的SO_2分压降低至p''_{SO_2},于是由式(7.33b)可知,FeO-气体界面所需的铁活度为式(7.34):

$$a''_{Fe} = \frac{1}{p_{SO_2}^{n1/(2n+m)}} \exp\left[\frac{1}{(2n+m)RT}(2\Delta G_{17}^{\ominus} - \Delta G_{16}^{\ominus} + \Delta G_{18}^{\ominus})\right] \quad (7.34)$$

Fe-O-S三元体系的热力学数据见式(7.35)和式(7.36):

$$Fe + \frac{1}{2}O_2 = FeO \quad \Delta G_{35}^{\ominus} = -264\ 176 + 64.7T \quad J \quad (7.35)$$

165

$$\text{Fe} + \frac{1}{2}\text{S}_2 \Longrightarrow \text{FeS} \qquad \Delta G_{36}^{\ominus} = -150\ 100 + 51.5T \ \text{J} \qquad (7.36)$$

例如，800 ℃时，以 $\Delta G_{35}^{\ominus} = -194\ 753$ J 取代 $\Delta G_{17}^{\ominus}$，以 $\Delta G_{36}^{\ominus} = -94\ 841$ J 取代 $\Delta G_{18}^{\ominus}$。同时，$\Delta G_{16}^{\ominus} = -279\ 100$ J，并令化学计量数 n 和 m 为 1，可得铁活度如式(7.37)：

$$a_{\text{Fe}} > \frac{1}{p_{\text{SO}_2}^{\prime\prime 1/3}} \exp\left[\frac{-204\ 925}{3RT} \right] \qquad (7.37)$$

当气氛为 Ar – 1% SO_2 时，气体中 p_{SO_2} 的值是 0.01 atm，而在膜 – 气界面分压值更低。然而，只要铁活度大于 2×10^{-3}，就可能在膜 – 气界面形成 FeO 和 FeS。形成的产物膜结构如图 7.9 所示[34]，图 7.10 示意说明其形成机制。

　　下面详细描述图 7.9 中显微组织的形成过程。当 Fe 暴露于气体成分为图 7.11 中 "X" 标记的混合气氛时，Fe_3O_4 首先形成。氧化反应消耗了金属表面的氧，导致氧分压的局部降低。当气氛中含 SO_2 时，由于硫、氧和二氧化硫分压的关系取决于式(7.16)的平衡常数，因此出现了硫分压的局部增大。故而，膜 – 气界面(或腐蚀初期的金属表面)的气体成分沿图 7.11 的 XYZ 路径变化。当气体成分到达 Y 点时，进入 FeO 形成区域。此时，早期形成的 Fe_3O_4 还原为 FeO，且随着反应的进行 FeO 不断形成，释放出的硫进入氧贫化界面层导致表面气体成分沿路径 YZ 变化。当气体成分到达 Z 点时，FeO 和 FeS 可同时形成，如图 7.10 所示。由于 SO_2 的不断消耗，反应路径必然与 SO_2 的等压线相交，见图 7.11 中的对角虚线。这表明气体界面层中建立起 SO_2 分压的梯度，

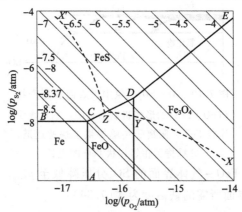

图 7.11　在 900 ℃ Fe – S – O 稳定相图中示意说明的形成双相产物膜的反应路径。反应路径中的 X 点对应于 Fe_3O_4 为稳定产物的气体成分，X' 对应于 FeS 稳定的气体成分

与图 7.8 所示相似。

高硫势的 $CO - CO_2 - SO_2$ 气氛中[33,35,36]，关于双相膜的形成有类似的讨论（反应路径为 X'—Z）。

随着腐蚀产物膜的不断生长，膜–气界面的铁活度不断下降并最终降低至无法维持硫化物的形成。此时，表面气体成分由图 7.11 中的 Z 点沿 $FeO - FeS$ 相界线向上移动。当经过 D 点时，Fe_3O_4 成为稳定的氧化物，$FeS - Fe_3O_4$ 混合膜开始形成，图 7.9 中已观察到这样的显微组织。最终，腐蚀产物膜厚度的增加导致膜中的固相扩散成为速率控制步骤，表面气体成分回到图 7.11 中的 X 点。此时，相应的腐蚀产物只有氧化物，腐蚀产物膜内层为双相区，外层是氧化物单相层。图 7.12 示意说明了这种腐蚀产物膜的形成过程，同时说明了膜内的金属活度、腐蚀动力学与腐蚀产物膜显微组织的关系。其中，对于双相产物层外界面处金属活度的变化规律，有必要予以讨论。

首先，由 t_0 到 t_2 时刻双相产物膜生长遵循线性规律，膜表面的金属活度下降至与式(7.33b)的临界值相等。此时，氧化物作为唯一稳定的腐蚀产物在膜表面形成。时刻 t_3 后，双相膜被外氧化物层覆盖，反应速率降低。随后，双相层–氧化物层界面的金属活度增大，表明铁离子在膜中的传输速率较低。这个过程一直持续到时刻 t_4，氧化层内金属活度增大并超过形成硫化物所需的临界值，此时向内扩散的 SO_2 与之反应生成硫化物，见式(7.33b)。结果，氧化物层内形成岛状硫化物，这些硫化物也可能形成连通的网络状结构。Holt 和 Kofstad[37] 研究了纯铁在 $O_2 + 4\% SO_2$ 气氛中的氧化，认为产物膜中可形成这种三维网络状的硫化物，如图 7.12 所示。

由于氧化体系和条件的不同，有些双相的氧化物和硫化物，比如铁[34]，呈层片状分布。而金属镍表面形成的硫化物较大且不规则[38]。无论哪一种情况，硫化物都可能形成连续的网络而令双相层具有较高的离子传导率。

由式(7.33b)可知，形成硫化物的临界金属活度与 SO_2 分压的倒数成正比。因此，当 SO_2 分压较低时，双相层厚度较薄，这已经得到实验证实[39,40]。

铁在 $CO - CO_2 - SO_2 - N_2$ 混合气氛中的腐蚀结果表明，对于给定某一温度，只要体系的 SO_2 分压相同，金属的反应速率则相同[41,42]。这证实了 Flatley 和 Birks 的假设[34]，即 SO_2 不是在金属表面首先分解为 O_2 和 S_2 作为中介物质，而是直接与金属反应。SO_2 分子与金属直接反应的例子已在图 7.8 中给出，并得到其他学者的验证[43-47]。

尽管上述机制来自于铁腐蚀的研究，但同样可用于解释其他金属的相似结果。镍在含硫和氧的气氛中的反应得到广泛研究[48-51]，Kofstad 已对此做了详细的报道[52]。在 $500 \sim 1\ 000\ ℃$ 温度范围内不同的 SO_2 分压下，镍的反应动力学通常遵循线性规律，其反应速率在长时间暴露后开始降低。线性反应速率随

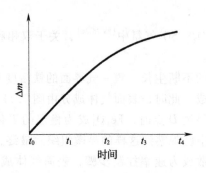

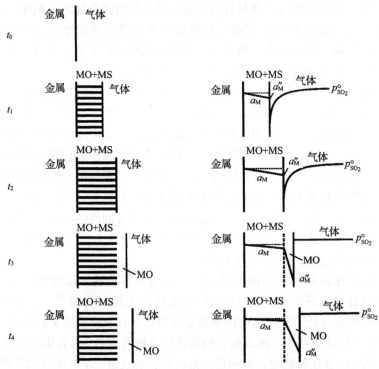

图 7.12 含 SO_2 气氛中双相产物膜的生长速率、微观结构以及合金组元化学
势梯度间的对应关系，最终产物膜表面形成一层氧化物

温度的升高而增大，并在 600 ℃ 左右达到最大值，而后随温度的继续升高而
减小。

当温度低于 600 ℃ 时，腐蚀产物膜由镍的氧化物和硫化物的混合物组成，
其中硫化物呈连续的网络状[42]。与铁相同，连续的镍的硫化物为镍离子向
膜－气界面的扩散提供了快速通道。这导致了膜－气界面较高的镍活度，促进
了双相膜的形成，如图 7.13 所示。

由于膜的生长主要依赖于镍的外扩散，因此在金属－膜界面形成孔洞并最

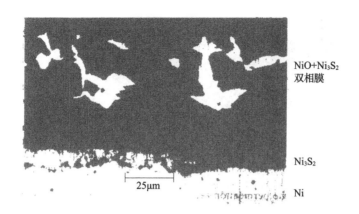

NiO+Ni₃S₂
双相膜

Ni₃S₂

Ni

25μm

图 7.13　镍在 500 ℃ Ar – 1% SO₂ 气氛中形成的双相产物膜形貌

终成为空隙,这导致了反应速率随时间的延长逐渐减小[51]。随着这个过程的进行,可观察到产物膜在样品表面的剥离[51]。

当温度高于 600 ℃ 时,金属 – 膜界面处形成 Ni – S – O 共晶液相,导致金属基体的晶间腐蚀(见图 7.14),同时共晶液相穿过产物膜溢至表面并转变为氧化物[37,50,51]。

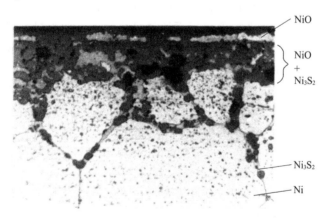

NiO

NiO
+
Ni₃S₂

Ni₃S₂

Ni

图 7.14　1 000 ℃ 形成的 Ni – S – O 三元共晶液相导致金属镍发生晶间腐蚀的形貌

钴与这些气氛中的反应也似前述,形成了尺寸细小的氧化物 – 硫化物双相膜,见图 7.15[53]。

尽管 Fe,Ni,Co 在 Ar – SO₂ 气氛中的腐蚀行为相似,都形成了双相腐蚀产物膜,但硫化物和氧化物的分布却不相同,见图 7.9、图 7.13 和图 7.15。其原因至今尚不清楚。

这些简单体系的研究结果表明,硫或二氧化硫显然能够穿过生长的氧化膜传输。同样,氢或水蒸气、氮、一氧化碳或二氧化碳,以及二氧化硫都能够穿

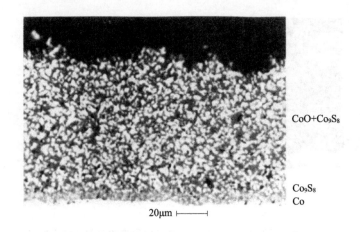

图 7.15 钴在 840 ℃ Ar – 2% SO_2 气氛中形成的组织细小的双相产物膜形貌

过生长的氧化膜。Gilewicz-Wolter[45,54,46] 利用含放射性硫的二氧化硫研究了与铁的反应，结果表明，尽管膜的生长主要依靠铁离子的向外扩散，但是硫（可能是 SO_2）能够沿膜中的物理缺陷向内传输，在膜内尤其是膜 – 金属界面处形成硫化物。

这种传输可能有两种机制：反应物溶解于氧化膜中并通过氧化物点阵扩散；或者，以气体形式借物理渗透而通过氧化膜。这两种机制可分别被称为"化学扩散"和"物理渗透"。化学扩散不仅要求第二氧化剂在膜中有足够高的溶解度，而且它在气相中的化学势必须大于金属 – 膜界面处的化学势。对于硫化物的形成，气相中的化学势必须高于金属 – 膜界面形成硫化物所需的化学势，见图 7.16 中交叉线标记的阴影区域。SO_2 的物理渗透导致金属 – 膜界面硫化物的形成，所需的 SO_2 分压由式（7.30）给出。气相中的 SO_2 临界浓度在图 7.16 中以经过 A – AO – AS 三相平衡点的 SO_2 等压线表示，满足物理渗透的条件见图 7.16 中的所有阴影区域。

有研究表明，硫可以在 NiO 和 CoO 中扩散传输。实验测出硫的溶解度约为 0.01%[58]，在这种情况下点阵扩散是可能的。有人研究了图 7.16 阴影区域的不同气氛中，预氧化形成的 NiO 和 CoO 膜的渗透行为[59,60]。当气体成分在 SO_2 临界等压线（图 7.16）下方时，金属 – 膜界面无硫化物形成。Lobnig，Grabke 及其合作者的研究[61,62] 显示，对于 Cr_2O_3 形成体系，没有观察到硫在块体材料中的溶解，而在氧化膜的孔洞和裂纹表面有吸附的硫存在。Grabke 等进一步进行了原子示踪实验，结果表明 S（或 C）不溶于如 NiO，FeO 和 Fe_3O_4 等氧化物中。根据这一结果，实验测得的硫在氧化物中较低的溶解度至少部分是来自于硫在氧化物内表面的吸附，因为前面引用的数据[58] 是基于氧化物粉末的实验得到的。

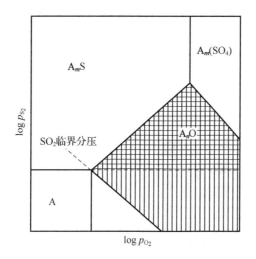

图 7.16　A－S－O 稳定相图中通过化学扩散
（交叉线阴影区域）和物理渗透（所有阴影区
域）形成硫化物的气体成分，以及形成硫化物
所需的 SO_2 临界分压

这些结果证实，SO_2 的物理渗透是肯定能够发生的。在合适的条件下，硫的化学扩散不能被排除，但可能性较小，因为硫在多数氧化物中的溶解度极为有限[61-65]。由于形成硫化物所需 SO_2 化学势的临界值很小，故难以借净化气体的方法来彻底地防止硫化物的形成。

复杂气氛中的合金腐蚀

当金属 B 作为合金元素添加入基体金属 A 时，需要考虑的额外反应见式（7.38）和式（7.39）：

$$pB + \frac{1}{2}O_2 \Longrightarrow B_pO \tag{7.38}$$

$$qB + \frac{1}{2}S_2 \Longrightarrow B_qS \tag{7.39}$$

假设：①B 的化合物比 A 的化合物更稳定；②氧化物比相应的硫化物更稳定；③氧化物与硫化物不互溶。

当 B 组元浓度太低无法形成保护性 B_pO 膜时，合金的表面将生成由基体 A 中含 B_pO 弥散颗粒的内氧化带。此时合金表面近似于纯金属 A，与混合气氛反应或者形成 A_nO，或者形成 A_nO 与 A_mS 的双相膜。当形成双相膜时，金属－膜界面处于 A－A_nO－A_mS 三相平衡；硫将溶于金属基体穿过内氧化层向内扩散形成内硫化物 B_qS 粒子，在内氧化层的下方形成了含有析出硫化物的第二个内氧化带。由于 B_pO 的稳定性远远高于 B_qS，硫化物不会在内氧化层中析出。随着氧不断向内扩散，它将与内硫化物颗粒反应析出氧化物，释放出的硫则进一步向合金内扩散，见图 7.17。于是，一旦内硫化层形成，在这种串联机制作用下，内硫化层能够不断向合金内部深入，消耗合金的溶质组元 B。

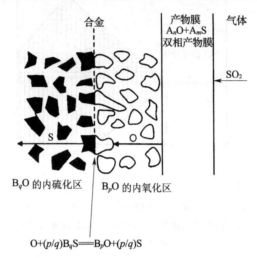

$$O+(p/q)B_qS\!=\!\!=\!B_pO+(p/q)S$$

图 7.17　氧穿过内氧化层与内硫化物反应形成
氧化物，反应释放出的硫向合金内部扩散生成
新的硫化物

当组元 B 的浓度足以形成保护性氧化膜 B_pO 时，由前面的讨论可知，在硫穿透氧化膜之前合金的反应速率较低。当硫穿过最稳定的氧化膜 B_pO 到达金属－膜界面时，界面处低的氧势可能足够低，使得该处的硫势足够高，从而发生 A 或 B 的硫化，或者两者同时硫化。

如果气氛中的氧势低，只能形成 B_pO 不能形成 A_nO，而高硫势足以形成 A_mS，则合金表面可能形成 B_pO 膜。这种膜可以提供短时间的保护，随着时间的延长，硫穿过氧化膜在金属－膜界面形成硫化物。同时，金属组元也可以外扩散在膜－气界面形成硫化物，能否在膜－气界面形成硫化物取决于组元 B 在膜表面的活度值。

A－S－O 和 B－S－O 稳定相图的叠加示于图 7.18。图中忽略了氧化物与硫化物的互溶，但可以清楚地看到表面形成 B_pO 和 A_mS 所需的氧分压和硫分压。

暴露于高温腐蚀性气氛中的合金通常被设计成"耐热合金"，关键问题之一是"复杂"气氛如何改变保护性氧化膜的性质。通常，这类合金依赖于形成氧化铝或氧化铬膜而具有耐蚀性，因此合金中铝和铬浓度要足够高。然而，如果内硫化大量消耗基体中的铝或铬，则合金的耐蚀能力将丧失。

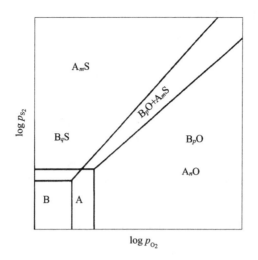

图 7.18 A – S – O 与 B – S – O 稳定相图的叠
加,说明 B_pO 与 A_mS 可同时稳定存在的条件

由于铬和铝的氧化物稳定性高[见式(7.40)和式(7.41)]:

$$\frac{2}{3}Cr + \frac{1}{2}O_2 \Longrightarrow \frac{1}{3}Cr_2O_3 \qquad \Delta G_{40}^{\ominus} = -388\ 477 + 74.02T \quad J \qquad (7.40)$$

$$\frac{2}{3}Al + \frac{1}{2}O_2 \Longrightarrow \frac{1}{3}Al_2O_3 \qquad \Delta G_{41}^{\ominus} = -563\ 146 + 110.56T \quad J \qquad (7.41)$$

金属 – 膜界面的氧分压很低,如式(7.42)所示:

$$p_{O_2} = \frac{1}{a_M^{4/3}}\exp\left(\frac{2\Delta G^{\ominus}}{RT}\right) \qquad\qquad (7.42)$$

例如 1 100 K 时,铬活度等于 0.2 对应的氧分压为 10^{-29} atm,铝活度等于 0.06
对应的氧分压为 10^{-41} atm。金属 – 膜界面处极低的氧势可引发很高的硫势,
但是无法达到平衡分压,因为硫将与另外的合金元素生成硫化物而被消耗掉。
如果 SO_2 通过氧化膜的传输速率慢,则它在到达反应界面后迅速消耗,因此在
初期只有最稳定的硫化物形成。

硫化也可能以内硫化的形式出现而不是在膜 – 金属界面形成完整的硫化物
膜。此时,内硫化将消耗基体中固溶的铬和铝,余下的基体会形成生长速率快
的金属硫化物,如 Fe,Ni,Co 等。

当然,如果 SO_2 不能渗入保护性氧化铬膜或氧化铝膜,则膜 – 金属界面无
硫化物形成。已有研究[9]表明,Ni – 20% (质量分数)Cr,Co – 35% (质量分
数)Cr 和 Fe – 35% (质量分数)Cr 合金在 900 ℃ 纯 SO_2 气氛中未发现硫化物的
形成,作者认为氧化铬具能抗 SO_2 渗透。另一方面,研究了 Fe – Cr – Al,Ni –
Cr – Al,Co – Cr – Al 系合金在 H_2 – H_2S – H_2O 气氛中的反应,发现膜 – 金属

界面形成了氧化铬或氧化铝与 Fe，Ni，Co 硫化物的混合反应产物[9,66]。这种情况下，硫渗入反应初期形成的保护性氧化铬或氧化铝膜，在膜－金属界面形成 Fe，Ni，Co 的硫化物。进而，Fe，Ni，Co 离子能够容易地通过氧化膜外扩散，在保护性氧化膜外表面形成各自的硫化物。最终，初期形成的保护性氧化膜位于基体组元的硫化物层中间，呈三明治结构。

已经证明[40,66-69]，将合金在无硫环境中预氧化后置于含硫气氛中，预氧化膜并不能完全阻止硫的渗透。这种现象在样品的边角处更明显，说明力学因素对于氧化膜的失效具有影响。Xu 等[67]发现，硫渗入保护性氧化膜引发反应加速并最终导致氧化膜的失效。这些机制解释了在高硫势气氛中服役的氧化铬膜形成合金发生退化的原因[70]。

事实上，可透过保护性氧化膜传输的并不仅仅局限于含硫的物质。Zheng 和 Young[43]研究了 Fe－28%（质量分数）Cr，Ni－28%（质量分数）Cr 和 Co－28%（质量分数）Cr 在 900 ℃、CO－CO₂－N₂ 气氛中的反应，结果发现碳和氮渗入了 Cr₂O₃ 膜，他们认为这是气体分子通过氧化膜传输所致。

Khanna 等[71]的研究表明，保护性氧化膜的生长速率也是重要因素。他们将铸造、锻造及单晶的 Ni－Cr－Al 合金样品置于 1 000 ℃ 的空气 +1% SO₂ 气氛中，发现粗晶样品表面保护性氧化膜形成较慢，SO₂ 能够在完整氧化膜形成前与合金组元反应形成硫化物，从而阻止了完整保护性氧化膜的形成。细晶合金具有更多的晶界扩散通道，保护性氧化膜成膜更迅速。实验发现[72,73]，Fe－25%（质量分数）Cr 合金中添加 4%（质量分数）Ti 和 7%（质量分数）Nb 可提高表面氧化铬膜的稳定性，$Cr_2Ti_2O_2$ 和 $Nb_{0.6}Cr_{0.4}O_2$ 的形成阻碍了硫化物的形成，延缓了膜的失效。对于氧化铝膜，也有实验[74]报道了硫渗入氧化铝膜后在膜－金属界面形成内硫化物层。

上面的讨论主要处理了二氧化硫作为第二种氧化剂（氧和硫）源的情况，涉及的热力学和动力学原理同样适用于所有含多种氧化剂的气氛。Zheng 和 Rapp[75]研究了 Fe－Cr 和 Ni－Cr 合金在 800 ℃、H_2－H_2O－HCl 气氛中的腐蚀行为。结果发现，当气氛中 HCl 浓度低而 H_2O 浓度高时，合金可以形成稳定的氧化铬膜，其耐蚀性随铬含量的增加而提高。随着 HCl 浓度的增大，合金的耐蚀性下降，最终表现为挥发失重。

很多含 SO₂ 的工业气氛来自于含硫燃料的燃烧，因此为保证燃烧充分气体中往往含有过量的氧。一些学者研究了金属在 SO_2－O_2 气氛中的反应[9,48,76-78]。这种情况下必须考虑三氧化硫形成的可能性：

$$SO_2(g) + \frac{1}{2}O_2(g) = SO_3(g) \qquad \Delta G_{43}^{\ominus} = -99\,000 + 93.95T \quad \text{J} \quad (7.43)$$

氧促进了 SO_3 的形成，但反应很慢并且需要催化剂[76]。由稳定相图可见，较高的氧活度和较高的三氧化硫活度增加了形成金属硫酸盐的可能性。根据式(7.19)，氧的第二个效应是降低气氛中的硫势。

采用 SO_2 - O_2 气氛时，为使结果具有好的重现性，催化剂几乎是必需的[76]。对于金属 Cu[79] 和 Ni[80]，当气体成分满足硫酸盐形成条件时，即 SO_3 分压超过形成硫酸盐所需的分压时，金属反应速率会突然增大。此时，金属 Ni 与气氛反应形成 NiO 与 Ni_3S_2 的混合物；而 SO_3 分压低于临界值时则只有 NiO 形成。

金属 Ni 在 SO_2 - O_2 气氛中的反应速率是常数，反应控制步骤是 SO_3 在膜表面的吸附[80]，吸附的 SO_3 与 NiO 反应形成 $NiSO_4$。一般认为，这个过程的最后步骤是 $NiSO_4$ 与镍离子和电子反应形成 NiO 和 Ni_3S_2。按此反应机制，其前一步骤形成的化合物立刻被下一步反应消耗，因此上述机制在反应步骤的顺序上尚存在疑问。但 $NiSO_4$ 作为中间产物的假设有利于解释当 SO_3 分压高于形成硫酸盐的临界值时反应速率的增大。但是，这个反应机制依然还不完善。研究发现[81]，Co 在 SO_2 - O_2 气氛中的行为与 Ni 相似。

以上引用的所有研究结果中，最显著的共同点是，开始形成保护性氧化膜，随后第二氧化剂，包括硫、碳、氮或氯，将渗入氧化膜导致保护膜开始失效。唯一需要确定的是孕育期的时间长短。这取决于合金、气氛、温度，尤其是温度循环。当然，尽管预氧化能够延长孕育期，但无法阻止保护膜的失效。

一般认为硫化物的形成对于高温应用总是有害的，一个特例是 Fe - 35% Ni - 20% Cr(质量分数)在 540 ℃ 的煤气化气氛中（合成气）的腐蚀行为。合金用于冷却合成气的热交换器，它的初始温度可达 1 200 ℃。合成气通常是含 H_2O，CO_2，HCl 和 H_2S 等杂质的"还原性"气氛。结果发现[82]，在高硫势、低氧势气氛中，形成了 $FeCr_2S_4$ 膜并发生了内氧化和内硫化。令人惊讶的是，尽管没有形成 Cr_2O_3 膜，但 $FeCr_2S_4$ 膜表现出一定的保护性；而在低硫势气氛中形成外 $Fe(NiCr)S$ 膜时，反应速率更快。这是硫化物膜具有一定保护性的例子。

□ **参考文献**

1. F. S. Pettit, J. A. Goebel, and G. W. Goward, *Corr. Sci.*, **9**(1969), 903.

2. R. A. Perkins and S. J. Vonk. Materials problems in fluidized bed combustion systems, EPRI-FP-1280, Palo Alto CA, Electric Power Research Institute, 1979.

3. A. Rahmel and J. Tobolski, *Werkst. u. Korr.*, **16**(1965), 662.

4. J. Sheasby. W. E. Boggs, and E. T. Turkdogan, *Met. Sci.*, **18**(1984), 127.

5. F. S. Pettit and J. B. Wagner, *Acta met.*, **12**(1964), 35.

6. P. L. Surman, *Corr. Sci.*, **13**(1973), 825.

7. G. B. Gibbs, *Oxid. Met.*, 7(1973), 173.

8. P. C. Rowlands, in *Metal-Slag-Gas Reactions and Processes*, eds. Z. A. Foroulis and W. W. Smeltzer, Toronto, Electrochemical Society, 1975, p. 409.

9. C. S. Giggins and F. S. Pettit, *Oxid. Met.*, 14(1980), 363.

10. F A. Prange, *Corrosion*, 15(1959), 619.

11. F. Eberle and R. D. Wylie, *Corrosion*, 15(1959), 622.

12. W. B. Hoyt and R. H. Caughey, *Corrosion*, 15(1959), 627.

13. P. A. Leftancois and W. B. Hoyt, *Corrosion*, 19(1963), 360.

14. H. Lewis, *Br. Corr. J.*, 3(1968), 166.

15. B. E. Hopkinson and G. R. Copson, *Corrosion*, 16(1960), 608.

16. R. A. Perkins and S. J. Vonk, Corrosion chemistry in low oxygen activity atmospheres. Annual report, EPRI Report FP 1280 Palo Alto, CA, Electric Power Research Institute.

17. R. L. McCarron and. J. W. Shulz, The effects of water vapour on the oxidation behavior of some heat resistant alloys. Proceedings *Symposium on High Temperature Gas-Metal Reactions in Mixed Environments*, New York, AIME, 1973, p. 360.

18. C. W. Tuck, M. Odgers, and K. Sachs, *Corr. Sci.*, 9(1969), 271.

19. I. Kvernes, M. Oliveira, and P. Kofstad, *Corr. Sci.*, 17(1977), 237.

20. M. C. Maris-Sida, G. H. Meier, and F. S. Pettit, *Metall. Mater. Trans.*, 34A(2003), 2609.

21. R. Kremer and W. Auer, *Mater. Corr.*, 48(1997), 35.

22. E. A. Irene, *J, Electrochem. Soc.*, 121(1974), 1613.

23. J. F. Cullinan. 'The oxidation of carbon-carbon composites between 300 ℃ and 900 ℃ in oxygen and oxygen/water vapor atmospheres', M. S. Thesis, University of Pittsburgh, Pittsburgh, PA, 1989.

24. K. Hilpert, D. Das, M. Miller, D. H. Peck, and R. Weiss, *J, Electrochem. Soc.*, 143 (1996), 3642.

25. H. Asteman, J. -E. Svensson, M. Norell, and L. -G. Johansson, *Oxid. Met.*, 54(2000), 11.

26. H. Asteman, J. -E. Svensson, and L. -G. Johansson, *Corr. Sci.*, 44(2002), 2635.

27. H. Asteman, J. -E. Svensson, and L. -G. Johansson, *Oxid. Met.*, 57(2002), 193.

28. J. E. Segerdahl, J. -E. Svensson, and L. -G. Johansson, *Mater. Corr.*, 53(2002), 247.

29. A. J. Sedriks, *Corrosion of Stainless Steel*, 2nd edn, New York, NY, John Wiley and Sons, Inc., 1996.

30. P. Kofstad, in *Microscopy of Oxidation*, eds. M. J. Bennett and G. W. Lorimer, London, The Institute of Metals, 1991, p. 2.

31. R. Janakiraman, G. H. Meier, and F. S. Pettit, *Metall. Mater. Trans.*, 30A(1999), 2905.

32. N. Birks, *High Temperature Gas-Metal Reactions in Mixed Environment*, ed. S. A. Jansson and Z. A. Foroulis, New York, NY, AIME, 1973, p. 322.

33. A. Rahmel and J. A. Gonzales, *Corr. Sci.*, 13(1973), 433.

34. T. Flatley and N. Birks, *J, Iron Steel Inst.*, 209(1971), 523.

35. A. Rahmel, *Werkst. u. Korr.*, **23**(1972), 272.

36. A. Rahmel, *Oxid. Met.*, **9**(1975), 401.

37. A. Holt and P. Kofstad, *Mater. Sci. Eng.*, **A120**(1989), 101.

38. M. R. Wootton and N. Birks, *Corr. Sci.*, **12**(1972), 829.

39. F. Gesmundo, D. J. Young, and S. K. Roy, *High Temp. Mater. Proc.*, **8**(1989), 149.

40. D. J. Young and S. Watson, *Oxid. Met.*, **44**(1995), 239.

41. G. McAdam and D. J. Young, *Oxid. Met.*, **37**(1992), 281.

42. G. McAdam and D. J. Young, *Oxid. Met.*, **37**(1992), 301.

43. X. G. Zheng and D. J. Young, *Oxid. Met.*, **42**(1994), 163.

44. W. J. Quadakkers, A. S. Khanna, H. Schuster, and H. Nickel, *Mater. Sci., Eng.*, **A120** (1989), 117.

45. J. Gilewicz-Wolter, *Oxid. Met.*, **46**(1996), 129.

46. J. Gilewicz-Wolter and Z. Zurek, *Oxid. Met.*, **45**(1996), 469.

47. B. Gillot and M. Radid, *Oxid. Met.*, **33**(1990), 279.

48. K. L. Luthra and W. L. Worrell, *Met. Trans.*, **9A**(1978), 1055.

49. K. L. Luthra and W. L. Worrell, *Met. Trans.*, **A10**(1979), 621.

50. P. Kofstad and G. Akesson, *Oxid. Met.*, **12**(1978), 503.

51. M. Seiersten and P. Kofstad, *Corr. Sci.*, **22**(1982), 487.

52. P. Kofstad, *High Temperature Corrosion*, New York, NY, Elsevier(1988).

53. P. Singh and N. Birks, *Oxid. Met.*, **12**(1978), 23.

54. J. Gilewicz-Wolter, *Oxid. Met.*, **11**(1977), 81.

55. J. Gilewicz-Wolter, *Oxid. Met.*, **29**(1988), 225.

56. J. Gilewicz-Wolter, *Oxid. Met.*, **34**(1990), 151.

57. R. H. Chang, W. Stewart, and J. B. Wagner, Proceedings of the 7th International Conference on Reactivity of Solids, Bristol, July 1972, p. 231.

58. M. C. Pope and N. Birks, *Oxid. Met.*, **12**(1978), 173.

59. M. C. Pope and N. Birks, *Oxid. Met.*, **12**(1978), 191.

60. P. Singh and N. Birks, *Oxid. Met.*, **19**(1983), 37.

61. R. E. Lobnig, H. J. Grabke, H. P. Schmidt, and K. Henessen, *Oxid. Met*, **39**(1993), 353.

62. R. E. Lobnig, H. P. Schmidt, and H. J. Grabke, *Mater. Sci. Eng.*, **A120**(1989), 123.

63. I. Wolf and H. J. Grabke, *Solid State Comm.*, **54**(1985), 5.

64. H. J. Grabke and I. Wolf, *Mater. Sci Eng.*, **87**(1987), 23.

65. I. Wolf, H. J. Grabke, and H. P. Schmidt, *Oxid. Met.*, **29**(1988), 289.

66. W. F. Chu and A. Rahmel, *Rev. High Temp. Mater.*, **4**(1979), 139.

67. H. Xu, M. G. Hocking, and P. S. Sidky, *Oxid. Met.*, **41**(1994), 81.

68. F. H. Stott and M. J. Chang, in *Corrosion Resistant Materials for Coal Conversion Systems*, eds. M. J. Meadowcroft and M. J. Manning, Amsterdam, Elsevier, 1983, p. 491.

69. F. H. Stott, F. M. Chang, and C. A. Sterling, in *High Temperature Corrosion in Energy Systems*,

ed. M. J. Rothman, Warrendale, PA, AIME, 1985, p. 253.

70. R. A. Perkins. 'Corrosion in high temperature gasification environments', Third Annual Conference on Coal Conversion and Utilization, Germantown, MD, DOE, October. 1978.

71. A. S. Khanna, W. J. Quadakkers, X. Yang, and H. Schuster, *Oxid. Met.*, **40**(1993), 275.

72. C. R. Wang, W. Q. Zhang, and R. Z. Zhu, *Oxid. Met.*, **33**(1990), 55.

73. D. J. Baxter and K. Natesan, *Oxid. Met.*, **31**(1989), 305.

74. W. Kai and R. T. Huang, *Oxid. Met.*, **48**(1997), 59.

75. X. Zheng and R. A. Rapp, *Oxid. Met.*, **48**(1997), 527.

76. C. B. Alcock, M. G. Hocking, and S. Zador, *Corr. Sci.*, **9**(1969), 111.

77. M. G. Hocking and V. Vasantasree, *Corr. Sci.*, **16**(1976), 279.

78. K. P. Lillerud, B. Haflan, and P. Kofstad, *Oxid. Met.*, **21**(1984), 119.

79. N. Tattam and N. Birks, *Corr. Sci.*, **10**(1970), 857.

80. B. Haflan and P. Kofstad, *Corr. Sci.*, **23**(1983), 1333.

81. T. Froyland, Masters Thesis, University of Oslo, Norway, 1984.

82. W. T. Bakker, *Oxid. Met.*, **45**(1996), 487.

8

热腐蚀

引言

在实际服役的环境中，尤其是含有矿物燃料的燃烧产物的环境中，合金除了受到反应气体的侵蚀，还会受到金属或合金表面形成的沉积盐（一般为硫酸盐）的侵蚀，这种由沉积盐引起的加速氧化叫做热腐蚀。这种侵蚀可能是灾难性的，其严重性受到多种因素的影响，包括沉积盐的组成和数量、气体成分、温度和温度循环、冲蚀以及合金成分和显微组织[1]。已有很多文献对热腐蚀进行了深入的阐述[1-3]。本章的目的在于向读者介绍热腐蚀发生的机制，将采用实际中经常碰到的与 Na_2SO_4 沉积盐有关的示例进行说明，在结尾会对其他沉积盐的影响进行简单的介绍。

一旦沉积盐在合金表面形成了，它对合金耐腐蚀性的影响程度与它是否熔融、与合金表面的粘附性和浸润性，以及界面平衡条件的状态相关。液态沉积盐的存在往往是严重热腐蚀发生的必要条件，但是也有厚的致密的固态沉积盐引发严重热腐蚀的情况[4]。

在研究和描述热腐蚀时，一个主要问题是热腐蚀过程受到实验方法或者应用场合的影响。例如，如图 8.1 所示，Ni – 8% Cr – 6% Al(质量分数)合金发生

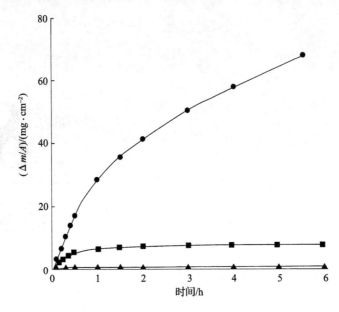

图 8.1　Ni – 8% Cr – 6% Al 样品施加不同量的 Na_2SO_4 后在 1 000 ℃热腐蚀时质量变化随时间的变化。随着沉积盐量的增加，腐蚀程度加重。▲0.5 mg · cm^{-2} Na_2SO_4；●浸在装有 1g Na_2SO_4 的坩埚中；■5 mg · cm^{-2} Na_2SO_4

腐蚀时单位面积的质量变化随时间的变化与 Na_2SO_4 的量有关，但是通过浸盐和涂盐(氧化前在样品表面喷涂 Na_2SO_4 的水溶液制备一薄层盐膜)两种不同方法得到的数据差别更显著。另一个例子见图 8.2，说明气体流速如何影响 Ni – 8% Cr – 6% Al – 6% Mo (质量分数)合金的热腐蚀。热腐蚀成为燃气轮机的一个麻烦问题，这是首先在飞机发动机遇到的。研究发现，在合金表面沉积一层 Na_2SO_4 盐，然后在高温空气中氧化，这样的条件下，合金显微组织发生的退化与实际观察到的情况类似。很多早期热腐蚀研究的实验都是在空气中，或者模拟飞机

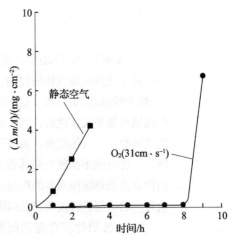

图 8.2　Ni – 8% Cr – 6% Al – 6% Mo 合金在 1 000 ℃静态空气和线性流速 31 cm · s^{-1} 的氧气中恒温热腐蚀时质量随时间的变化

发动机燃烧低硫燃料的情况，在含低的 SO_2 和 SO_3 分压的燃烧器中进行。由于燃气轮机已用于发电，尤其是提供海洋舰船的动力，因此有必要在含有 SO_2 和 SO_3 的气氛中进行测试，以便发生的显微组织退化能够重现在这种场合应用后观察到的情况。本章将试着描述各种热腐蚀过程，并说明实验条件的影响，当然其中一个重要的方面是热腐蚀实验方法的介绍，已有很多不同的实验方法[5-7]。本章的热腐蚀数据一般适用于表面涂覆一薄层 Na_2SO_4（0.5 ~ 5 mg·cm^{-2}）的片状（1 cm × 1 cm × 0.3 cm）样品，在 700 ~ 1 000 ℃ 温度范围内暴露于空气、纯氧或含 SO_2 和 SO_3 的空气中的情形。

热腐蚀的退化过程

合金表面一旦部分地或完全被熔融沉积盐浸润，就具备了发生严重腐蚀的条件。几乎所有易受腐蚀影响的合金的热腐蚀都经历两个阶段：初始孕育阶段，腐蚀速率低，与没有沉积盐的情况相似；加速腐蚀阶段，快速的、有时甚至是灾难性的腐蚀发生。图 8.3 说明了商用合金 IN - 738 的恒温腐蚀过程，图 8.4 给出了一些 M - Cr - Al - Y 涂层合金的循环腐蚀数据。在初始孕育期，合金和沉积盐都发生了变化，使合金倾向于发生快速腐蚀。这些变化包括合金

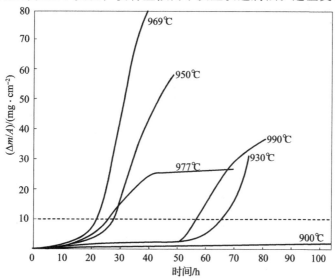

图 8.3　涂覆 1 mg·cm^{-2} Na_2SO_4 的 IN - 738 在 1 atm 的 O_2 中恒温腐蚀时的质量变化随时间的变化。数据包括质量变化较小的初始阶段和质量变化较大的加速阶段。（设定的虚线用来衡量初始阶段的结束时间）

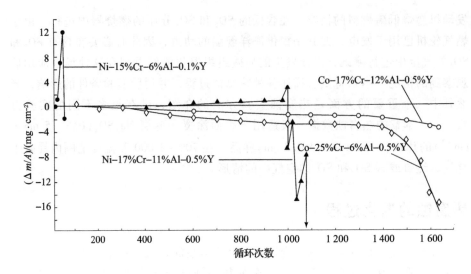

图 8.4　Na$_2$SO$_4$涂覆（每 20 h 涂覆约 1 mg · cm^{-2} Na$_2$SO$_4$）的合金在
空气中循环热腐蚀时（1 h 循环）的质量变化随时间的变化曲线。在
质量突然增加或减少的循环次数下发生了严重的热腐蚀

中能形成保护性氧化膜的组元逐渐贫化，沉积盐中的组分（例如硫）进入到合金中，氧化物溶解到盐中，氧化膜中产生裂纹或通道等。这些变化通常会导致沉积物的组成变得更具腐蚀性。由图 8.3 和图 8.4，初始孕育阶段的长度可以从数秒到上千小时，受很多因素的影响，包括合金成分、合金显微组织、沉积盐的组成、气体成分和流速、温度、热循环次数、沉积盐厚度、沉积盐界面的平衡条件、样品几何形状、是否存在冲蚀等。多数情况下，当液态沉积盐通过氧化膜局部渗透到氧化膜 – 合金界面并在界面扩散时，初始孕育期就结束了。这时，沉积盐到达低氧活度的位置并与贫 Al 和 Cr 的合金①接触，导致腐蚀进入加速腐蚀阶段。根据合金和暴露条件的不同，加速腐蚀以几种方式进行，其特征根据显微组织而定。如图 8.5 飞机和舰船用的燃气轮机所遭受热腐蚀特征的图片，图 8.5（a）是从服役飞机上取下的样品，为渗铝的耐热合金，有明显的硫化物存在［图 8.5（b）］，这种热腐蚀叫做Ⅰ型热腐蚀或高温热腐蚀，硫化物在材料退化过程中起一定作用。图 8.5（c）中，很明显涂层已被穿透，基材被侵蚀，这类热腐蚀叫做合金诱发的自持侵蚀。这两类热腐蚀退化过程的显微组织，都可通过在样品表面涂覆 Na$_2$SO$_4$ 沉积盐并暴露于空气中得以重现。图 8.5（d）所示的在海洋环境服役过程中遭受的热腐蚀叫Ⅱ型热腐蚀或低温热腐

①　本章中考虑的合金为含 Cr 和 Al 的镍或钴基合金，高温下（700 ~ 1 100 ℃）使用的镍基和钴基合金中的铬和/或铝用于形成保护性的 Cr$_2$O$_3$ 或 α – Al$_2$O$_3$ 保护膜。

蚀，这种类型的热腐蚀中，腐蚀产物附近的合金中通常不存在硫化物，但是一些合金，尤其是富镍合金中，也能有大量的硫化物生成[8]；气相中 SO_3 的分压和温度也是决定硫化物能否形成的重要因素，若要形成 II 型退化过程的显微组织，实验的气氛中必须含有 SO_3。

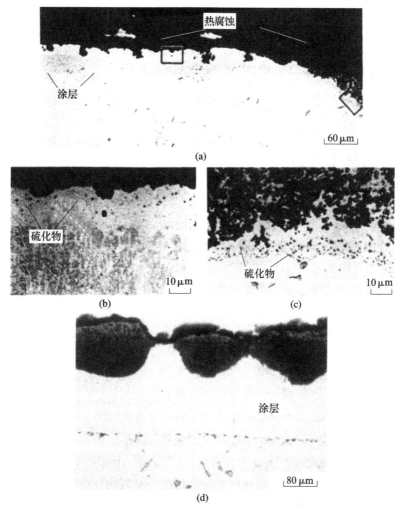

图 8.5　在飞机和舰船上服役的燃气轮机材料热腐蚀过程中形成的显微组织特征。(a)渗铝的镍基高温合金(B－1 900)的高温(飞机)热腐蚀，I 型；(b)和(c)分别为涂层穿透区域的涂层和基材的典型特征；(d)Co－Cr－Al－Y 涂层服役 4 200 h 后的低温(舰船)热腐蚀，II 型

气体的成分、温度和沉积盐的量是热腐蚀过程中三个最重要的参数。对于燃气轮机，其部件上的沉积物是否与气相达到平衡尚不清楚。例如，有数据显示，燃气轮机部件上的沉积物由压气机部件上的沉积物散射而来，而不是燃烧

气体凝聚而成[9]。而且，由于气体通过飞机燃气轮机的时间大约是 10 ms，因此气体本身各组分之间也可能未达到平衡[10]。既然如此，必须考虑发动机中的气体成分是什么，更重要的是考虑气体成分的不同怎样影响热腐蚀过程。以一种含 0.5%（质量分数）硫的液态燃料为例，在 1 400 K（1 127 ℃）、1 100 K（827 ℃）和 700 K（427 ℃）时，其 SO_3 的分压分别为 9.8×10^{-5} atm，3.8×10^{-4} atm 和 7.5×10^{-4} atm[10]。对固定的硫含量，温度升高，SO_3 的分压降低，另一方面，随着温度升高，形成硫酸盐所需的 SO_3 分压也升高，例如，1 000 K（727 ℃）时形成 Na_2SO_4 所需的 SO_3 的平衡分压为 1.4×10^{-24} atm，而 1 300 K（1 027 ℃）时则为 1.3×10^{-15} atm。本章着重介绍燃气轮机的热腐蚀，但是相关处理方法足以拓宽到为所有类型的液态沉积盐导致的加速热腐蚀提供理论依据。

热腐蚀的萌生阶段

在热腐蚀的萌生阶段，电子从金属原子转移到沉积物中的还原性物质中，合金开始氧化。开始还原性物质是来自 Na_2SO_4 和气体环境中的氧，见图 8.6。之后，在沉积盐下面的合金表面形成了反应产物层，其特征与表面没有沉积盐存在时的气体–合金反应得到的产物类似。然而，由于硫也从沉积盐进入到合金中，差别还是有的。由于与合金发生了反应，Na_2SO_4 尤其是紧邻合金的 Na_2SO_4 的成分发生了变化，变化量由合金成分、暴露时间、沉积

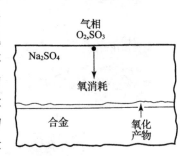

图 8.6　在热腐蚀初始阶段合金耗氧示意图

盐的厚度以及气体成分和流速决定。气体的成分是关键的，O_2 和 SO_2 在 Na_2SO_4 中的溶解度极低[11]，Luthra[12] 曾提出，氧在 Na_2SO_4 中的传输也许是借助 $S_2O_7^{2-} - SO_4^{2-}$ 置换反应。因此在含有氧而不含 SO_3 的气氛中，氧通过 Na_2SO_4 的传输可以忽略。重要的是与原始沉积态相比，沉积物变得更具碱性或更具酸性，如热力学稳定相图 8.7 所示[13]。这些沉积物成分上的变化开始影响腐蚀产物层，使该层破坏，液态沉积盐穿过该产物层与合金接触，退化过程便进入到加速腐蚀阶段。

由图 8.7 可见，在指定温度下，Na_2SO_4（在空气中的熔点为 884 ℃）的成分由氧分压，以及熔盐中 Na_2O 的活度或 SO_3 的分压决定，因为按反应式（8.1）来看：

$$Na_2SO_4 \Longrightarrow SO_3 + Na_2O \tag{8.1}$$

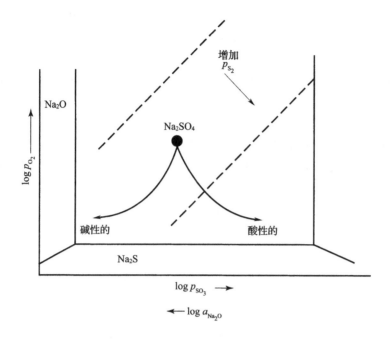

图 8.7 恒温下 Na−O−S 体系热力学稳定相图，标出了
Na$_2$SO$_4$ 相的一些可能的成分变化

在指定温度下，乘积 $a_{Na_2O} \cdot p_{SO_3}$ 等于常数（K_1），可以用这个关系式确定 Na$_2$SO$_4$ 的碱性。当 Na$_2$SO$_4$ 与纯 Na$_2$O 达到平衡时（图 8.7 中的 Na$_2$O − Na$_2$SO$_4$ 边界），a_{Na_2O} 可以取作 1，这样 $(p_{SO_3})_{eq}$ 就确定了。当与熔盐平衡的 SO$_3$ 分压升高超过 $(p_{SO_3})_{eq}$，a_{Na_2O} 将降低，熔盐碱性变弱。在描述热腐蚀的许多反应中，都用到离子这一概念，这是由于这种情况下需要确认生成或消耗了的离子。然而，单个的带电荷的物质的活度是不能测量的，由此对这些反应式使用质量作用定律需小心。例如，对纯 Na$_2$SO$_4$ 可用反应式(8.2)来代替式(8.1)：

$$SO_4^{2-} \Longrightarrow SO_3 + O^{2-} \tag{8.2}$$

该式表明硫酸根离子分解成 SO$_3$ 和氧离子，使用质量作用定律，把硫酸根离子的活度取作 1，可得式(8.3)：

$$P_{SO_3} a_{O^{2-}} = K_2 \tag{8.3}$$

如果假设 $a_{O^{2-}} = a_{Na_2O}$，那么 $K_1 = K_2$，这样 Na$_2$SO$_4$ 的碱性可由氧离子或 Na$_2$O 确定。在本章中将不再使用带电荷的物质的活度。

热腐蚀扩展的模型

热腐蚀扩展的模式受制于熔融盐如何导致反应产物，即氧化物层的保护性丧失的机制。两种可能的热腐蚀扩展的模式是保护性氧化膜的酸性熔融和碱性熔融。当熔盐中的氧离子与氧化物反应生成可溶性物质，则发生碱性熔融；当氧化物通过把它的氧离子赋予熔盐而溶解，则发生酸性熔融。Rapp及其合作者[14-17]以及 Stern 和 Dearnhardt[18]测量很多氧化物在 Na_2SO_4 盐中的溶解度随盐中 Na_2O 活度的变化曲线。Rapp[17]的一些典型曲线见图8.8。由图可见，多数氧化物在熔融 Na_2SO_4 中的溶解度是 Na_2SO_4 中 Na_2O 活度（或 SO_3 分压）的函数，氧化物可发生碱性或酸性反应而溶解。例如，对于 NiO，相应的碱性熔融反应见式(8.4)~式(8.6)，其中假定熔盐中离子为 NiO_2^{2-}：

$$NiO + Na_2O \Longrightarrow 2Na^+ + NiO_2^{2-} \tag{8.4}$$

$$NiO + O^{2-} \Longrightarrow NiO_2^{2-} \tag{8.5}$$

$$NiO + Na_2SO_4 \Longrightarrow 2Na^+ + NiO_2^{2-} + SO_3 \tag{8.6}$$

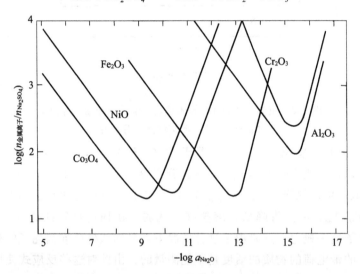

图 8.8　在 927 ℃(1 200 K)、1 atm O_2 下氧化物在熔融 Na_2SO_4 中溶解度的测量值[17]。(此图引自：Y. Zhang 和 R. A. Rapp, Corrosion, 43 (1987),348,经 NACE International 允许复制,© NACE International, 2005)

相应的酸性熔融反应见式(8.7)~式(8.9)，假定 Ni^{2+} 存在于熔盐中：

$$NiO + SO_3 \Longrightarrow Ni^{2+} + SO_4^{2-} \tag{8.7}$$

$$NiO \Longrightarrow Ni^{2+} + O^{2-} \tag{8.8}$$

$$NiO + Na_2SO_4 \Longrightarrow Ni^{2+} + SO_4^{2-} + Na_2O \tag{8.9}$$

NiO 通过接受氧离子（碱性）或付出氧离子（酸性）溶解。在溶解度曲线上有一个最小值，在这一点酸性溶解曲线和碱性溶解曲线相交，这些曲线中，由式(8.4)~式(8.6)决定的斜率等于 1，由式(8.7)~式(8.9)决定的斜率等于

-1。如果在溶解过程中，金属离子改变了价态，例如，$Ni^{2+} \rightarrow Ni^{3+}$，那么溶解反应将与氧分压有关，例如，式(8.10)所示的反应：

$$2NiO + Na_2O + \frac{1}{2}O_2 \Longrightarrow 2Na^+ + 2NiO_2^- \qquad (8.10)$$

对于 NiO_2^{2-}，图 8.8 中溶解曲线的斜率将是 1/2(恒定氧分压下)而不是 1。

在讨论熔融过程时，氧化物在盐膜中的溶解度随深度的变化是至关重要的，Rapp 和 Goto[19] 提出了对于纯金属的连续热腐蚀，盐膜中保护性氧化膜的溶解度梯度(C_{oxide})在氧化膜 – 盐界面处是负的，见式(8.11)：

$$\left(\frac{dC_{oxide}}{dx} \right)_{x=0} < 0 \qquad (8.11)$$

式中，x 是沉积盐的厚度。在这个条件下，氧化物在氧化膜 – 盐界面($x=0$)溶解，并呈非连续状的颗粒在盐中析出($x>0$)，当溶解度梯度为正值时，盐中氧化物饱和，在金属表面将形成保护性氧化物。Shores[20] 对 Rapp 和 Goto 的准则进行了验证，结果表明在某些情况下随暴露时间的延长这一准则并不是无限期地被维系。然而，后面可以看到，即使在短暂的时间内成立，这一准则仍是热腐蚀过程的一个重要部分。实际上，由于在多数情况下，尤其对于燃气轮机，沉积盐的生成是断续的，因此瞬时过程应与实际比较接近。Shores[20] 还研究了金属表面沉积盐的形态，发现多数情况下沉积盐分布于氧化膜的微孔中，表面张力效应对沉积盐的分布起重要作用，在热腐蚀的初始阶段把金属和合金表面的沉积盐假想成连续的膜是合理的，但到了热腐蚀的扩展阶段，盐更倾向于分布在不具保护性的氧化物的微孔中，整个样品表面的腐蚀可能是不均匀的。

除了熔融腐蚀模型，还有其他的腐蚀模型。例如，就像后面将更详细地介绍的，对于由 Na_2SO_4 引起的热腐蚀，大量的硫从 Na_2SO_4 迁移到金属或合金中，对于一些合金来说，这些硫化物的氧化是腐蚀退化过程中的主导因素，因此硫化物的氧化是一种腐蚀机制。在 20 世纪 50 年代晚期和 20 世纪 60 年代早期，很多人认为热腐蚀是硫化反应引起的，Bornstein 和 DeCrescente[21,22] 研究表明热腐蚀可由碱性熔融引起。重要的是要认识到硫化是一种热腐蚀形式，但并不是所有的热腐蚀都是按照硫化模型进行的。

碱性熔融

为了说明碱性熔融过程，以镍在纯氧中的热腐蚀[23]为例进行讨论。图 8.9 比较了涂覆和未涂覆 Na_2SO_4 盐的镍在 1 000 ℃ 腐蚀后质量变化随时间的变化曲线，Na_2SO_4 导致了氧化加速，但腐蚀过程不是自持的，最终腐蚀速率减

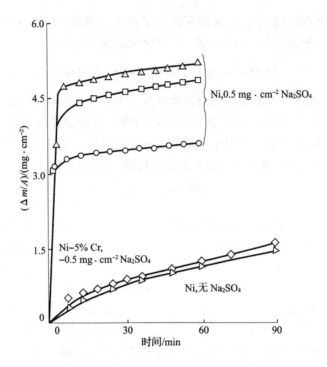

图8.9 涂覆和未涂覆 Na_2SO_4 的纯镍氧化行为对比图。涂
覆 Na_2SO_4 的样品发生了加速氧化(给出了三个独立样品的曲
线),但侵蚀不是自持的,大约 6 min 后涂覆 $0.5\ mg\cdot cm^{-2}$
Na_2SO_4 的样品停止加速氧化。涂覆 $0.5\ mg\cdot cm^{-2}\ Na_2SO_4$ 的
Ni-5%(质量分数)Cr 合金未发生加速氧化

慢,然而腐蚀程度确实随 Na_2SO_4 量的增加而加剧。图 8.10 比较了涂覆和未涂
覆盐的镍表面生成的 NiO 膜的截面形貌,涂覆 Na_2SO_4 盐的镍表面的 NiO 不致
密,不具有保护性。图 8.11 给出了位于图 8.7 所示 1 000 ℃ Na-S-O 相图中
Na_2SO_4 区域的镍的热力学稳定相图,图中标出了 Na_2SO_4 沉积盐的起始成分[1],
可见在这种 Na_2SO_4 盐中 NiO 是稳定的。氧化开始后,由于 NiO 在镍表面生成,

---

① 如前面所讨论的,燃气轮机中的 Na_2SO_4 沉积盐也许没有与气相达到平衡。如果它们与气相达
到平衡,那么 SO_3 的分压将由温度和燃料中的硫含量决定,从而 SO_3 分压可能存在于一个相当宽的范围
内。根据从实际中得到的退化显微组织,图 8.5,假设 SO_3 分压在 $10^{-5} \sim 10^{-3}$ atm 的范围是合理的。实
验室使用的试剂等级的 Na_2SO_4 的平衡氧分压和 SO_3 分压通常是未知的,在 1 000 ℃空气中试剂等级的
Na_2SO_4 通常不与 $\alpha-Al_2O_3$ 坩埚反应,这个反应的 SO_3 平衡分压为 10^{-7} atm。在图 8.11 中,与镍反应之
前,Na_2SO_4 中的氧分压和 SO_3 分压分别取作 1 atm 和 3×10^{-5} atm。本章含有氧和硫的气体的成分将由
氧和 SO_3 的分压表示,这样做是由于与 Na_2SO_4 反应的是 SO_3,而且必要时能通过这两个分压确定其他
物质的分压,例如在恒温下,$p_{S_2}=p_{SO_3}^2/(Kp_{O_2}^3)$;$p_{SO_2}=p_{SO_3}/(K'p_{O_2}^{1/2})$。

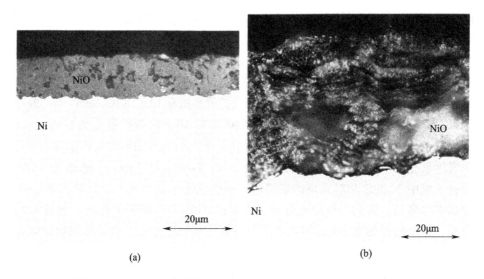

(a)   (b)

图 8.10　镍样品在 1 000 ℃空气中氧化后截面的光学显微照片。(a)未涂覆 Na_2SO_4 时氧化 3 h 后形成了致密的 NiO 层；(b)涂覆 0.5 mg·cm^{-2} Na_2SO_4 的样品氧化 1 min 后形成了疏松多孔的 NiO 层

气相中的氧不能足够快地通过 Na_2SO_4，Na_2SO_4 中氧势降低，尤其是当气相中没有 SO_3 时更是如此。由图 8.11 中硫的等压线可见，Na_2SO_4 中氧势降低，硫势相应提高，最终达到能形成镍的硫化物的硫势值。观察图 8.11 可见，镍的硫化物可按两种机制形成。当硫分压高于 $10^{-7.1}$ atm，但低于 NiO – NiS 平衡时

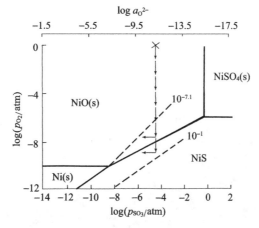

图 8.11　1 000 ℃时图 8.7 中 Na_2SO_4 区域镍稳定相的稳定相图。虚线为硫的等压线，箭头表示由于氧和硫的消耗 Na_2SO_4 的成分如何变化，'X' 指 Na_2SO_4 的起始成分

的分压时，NiO 是稳定的，在氧势低于 Ni – NiO 平衡时的氧势时，镍的硫化物是稳定的。因此，假如 Na_2SO_4 中的硫能穿过 NiO 层，在 Ni – NiO 界面可形成镍的硫化物。虽然硫传输的本质特征还没有确定，但 900 ℃ 时 10 s 内就观察到了硫化物的事实说明硫的传输不是借助于通过 NiO 中的体扩散。Wagner 及其合作者[24]发现根据氧分压的不同 S 在 NiO 中的扩散系数在 $10^{-14} \sim 10^{-12} cm^2 \cdot s^{-1}$ 的数量级，如果选择 $10^{-13} cm^2 \cdot s^{-1}$，硫在 900 ℃ 时 10 s 内的扩散距离在 $10^{-6} \mu m$ 的数量级，小于初始 NiO 膜的厚度。因此，很显然，可能的传输机制为 SO_2 分子通过氧化膜中的微孔等缺陷渗透传输，如 Wootton 和 Birks[25] 研究 Ar – SO_2 混合气氛中 Ni 的氧化时发现的那样。镍的硫化物形成的另一个机制为 Na_2SO_4 中的氧势降低，直到其中的硫势等于或超过 NiO – NiS 的平衡硫势，如图 8.11 所示，前面提到的含 SO_2 的裂纹中能产生如此高的硫分压。为了证明镍的硫化物能在 NiO 膜下面形成，而且这种结果能通过使用 Na_2SO_4 盐来实现，进行了一个实验[23]，即将镍放入一个存有 Na_2SO_4 并置于 1 000 ℃ 的抽空石英管中，但镍不与 Na_2SO_4 接触，结果发现镍的硫化物在 NiO 的下面生成，如图 8.12(a) 所示。然而若将 0.9 atm 的氧气充入石英管中再进行同样的实验，则没有硫化物生成，如图 8.12(b) 所示。

从 Na_2SO_4 沉积盐中除去氧和硫对于涂有 Na_2SO_4 沉积盐的镍在空气中氧化的净效应在于提高了 Na_2SO_4 中氧离子浓度，或者 Na_2O 的活度，如式(8.12)和式(8.13)所示的平衡反应所示：

$$SO_4^{2-} = O^{2-}(Na_2SO_4 \text{ 中}) + \frac{3}{2}O_2(\text{用于形成 NiO}) + \frac{1}{2}S_2(\text{用于形成 NiS})$$

$$(8.12)$$

$$Na_2SO_4 = Na_2O(Na_2SO_4 \text{ 中}) + \frac{3}{2}O_2(\text{用于形成 NiO}) + \frac{1}{2}S_2(\text{用于形成 NiS})$$

$$(8.13)$$

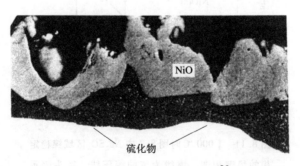

(a)

Ni

(b)

图 8.12　镍样品在装有 Na$_2$SO$_4$（盛在 Al$_2$O$_3$坩埚中）的密闭石
英管中 1 000 ℃加热 24 h 后的光学显微照片，镍样品不与
Na$_2$SO$_4$接触。(a)石英管抽真空并密封。金属表面连续致密
的 NiO 层下面形成了镍的硫化物层（箭头），用 NaNO$_3$对镍的
硫化物进行了电化学抛光；(b)石英管再充入氧，使
1 000 ℃时压力达到 0.9 atm。形成了致密的 NiO 层，未观察
到硫化物形成

示意图见图 8.11。氧化反应开始时，一些 NiO 在镍表面生成，如图 8.13(a)所
示，参与这个反应的氧来自镍附近的 Na$_2$SO$_4$盐中，它使 Na$_2$SO$_4$盐中的硫势增
加，而来自 Na$_2$SO$_4$的硫穿过 NiO 并在它下面形成 NiS，硫酸盐中的氧离子活度增
加到开始与 NiO 反应的水平，生成镍酸根离子 NiO$_2^{2-}$，见式(8.4)～式(8.6)，
或生成 NiO$_2^-$，见式(8.10)。氧离子活度的增加仅限于镍附近的 Na$_2$SO$_4$中，当
NiO$_2^{2-}$ 离子扩散离开 Ni 表面，就分解为 NiO 颗粒和 O^{2-}，见图 8.13(b)。满足
Rapp-Goto 准则的条件。生成的 NiO 颗粒不具保护性，初期形成的保护性 NiO
膜遭到破坏。当镍附近的 Na$_2$SO$_4$中的氧势达到某稳态值时，见图 8.11，氧
离子的产生将引起硫势降低，最终达到不再与镍反应的水平。这时，Na$_2$SO$_4$
中的氧离子浓度开始稳定在比原始沉积的 Na$_2$SO$_4$盐中的氧离子浓度高的某
一数值，不再满足 Rapp-Goto 准则，Na$_2$SO$_4$中 NiO 达到饱和，位于图 8.8 中
NiO 溶解度曲线的碱性区的某一点。随着氧化反应的进行，保护性的 NiO 膜
形成，热腐蚀终止，如图 8.13(c)和图 8.14 所示。这类热腐蚀不是自持的。
这里强调一下这种类型的热腐蚀在不含 SO$_3$的气氛中比较普遍，当然如果气
氛中含有 SO$_3$，但分压低于 10^{-3} atm，或者沉积盐 - 气体界面未达到平衡时
也会发生此类热腐蚀。

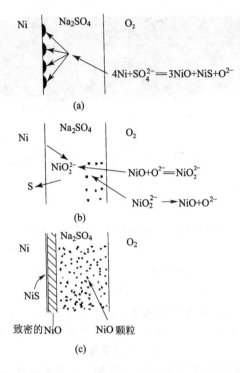

图 8.13 Na$_2$SO$_4$导致的镍的加速氧化模型。(a)由于 NiO 的形成在 Na$_2$SO$_4$层中产生了氧的活度梯度;(b)硫进入金属中生成镍的硫化物,氧离子与 NiO 反应形成镍酸盐离子,镍酸盐离子向 Na$_2$SO$_4$ - 气相界面扩散,分解为 NiO 颗粒和氧离子。金属表面的 NiO 不稳定,在远离金属表面的位置形成了不具保护性的 NiO 膜,加速氧化发生了;(c)硫不再进入合金中,氧离子不再产生,Na$_2$SO$_4$中镍达到饱和,在金属表面形成了连续的 NiO 层,不再发生加速氧化

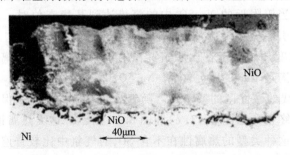

图 8.14 涂覆 0.5 mg·cm^{-2} Na$_2$SO$_4$的镍样品在 1 000 ℃、1 atm O$_2$ 中氧化 20 h 后截面的光学显微照片。氧化膜为 NiO,由疏松层和致密层组成,加速氧化阶段结束后疏松层下面形成了致密层

Otsuka 和 Rapp[26]研究了镍在 900 ℃ 的 $O_2 - 0.1\%$ SO_2 ($p_{SO_3} = 3 \times 10^{-4}$ atm) 中的热腐蚀。他们设计了一种电位测量装置，在一薄层 Na_2SO_4 沉积盐引起的镍的热腐蚀情况下能够同时测定基材 – Na_2SO_4 界面的碱度和氧分压。实验结果作为时间的函数绘于 $Ni - Na - S - O$ 稳定相图中，见图 8.15。图中虚线表示 NiO 溶解度的极小值（由 p_{O_2} 决定），虚线左侧为碱性溶解，右侧为酸性溶解。热腐蚀开始于碱度较大且氧分压远低于周围气相中氧分压的点，这说明即使当气相中存在 SO_3 时，基材 – Na_2SO_4 之间的反应也比Na_2SO_4 – 气相之间的反应占优势。这些结果为硫化和碱性熔融相结合的机制提供了定量的依据。当 Na_2SO_4 涂覆的镍样品在 900 ℃ 的 $O_2 - 4\%$ SO_2 ($p_{SO_3} = 1.2 \times 10^{-2}$ atm) 混合气氛中氧化时，热腐蚀行为与氧气中或气氛中 SO_3 分压低于约 10^{-3} atm 时明显不同，Na_2SO_4 没有明显地变成碱性，腐蚀产物中存在大量镍的硫化物[27]。后面将讨论这种类型的热腐蚀。

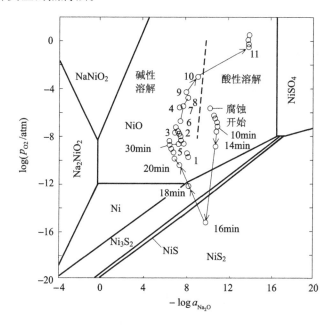

图 8.15 预氧化的 99% Ni 片涂覆 Na_2SO_4 盐膜后在 1 173K O_2 – 0.1%（摩尔分数）SO_2 气氛中腐蚀时碱度和氧活度的测量迹线图。 NiO 稳定区中间的虚线指 NiO 溶解度的极小值；除了标明的以外，图中标示反应时间的数字单位为 h[26]（此图引自：N. Otsuka 和 R. A. Rapp，*J. Electrochem. Soc.*，137(1 990)，46，经 The Electrochemical Society，Inc. 允许复制）

合金的碱性熔融热腐蚀非常依赖于合金成分、沉积盐的量以及氧化条件，例如是恒温还是循环氧化等。涂覆 0.5 mg·cm^{-2} Na$_2$SO$_4$ 盐的 Ni – 5%（质量分数）Cr 合金于 1 000 ℃ 恒温氧化时未遭受热腐蚀侵蚀，如图 8.9 所示。氧化初期发现 Na$_2$SO$_4$ 中含有水溶性的铬，表明生成了铬酸盐离子。氧化后样品的截面形貌见图 8.16，该图显示在含有少量 CrS 颗粒的 Cr$_2$O$_3$ 层上面形成了较致密的 NiO 层，很明显一些 Cr$_2$O$_3$ 与 Na$_2$SO$_4$ 反应生成了铬酸盐离子，因此，Na$_2$SO$_4$ 熔盐的碱度不可能增大到导致镍酸盐离子的生成。可能的反应如式（8.14）所示：

$$Cr_2O_3 + 2O^{2-} + \frac{3}{2}O_2 =\!=\!= 2CrO_4^{2-} \tag{8.14}$$

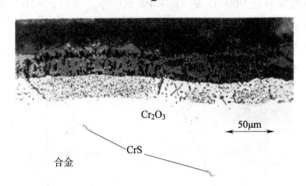

Cr_2O_3

50μm

CrS

合金

图 8.16　涂覆 0.5 mg·cm^{-2} Na$_2$SO$_4$ 的 Ni – 5%（质量分数）Cr 合金在 1 000 ℃，1 atm O$_2$ 中氧化 20 h 后截面的光学显微照片。合金表面形成了致密的保护性的 NiO 膜，膜下主要为含少量 CrS 的 Cr$_2$O$_3$

这里应当注意的是，CrS 的生成阻止了 NiS 的生成。此外，由于 Cr$_2$O$_3$ 在 Na$_2$SO$_4$ 中的溶解度随氧分压的增加而增大[28]。其结果，就如 Rapp[29] 所料的，盐中溶解的铬酸盐将倾向于沉淀析出回到正减薄的金属表面上（例如，NiO 膜的裂纹和微孔中），从而保持了氧化膜的连续性。当沉积盐的量增加，或者在循环氧化条件下，就会发生严重的热腐蚀。例如，图 8.4 中给出几种 Ni – Cr – Al – Y 和 Co – Cr – Al – Y 合金循环氧化的数据，在表面涂覆 0.5 mg·cm^{-2} Na$_2$SO$_4$ 盐的恒温条件下这些都是耐热腐蚀侵蚀的，而在每 20 h 涂覆一次 Na$_2$SO$_4$ 盐的循环氧化条件下则以碱性熔融和硫化机制发生热腐蚀。

对于某些 Ni – Cr – Al 合金，也观察到了类似的碱性熔融热腐蚀，该过程不仅涉及 NiO，还涉及 Cr$_2$O$_3$ 和 Al$_2$O$_3$。热腐蚀过程依赖于合金成分和 Na$_2$SO$_4$ 盐的量。Ni – 8% Cr – 6% Al（质量分数）合金表面涂覆 5 mg·cm^{-2} Na$_2$SO$_4$ 盐或浸入 Na$_2$SO$_4$ 盐（图 8.1）中，在 1 000 ℃ 空气中恒温条件下氧化时发生了碱性熔融热腐蚀，但是 Ni – 15% Cr – 6% Al（质量分数）合金却未发生热腐蚀，如图 8.17 所示。很明显高铬含量抑制了热腐蚀。Ni – 8% Cr – 6% Al（质量分数）样品 1 000 ℃[①]时浸在 Na₂SO₄ 盐中腐蚀 10 min 后显微组织见图 8.18，Na₂SO₄ 渗入合金后优先消耗铬和铝，由于 Na₂SO₄ 层很厚，因此几乎没有来

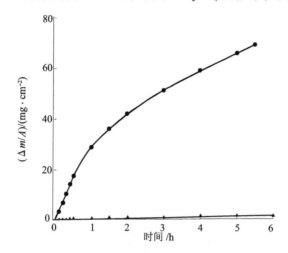

图 8.17　质量变化随时间的变化，表明 Ni-Cr-Al 合金中铬含量的增加使热腐蚀的初始阶段延长了［●Ni – 8% Cr – 6% Al（质量分数），▲Ni – 15% Cr – 6% Al（质量分数）］，热腐蚀条件为样品浸在装有 1 g Na₂SO₄ 的坩埚中
在 1 000 ℃ 静态空气中恒温氧化

自气相的氧供给，而且由于与铬和铝的反应，氧分压降低到令镍不能发生氧化的水平，因此样品的表面生成了镍的硫化物颗粒，如图 8.18（a）和图 8.18（b）所示。反应产物层中的硫酸根离子提供氧使铝和铬氧化，提供硫形成镍的硫化物，因而，氧离子浓度提高到 Cr₂O₃ 和 Al₂O₃ 能与之反应的水平，如式（8.14）和式（8.15）：

$$Al_2O_3 + O^{2-} \Longrightarrow 2AlO_2^- \qquad (8.15)$$

依赖于 Na₂SO₄ 的量，铬酸盐和铝酸盐离子通过盐膜迁移到盐 – 气界面附近高氧势但低氧离子活度的位置，按式（8.14）和式（8.15）的逆反应析出 Cr₂O₃ 和 Al₂O₃ 并释放出氧化物离子。对于镍来说，熔融盐中氧化物离子浓度稳定在比原始沉积盐中的浓度高的某个值，熔盐整体被 Cr₂O₃ 和 Al₂O₃ 所饱和，与这两种氧化物的溶解度曲线图 8.8 一致；而负的溶解度梯度消失。这是在初始阶段 Rapp-Goto 准则虽然得以满足，但热腐蚀侵蚀随后缓解的又一例证。如图 8.19

---

① 原文为 900 ℃，疑有误。——译者注

所示的表面涂覆 5 mg·cm^{-2} Na$_2$SO$_4$盐的 Ni – 8% Cr – 6% Al(质量分数)合金热腐蚀的情况，表明如果不添加沉积盐，反应就不会自持，合金表面生成保护性的氧化膜。此时，已生成的硫化镍转化成 NiO，释放出硫，在紧挨氧化膜下面的合金中形成硫化铬。

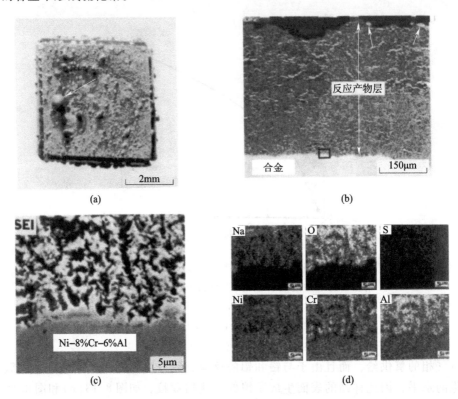

图 8.18　浸在 1 g Na$_2$SO$_4$熔盐中的 Ni – 8% Cr – 6% Al(质量分数)样品在
1 000 ℃空气中暴露 10 min 后的宏观(a)和显微组织特征(b)和(c)；(a)
和(b)光学显微照片，(c)扫描电镜照片。这些是按碱性熔融模式进行的
热腐蚀的典型特征。镍的硫化物可见于反应产物层的外部，如(a)和(b)
中箭头所指。X 射线元素分布图(d)表明邻近合金的反应产物层(c)由条
状镍和富含铝和铬的 Na$_2$SO$_4$组成

　　上面描述的碱性熔融有几种明显特征。首先，由于硫从 Na$_2$SO$_4$中释放出来，在合金基体或腐蚀产物中经常发现金属硫化物。另外，侵蚀程度依赖于盐中生成氧化物离子的多寡；熔盐中的氧化物离子浓度最终将达到一个比原始盐中的浓度高的稳定值，而熔盐也终将被碱性熔融过程中沉淀析出的一种或多种氧化物所饱和。Rapp-Goto 准则在开始阶段得以满足，但长时间暴露后则否。最后，这类热腐蚀的发生通常局限于高温(900 ℃以上,1 170 K)且气相中不含

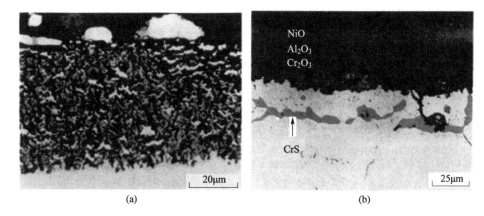

(a)   (b)

图 8.19 涂覆 5 mg·cm⁻² Na₂SO₄ 的 Ni – 8% Cr – 6% Al 样品在 1 000 ℃空气中暴露后的
显微组织照片，（a）2 min，（b）1 h。可见腐蚀 2 min 后退化机制为碱性熔融，但是暴露
1 h 后由于 Na₂SO₄ 的消耗，加速腐蚀停止，显微组织不再呈现碱性熔融的特征（b）

有显量酸性组分（例如，$p_{SO_3} < 10^{-3}$ atm），或即令含有显量的酸性组分但沉积盐
与气相没达到平衡的条件下。这是所谓 Ⅰ 型热腐蚀的一种形式。

酸性熔融

酸性熔融可进一步分为合金诱发的酸性熔融和气相诱发的酸性熔融两类。
前者熔盐的酸性源于合金中物质的溶入，它们与 Na₂O 或 O²⁻ 发生强烈反应；
后者则源于与气相之间的反应。

合金诱发的酸性熔融

在合金诱发的酸性熔融过程中，合金中钼、钨或钒等元素的氧化物进入沉
积盐中，使沉积盐变为酸性。钼的典型反应见式（8.16）~式（8.20）：

$$Mo + \frac{3}{2}O_2 =\!\!= MoO_3 \tag{8.16}$$

$$MoO_3 + Na_2SO_4 =\!\!= Na_2MoO_4 + SO_3 \tag{8.17}$$

$$Al_2O_3 + 3MoO_3(Na_2SO_4 \text{ 中}) =\!\!= 2Al^{3+} + 3MoO_4^{2-} \tag{8.18}$$

$$Cr_2O_3 + 3MoO_3(Na_2SO_4 \text{ 中}) =\!\!= 2Cr^{3+} + 3MoO_4^{2-} \tag{8.19}$$

$$3NiO + 3MoO_3 \ (Na_2SO_4 \text{ 中}) =\!\!= 3Ni^{2+} + 3MoO_4^{2-} \tag{8.20}$$

Al₂O₃，Cr₂O₃ 和 NiO 在 MoO₃ 活度高的熔盐区域溶解，而在 MoO₃ 活度低的位置
析出，例如邻近气相的熔盐中 MoO₃ 向气相中挥发损失的区域。Misra[30,31] 得到
的结果显示，合金诱发的酸性熔融受到气体成分的影响，由图 8.20 可见，
U – 700［Ni – 14.8% Cr – 17.5% Co – 4.4% Al – 2.95% Ti – 5.03% Mo（质量

分数）] 在 SO_2 含量为 0.24% 及以下的 $O_2 - SO_2$ 混合气氛中发生了灾难性的腐蚀，而在 SO_2 含量为 1% 或 2% 的混合气氛中没有发生灾难性的腐蚀。当 SO_3 的分压提高（$SO_2 + \dfrac{1}{2}O_2 \Longrightarrow SO_3$）时，$MoO_3$ 与 Na_2SO_4 按式（8.17）的化合明显受到限制，但侵蚀程度仍比包含有硫化－氧化的简单氧化过程更严重，这将在后面进行讨论。

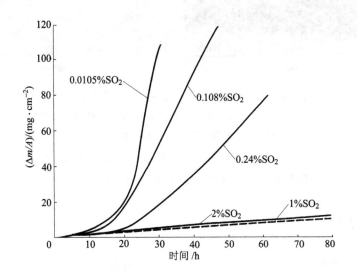

图 8.20　$O_2 - SO_2$ 混合气体对涂覆 0.7 mg·cm^{-2} Na_2SO_4 的 U-700 合金 950 ℃ 腐蚀动力学的影响。随着 SO_2 浓度的增加，p_{SO_3} 增加[30]（此图引自：A. K. Mishra, *J. Electrochem. Soc.*, 133 (1986), 1 038, 经 The Electrochemical Society, Inc. 允许复制）

Misra[30,31] 和 Fryburg 等[32] 研究了 B - 1 900 [Ni - 8% Cr - 6% Al - 6% Mo - 10% Co - 1.0% Ti - 4.3% Ta - 0.11% C - 0.15% B - 0.072% Zr（质量分数）] 的热腐蚀，强调指出，为了使 U - 700 或 B - 1 900 发生灾难性的热腐蚀，Na_2SO_4 沉积盐必须转化成 Na_2MoO_4 - MoO_3 熔盐。比 Na_2SO_4 更复杂的熔盐将在后面进行详细讨论。当 MoO_3 与 Na_2SO_4 反应时，见式（8.17），必须考虑式（8.21）和式（8.22）所示的平衡条件，这里假设 $Na_2SO_4 - Na_2MoO_4$ 为理想溶体。

$$K_{17} = \frac{N_{Na_2MoO_4} p_{SO_3}}{N_{Na_2SO_4} a_{MoO_3}} \qquad (8.21)$$

$$a_{MoO_3} = \frac{(1 - N_{Na_2SO_4})}{N_{Na_2SO_4} K_{17}} P_{SO_3} \qquad (8.22)$$

在这两个式子中，K_{17} 在恒定温度下为常数，$N_{Na_2SO_4}$ 和 $N_{Na_2MoO_4}$ 是摩尔分数，a_{MoO_3} 为 MoO_3 在 Na_2SO_4 – Na_2MoO_4 溶体中的活度，p_{SO_3} 是溶体的 SO_3 分压。注意熔盐中的碱性组分为 Na_2O，但有 SO_3 和 MoO_3 两种酸性组分，而且各种氧化物的溶解度受这些酸性组分的影响。例如，考虑 Na_2SO_4 – Na_2MoO_4 溶体中的酸性反应，在碱性组分（Na_2O）为给定值时，指定氧化物的溶解度（例如 α-Al_2O_3）由它与 SO_3 的反应决定，见式（8.23）：

$$Al_2O_3 + 3SO_3 \Longrightarrow 2Al^{3+} + 3SO_4^{2-} \tag{8.23}$$

或者由它与 MoO_3 的反应决定，见式（8.18），取决于哪个更多一些。溶解的氧化物的量由 a_{MoO_3} 和 p_{SO_3} 决定，这两个值由式（8.22）关联。式（8.22）表明 a_{MoO_3} 值受溶体混合物成分的影响，尤其当 SO_3 分压为给定值时，$N_{Na_2SO_4}$ 减小时 a_{MoO_3} 增大，这些论断与 Misra 和 Fryburg 等得到的结果一致，显然要通过 MoO_3 诱发熔融，$N_{Na_2SO_4}$ 必须趋近于零而 a_{MoO_3} 趋近于 1。当 SO_3 分压增加时，按式（8.22）a_{MoO_3} 应增加，但是 Na_2SO_4 的量肯定也是增加的，因而实际上 a_{MoO_3} 降低了，因此如图 8.20 所示，热腐蚀将减弱。

表面涂覆 Na_2SO_4 盐的 B – 1 900 在氧气中的氧化是合金诱发酸性熔融的非常好的范例。Fryburg 等[32]研究了 B – 1 900 热腐蚀的初始阶段，部分结果如图 8.21 所示。表面涂覆 Na_2SO_4 盐（3 mg · cm⁻²）显著提高了氧化速率，见图 8.21（a）。（合金的纯氧化速率非常低，在图 8.21 的坐标范围内观察不到）。Fryburg 等测量了经过不同时间的热腐蚀后盐中放出 SO_2 的量 [图 8.21（b）] 以及盐中水溶性物质的量 [图 8.21（c）]，结果显示腐蚀初期形成了 Cr_2O_3，Al_2O_3 和 MoO_3，Cr_2O_3 和 MoO_3 与 Na_2SO_4 反应生成 Na_2CrO_4 和 Na_2MoO_4，放出三氧化硫，但三氧化硫分解为二氧化硫和氧气。硫还反应生成镍的硫化物，因此氧化物离子活度增加，Al_2O_3 溶解形成 $NaAlO_2$，见式（8.13）和式（8.15）。Al_2O_3 的碱性熔融引起加速氧化，使腐蚀初期氧化速率增加，见图 8.21（a）。这个熔融过程还使镍的硫化物氧化，放出 SO_2，如腐蚀 10 h 后观察到的那样，见图 8.21（b），这种加速氧化还引起沉积盐中的 MoO_3 增加，使此时具有较低 SO_4^{2-} 离子浓度的盐变为酸性，因此靠近合金的铝、铬、镍的氧化物按式（8.18）~ 式（8.20）溶解，在气相界面附近由于 MoO_3 的挥发而造成 MoO_3 活度较低的位置重新析出。B – 1 900 的热腐蚀不仅是合金诱发酸性熔融的一个好的范例，而且表明了热腐蚀的扩展模式之间是先后关联的。在这种情况下，在酸性熔融之前发生了伴有硫化物形成的碱性熔融，而且酸性熔融是自持的和灾难性的。

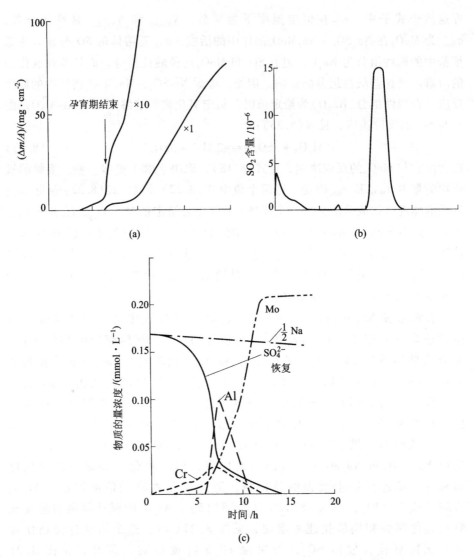

(a)

(b)

(c)

图 8.21　预氧化的 B-1 900 涂覆 3 mg·cm^{-2} Na$_2$SO$_4$后在 900 ℃空气中
进行测试(样品表面积＝8 cm^{2}①)。(a)典型的质量变化曲线(用两个比例
因数表示),(b)释放出的 SO$_2$(g)浓度随时间的变化,(c)腐蚀不同时间
后检测到的水溶性物质的量(此图引自:G. C. Fryburg, F. J. Kohl,C. A.
Stearns 和 W. L. Fielder,*J. Electrochem. Soc.*, 129(1982),571,经 The
Electrochemical Society,Inc. 允许复制)

　　图 8.22 比较了 Cr, Al, Mo 的含量与 B-1 900 相同的两种合金, Ni-

---

① 原文为 8 cm^{-2},疑有误。——译者注

8% Cr - 6% Al(质量分数)和 Ni - 8% Cr - 6% Al - 6% Mo(质量分数)在空气中热腐蚀的质量变化与时间的关系曲线。就像前面讨论的那样，Ni - 8% Cr - 6% Al(质量分数)合金的热腐蚀机制为非自持的碱性熔融，如图 8.22 所示。由表 8.1 可见，由于合金中硫化物的生成，消耗了硫酸根离子，并产生氧化物离子，后者与铬和铝反应，在溶体中生成铬酸盐和铝酸盐离子。当合金中有 Mo 时，碱性熔融虽被延迟，但最后还是发生了，接着又发生了自持的酸性熔融，见图 8.22。合金上面形成了厚且分层的富 MoO_3 的腐蚀产物，如图 8.23(a)和(c)所示，酸性熔融在该富 MoO_3 的区域发生，与 Rapp-Goto 准则一致，由于 MoO_3 的挥发，MoO_3 的活度随着氧化膜厚度的增加而减小，造成了负的溶解度梯度。

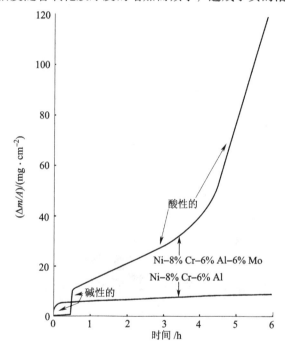

图 8.22　Na_2SO_4 涂覆的 Ni - 8% Cr - 6% Al(质量分数)和 Ni - 8% Cr - 6% Al - 6% Mo(质量分数)恒温热腐蚀对比。两种合金都发生了碱性熔融，Ni - 8% Cr - 6% Al - 6% Mo(质量分数)最终发生了合金诱发的酸性熔融

表 8.1　涂覆 Na_2SO_4 沉积盐的 Ni - 8% Cr - 6% Al 样品在 1000 ℃空气中暴露不同时间后的洗涤水分析

时间/min	pH*	残留量/%		Cr 含量/μg	Al 含量/μg	Ni 含量/μg
		Na	SO_4^{2-}			
1	6.4	100	100	< 20	40	<5
2	7.9	100	71	50	260	<5

时间/min	pH*	残留量/%		Cr 含量/μg	Al 含量/μg	Ni 含量/μg
		Na	SO$_4^{2-}$			
10	8.1	74	29	420	260	<5
30	8.0	72	19	1 310	200	<5

* 使用之前水的 pH 为 5.4。

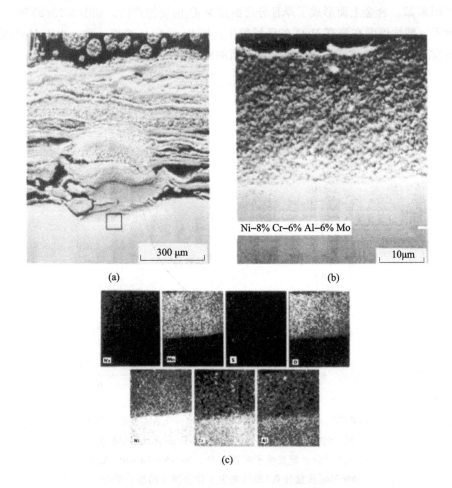

(a)   (b)

(c)

图 8.23　(a)Na$_2$SO$_4$涂覆的 Ni – 8% Cr – 6% Al – 6% Mo(质量分数)在 1 000 ℃暴露于流动氧气中形成的腐蚀产物的 SEM 照片；(b)为(a)中标示区域的放大照片，给出了膜 – 合金界面的形貌；(c)为(b)所示区域的 X 射线元素分布图

气相诱发的酸性熔融

对于气相诱发的酸性熔融，酸性组分按照式(8.24)和式(8.25)所示的反应由气相进入沉积盐中：

$$SO_3 + O^{2-} \Longrightarrow SO_4^{2-} \qquad (8.24)$$

$$SO_3 + SO_4^{2-} \Longrightarrow S_2O_7^{2-} \qquad (8.25)$$

SO_3 的作用如图 8.24 所示，该图比较了 700 ℃时 Co - Cr - Al - Y 合金在纯氧和 SO_3 分压为 10^{-4} atm 的氧气中的热腐蚀。700 ℃时 Na_2SO_4 是固态的，但是在 SO_3 存在的条件下，形成了熔点低于 700 ℃的 Na_2SO_4 - $CoSO_4$ 溶体[33]，见图 8.25(a)。即令合金表面涂覆有在 700 ℃氧气中呈液态的 Na_2SO_4 - $MgSO_4$ 混合盐时，见图 8.25(b)，合金所遭受的热腐蚀也没有气相中含有 SO_3 时严重。沉积盐中的传输过程受到 SO_3 的影响。这类热腐蚀在 700 ℃时比在 1 000 ℃时更严重，如图 8.26 所示，当这两个温度下 SO_3 的分压相同时，700 ℃时 Co - Cr - Al - Y 合金的腐蚀比 1 000 ℃时严重；SO_3 分压降低，腐蚀程度下降。

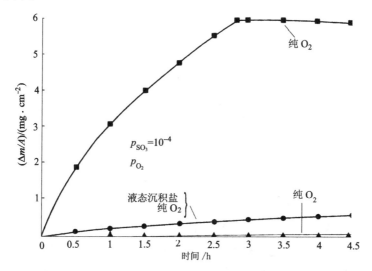

图 8.24　施加 Co - Cr - Al - Y 涂层的 IN - 792 在 700 ℃恒温热腐蚀时质量变化随时间的变化。热腐蚀由 Na_2SO_4 沉积盐(约 1 mg · cm^{-2})引起，其中一个实验使用了在实验温度下为液态的 Na_2SO_4 - 40%(摩尔分数)$MgSO_4$ 沉积盐。除了在一个实验中使 SO_2 - O_2 气体混合物通过铂催化剂以便在最初的 2.9 h 得到 10^{-4} atm 的 SO_3 分压，其他情况下气氛为流动的氧气

因为对不同的金属与合金的影响各异，所以很难对气相诱发的酸性熔融给

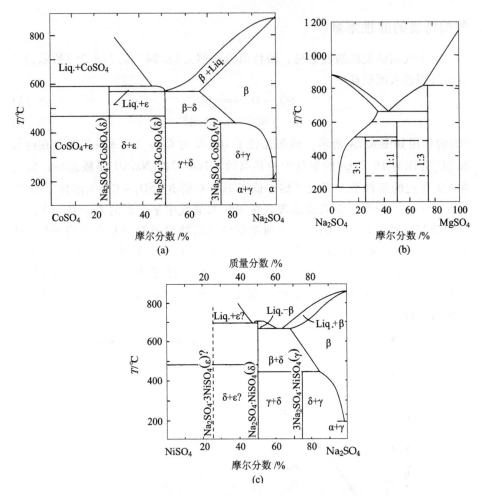

图 8.25　赝 – 二元相图。(a) Na_2SO_4 – $CoSO_4$ 体系，
(b) Na_2SO_4 – $MgSO_4$ 体系，(c) Na_2SO_4 – $NiSO_4$ 体系

出一个完整的描述。而且，当 SO_3 分压增加时，合金中硫化物的形成开始在退化过程起更多的作用。这类热腐蚀的一个明显特征就是在低温下（例如 650 ~ 750 ℃）腐蚀速率比在高温下（例如 950 ~ 1 000 ℃）更高，因此通常叫做"低温"或者 II 型热腐蚀。这种低温的特征在于需要生成硫酸盐，例如 $CoSO_4$ 和 $NiSO_4$（不必要为单位活度），这些硫酸盐是形成液态硫酸盐溶体必不可缺的，而且当温度升高时，生成硫酸盐所需的 SO_3 的分压也越高。如前面提到的，在大多数的燃烧环境中，若燃料的硫含量一定，则 SO_3 平衡分压随温度升高而降低[10]，因此，当温度升高时，这种类型的热腐蚀就消逝了。

气相诱发热腐蚀表现出的显微组织特征依赖于合金的成分，典型的 Co –

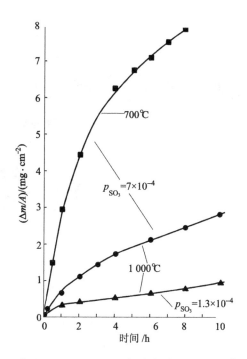

图 8.26　IN – 738 表面 Co – Cr – Al – Y 涂层涂覆 1 mg·cm^{-2} Na$_2$SO$_4$ 沉积盐后在 SO$_2$ – O$_2$ 混合气氛中热腐蚀时的质量变化随时间的变化。当调整 SO$_2$ – O$_2$ 比率使得两个温度下 SO$_3$ 分压相同时，温度较低时腐蚀更严重；当两个温度下 SO$_2$ – O$_2$ 比率相同时，温度较高时 SO$_3$ 分压较低

Cr – Al – Y 合金的退化显微组织如图 8.5(d)、图 8.27(a) 和图 8.28(a) 所示。侵蚀通常为蚀坑状局部腐蚀，见图 8.5(d) 和图 8.27(a)，但是当用蒸气吹去预先形成的氧化膜时，腐蚀就比较均匀了。沉积盐存在于腐蚀前沿[图 8.27(b)]，紧邻腐蚀前沿的合金中几乎没有明显的贫化区[图 8.28(a)]。铬和铝在腐蚀产物中的分布与合金中相同，见图 8.28(a) 和(b)，表明腐蚀过程中这两种元素几乎没有发生扩散。钴存在于腐蚀产物层的外部，见图 8.27(a)，说明它已通过被液态盐渗透的腐蚀产物层向外扩散。已经建立了几种模型解释 Co – Cr – Al – Y 合金的热腐蚀，所有的这些模型都有类似之处，但也有明显不同[12,34-36]。一种模型提出在腐蚀产物 – 合金界面生成硫化物，由于这些硫化物的氧化，不具保护性的氧化物相形成[36]。如后面将要讨论的那样，在高温高 SO$_3$ 分压下硫化物形成产生的影响当然变得很重要，但在 Co – Cr – Al – Y 合金的 II 型热腐蚀中也许并不重要。另一种模型提出[35]，由于在腐蚀前沿 – 合金界面氧分压较低，硫酸根离子转化成亚硫酸根离子，但在腐蚀产物中存在大量的亚硫酸根离子并未被证实。Luthra[12,34]提出了一个针对 Co – Cr – Al – Y 合金和其他钴基合金的 II 型热腐蚀的较合理

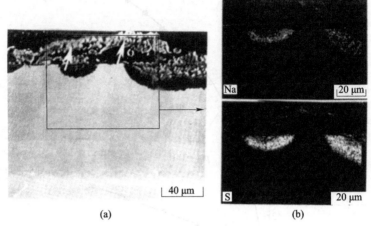

图 8.27　Co–Cr–Al–Y 涂层在 704 ℃暴露于 Na_2SO_4 沉积盐(约 1 mg·cm^{-2})和含 7×10^{-4} atm SO_3 的氧气中热腐蚀时的退化特征:(a)SEM 照片表明发生了局部侵蚀, 腐蚀产物层外部富钴(箭头);(b)X 射线元素分布图显示腐蚀产物中存在钠和硫

的模型。在此模型中,Na_2SO_4 – $CoSO_4$ 溶体形成以后,钴以 Co^{2+} 的形式通过 Na_2SO_4 – $CoSO_4$ 溶体中向外扩散,根据 SO_3 分压的不同,在盐 – 气界面或者附近这些离子按式(8.26)与 SO_3 反应,或按式(8.27)与氧反应,形成 $CoSO_4$ 或 Co_3O_4 和 Co^{3+},

$$3Co^{2+} + SO_3 + \frac{1}{2}O_2 = CoSO_4(s) + 2Co^{3+} \tag{8.26}$$

$$3Co^{2+} + \frac{2}{3}O_2 = \frac{1}{3}Co_3O_4(s) + 2Co^{3+} \tag{8.27}$$

Co^{3+} 然后向内扩散到膜 – 合金界面。在这种机制中,腐蚀速率由 Co^{2+} 和 Co^{3+} 相对流量控制。

$$\underline{Co^{2+} + 2e^-} + \underline{2Co^{3+}} \longrightarrow \underline{3Co^{2+}} \tag{8.28}$$

氧化膜 – 盐界面　通过液态盐向内扩散　通过液态盐向外扩散

由于合金表面钴的快速消耗,Co – Cr – Al – Y 合金中的 Al 和 Cr 同时转化成氧化物但并不能形成保护性氧化膜。

　　这种腐蚀是自持的。在合金 – 盐界面金属离子进入溶盐,而后作为不具保护性的固体颗粒在盐中析出。但溶解和析出的金属是合金中的惰性组元,而不是那些在没有热腐蚀的条件下能形成保护性氧化膜的金属组元。

硫诱发热腐蚀(硫化)

　　如前面提到的,在一些合金中由于硫化物的累积引发了热腐蚀。Bornstein

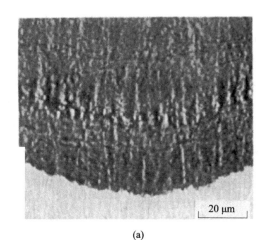

(a)

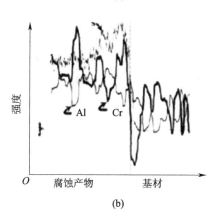

(b)

图 8.28　(a)Co – Cr – Al – Y 合金在 704 ℃暴露于 Na_2SO_4 沉积盐(2.5 mg·cm^{-2})
和含 7×10^{-4} atm SO_3 的氧气中热腐蚀 17.3 h 后的显微组织。可见腐蚀前沿的图像
及合金中的 α 钴相。(b)腐蚀产物和邻近腐蚀前沿的合金的探针分析,表明两个
区域中 Al 和 Cr 的分布相似

和 DeCrescente 研究表明,Na_2SO_4 可通过碱性熔融引发热腐蚀[21-22]。在实验
中,他们先将 B – 1 900 合金硫化,引入的硫的量与 900 ℃暴露于空气中时能
引起合金热腐蚀的 Na_2SO_4 沉积盐中硫的量相当,结果表明合金并没有发生热
腐蚀。另一方面,当使用 $NaNO_3$ 沉积盐时,合金却发生了热腐蚀。这些研究者
提出是 Na_2SO_4 和 $NaNO_3$ 中的 Na_2O 或氧离子引起了热腐蚀。如前面所讨论的
Na_2SO_4 导致的碱性熔融,此碱性熔融过程中遭热腐蚀侵蚀的合金中形成了硫
化物,而合金中硫化物的生成是 Na_2SO_4 变成碱性的原因之一。不断添加
Na_2SO_4 将使硫化所致的热腐蚀变得更为剧烈。图 8.29 为 Ni – 25% Cr – 6% Al
(质量分数)合金表面重复涂覆 Na_2SO_4 盐,或在与涂盐相同的时间间隔进行预

硫化处理后（使得合金获取的硫的量与 Na_2SO_4 沉积盐中的硫的量相同），在空气中循环氧化的结果，可见开始时合金既抗 Na_2SO_4 盐腐蚀，也不受预硫化的影响，但最终这两种处理方法都引起了严重的热腐蚀，见图 8.29。涂覆 Na_2SO_4 和预硫化的样品腐蚀后的显微组织相似，如图 8.30 所示。镍基合金特别容易发生这种类型的热腐蚀，腐蚀后合金中存在含有铬等元素的镍的硫化物，见图 8.31（a），当这些硫化物氧化时，形成不具保护性的氧化物，图 8.31（b）。研究表明合金中硫化物的形成会影响合金的抗氧化性能[37]，其影响程度取决于合金成分以及合金中生成的硫化物的种类和数量。

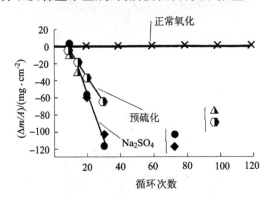

图 8.29　涂覆 Na_2SO_4 的 Ni – 25% – 6% Al（质量分数）样品与在 H_2S – H_2 混合气氛中预硫化样品的循环氧化数据对比。暴露时间在 20 h 以内，样品每 5 h 涂覆约 5 mg · cm^{-2} Na_2SO_4；暴露时间在 20 h 以上，样品每 10 h 涂覆等量的 Na_2SO_4。样品预硫化处理的时间间隔与涂覆 Na_2SO_4 相同，获取的硫量与 5 mg · cm^{-2} Na_2SO_4 中的硫量相当。样品在 1 000 ℃ 空气中氧化

碱性熔融和硫化是 I 型热腐蚀的两种形式，这两类热腐蚀是相互关联的。在高温（ > 850 ℃）低 SO_3 分压（ < 10^{-4} atm）的气氛中由于金属或合金获取了 Na_2SO_4 中硫而发生碱性熔融。然而当合金遭受碱性熔融热腐蚀时，在某些情况下，例如大量的硫引入到合金中，或者 Na_2SO_4 中 Na_2O 减少，则腐蚀机制会转变为硫化。Co – Cr – Al – Y 合金特别耐 I 型热腐蚀，见图 8.4，在预硫化 – 氧化过程中也表现出较好的耐蚀性，见图 8.32。

前两个段落讨论了在空气或氧气中的氧化。当气氛中存在 SO_2 和 SO_3 时，腐蚀特征会发生明显变化，这就引出一个问题，一个正确的实验应当采用何种成分的气氛？答案是：依所关注的应用领域来决定。对于燃气轮机而言，气氛中的 SO_3 分压在 10^{-3} atm 似是合理的。

如前面提到的，Misra[30,31] 发现当 SO_3 分压改变时，Udimet700 的热腐蚀行为有明显变化，如图 8.20 所示。当温度在 950 ℃、SO_3 分压大约在

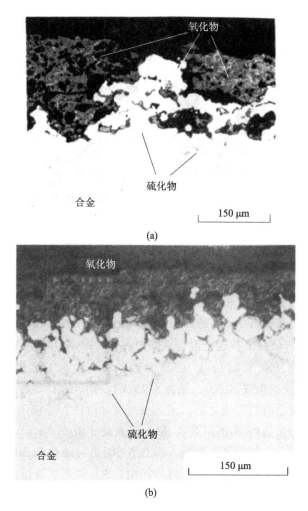

图 8.30　Ni – 25% – 6% Al(质量分数)样品在 1 000 ℃ 恒
温氧化后的显微组织(光学显微照片)。(a)样品涂覆
5 mg·cm^{-2} Na$_2$SO$_4$，(b)预硫化，如图 8.29 所示

10^{-3} atm及以上时，由腐蚀膜形貌可见合金发生了内腐蚀，在内氧化区前面
生成了内硫化区。SO$_3$ 分压较低时，MoO$_3$ 在灾难性热腐蚀过程中起一定作
用。SO$_3$ 分压较高时，由于溶体中 Na$_2$SO$_4$ 的摩尔分数没有降到很低的水平、
且 a_{MoO_3} 较低，见式(8.22)，因此，合金中形成了很多硫化物，退化机制为
硫化物的氧化。

　　当合金中镍含量增加时，在 Ⅱ 型热腐蚀过程中形成硫化物的趋势有所增
加。与 Co – Cr – Al – Y 合金类似，很难确定合金遭受的侵蚀有多少是由硫化
物的氧化引起、又有多少是由碱性熔融引起的。对于镍在 700 ~ 1 000 ℃ 的温度

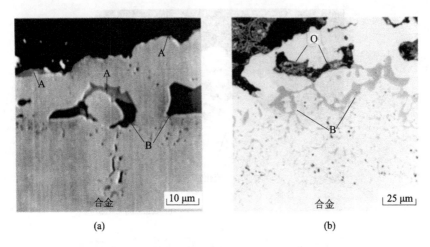

图 8.31　显微照片说明了氧化过程中合金中硫化物相导致不具保护性的氧化膜形成的机制。(a)由液态的镍的硫化物 A 和铬的硫化物 B 组成的硫化物相优先氧化，(b)形成不具保护性的氧化物 O 以及硫化物 B

区间的热腐蚀，若气氛中 SO_3 的分压足够高，则硫化物的形成占主导。Kofstad 及其合作者[27,38]研究了在这个温度区间 O_2 –4% SO_2 混合气氛中 Na_2SO_4 引起的镍的热腐蚀，在 700 ℃ 时($p_{SO_3} = 3.5 \times 10^{-2}$ atm)，为了形成液态 Na_2SO_4 – $NiSO_4$ 熔盐，必须先生成 $NiSO_4$，见图 8.25(c)，因此在热腐蚀发生之前有一个起始阶段，在液态熔盐形成之后，进入加速腐蚀阶段，形成图 8.33(a)所示的两层腐蚀产物，包括内 NiO 和 Ni_3S_2 层，以及处于液态 Na_2SO_4 – $NiSO_4$ 熔盐中的外 NiO 层。当 SO_3 分压足够高时，固态 $NiSO_4$ 也可能出现在膜–气界面。他们认为[27]，镍从金属中通过 Ni_3S_2 向外扩散，SO_3 和氧气通过液态硫酸盐熔盐向内扩散。但是，扩散物质究竟是什么还不清楚，计算[27]表明它们既不是溶解氧，也不是焦硫酸根离子($S_2O_7^{2-}$)。在两层膜的界面，如图 8.33(a)所示，发生如式(8.29)所示的反应：

$$9Ni + 2NiSO_4 \Longrightarrow Ni_3S_2 + 8NiO \qquad (8.29)$$

通过镍在硫化物中快速向外传输和气相中的氧化剂(例如 SO_3)通过液态硫酸盐快速向内迁移，反应保持着较快的速率。

对于在 900 ~ 1 000 ℃、O_2 –4% SO_2 混合气氛中 Na_2SO_4 引起的镍的热腐蚀，当 SO_3 分压在约 1×10^{-2} atm 或更高时，得到的腐蚀产物与图 8.33(a)类似，但硫化物层是连续的，不含 NiO，如图 8.33(b)所示。同样，镍通过硫化物向外扩散，SO_3 通过液态 Na_2SO_4 – $NiSO_4$ 熔盐向内扩散，在硫化物–硫酸盐界面镍和 $NiSO_4$ 发生式(8.29)所示的反应。在酸性条件下，熔融的 Na_2SO_4 作为 $NiSO_4$ 的溶剂，本身不消耗，因此热腐蚀是自持的。

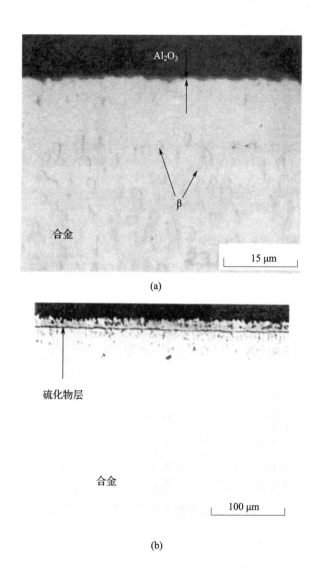

Al₂O₃

β

合金

15 μm

(a)

硫化物层

合金

100 μm

(b)

图 8.32　Co－Cr－Al－Y 样品在 1 000 ℃ 1 atm 氧气中恒
温氧化后的显微组织。(a)样品涂覆 5 mg·cm⁻² Na₂SO₄,
(b)氧化之前在 $n(H_2S)/n(H_2) = 0.2$ 的 H₂S－H₂混合气
氛中预硫化 20s。两种样品都形成了保护性的氧化膜

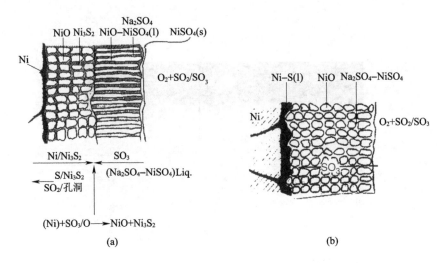

图 8.33 镍在(a)700 ℃和(b)900 ℃含 O_2、SO_2 和 SO_3、$p_{SO_3} = 4 \times 10^{-3}$ atm 的气氛中热腐蚀的反应机制示意图。700 ℃时腐蚀产物内层为 NiO 和 Ni_3S_2 的混合物，900 ℃时内层为液态 Ni-S，在两个温度下外层都为 NiO 和液态 Na_2SO_4-$NiSO_4$ 溶体的混合物，700 ℃时当 SO_3 分压足够高时，外层中也存在 $NiSO_4$

其他沉积盐的影响

在某些情形下 NaCl 能与 Na_2SO_4 沉积盐共存，例如，在海洋条件下，海水可能被吸入到燃气轮机中。沉积盐中的氯至少以两种方式影响着热腐蚀过程，首先，研究表明氯浓度在 10^{-6} 量级时就会增加合金表面的氧化膜（例如 Al_2O_3 和 Cr_2O_3）开裂和剥落的倾向[39]，见图 8.34。氯引起剥落的机制还不是很清楚，但可能与硫的作用类似（第 5 章，文献 101~103）。保护性氧化膜剥落趋势的增加导致合金在短时间暴露后就进入到加速热腐蚀阶段。

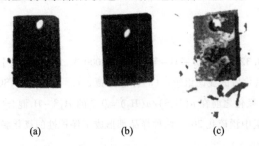

图 8.34 Na_2SO_4 和 NaCl 对钴基高温合金 FSX-414 氧化膜剥落的影响
（光学显微照片），（a）未涂盐，（b）Na_2SO_4，（c）Na_2SO_4 和 NaCl

研究还发现较高的氯浓度会引起 M – Cr – Al – Y 合金中铝和铬的快速消耗，如图 8.35 所示，随着 Na_2SO_4 沉积盐中 NaCl 含量的增加，Co – Cr – Al – Y

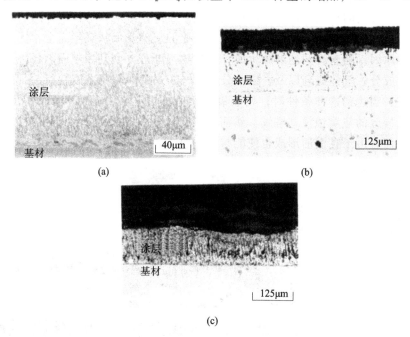

图 8.35　IN – 738 合金表面 Co – Cr – Al – Y 涂层涂覆不同 NaCl 含量的 Na_2SO_4 沉积盐在 899 ℃空气中暴露后的退化组织。(a)涂覆 Na_2SO_4 腐蚀 500 h，(b)涂覆 Na_2SO_4 –5% NaCl(质量分数)腐蚀 500 h，(c)涂覆 Na_2SO_4 –90% NaCl(质量分数)腐蚀 40 h

涂层更快地退化。由于涂层中铝的消耗，形成了十分独特的显微组织，见图 8.36。外层氧化膜为富铝的氧化物，见图 8.36(a)～(c)，合金中形成内氧化区，见图 8.36(d)。内氧化区存在孔洞[图 8.36(d)]，外氧化膜附近的孔洞中有氧化铝[图 8.36(e)]，内氧化区中铝的氯化物位于未受影响的合金附近[图 8.36(e),(f)]。腐蚀优先发生在合金中的 β 相，见图 8.37(a)，但孔洞形状并不完全与这个相的形状相同，见图 8.37(b)。有人提出，由于与合金中的铝和铬发生反应，盐中氧和硫开始贫化，因此在盐 – 合金界面开始形成气态的金属氯化物，首先发生反应的为热力学条件最有利的元素，例如，观察到了与铝的反应先于与铬的反应，当铝的浓度降低时，铬也确实发生了反应。随着气态金属氯化物在熔盐中向外传输，到达氧压足够高的部位，此处金属氯化物转化为不具保护性的金属氧化物，氯则被释放出来再与合金中的元素反应，如此循环。这个过程延续的结果，将导致孔洞的产生，而孔壁为氧化物颗粒所覆盖。因此，在 650 ℃这样低的温度下就已经观察到孔洞了。令人惊讶的是，在更低的温度下水溶液腐蚀过程中也观察到了类似的结构[40]。对这种情况可作如下解释，即在熔盐中，合金的某一组元优先消耗导致了孔洞的生成，而那些与熔盐不发生反应的组元或通过表面扩散、或者通过先溶解入熔盐，并随后在孔洞边缘析出来。这就是前述关于由富铝相形成的、但其形状又不完全相同的孔洞产生的原因。随着孔洞的继续生成，氯化物逐渐进入到气相中而消耗，根据温度、盐成分、气体成分以及合金成分的不同，最终氯化物浓度变得不足以与合金反应，当达到这种条件时，处于最里面的部分孔洞开始与硫反应，腐蚀以Na_2SO_4导致的热腐蚀模式继续。然而，氯化物的存在已经导致合金中贫铝和/或铬，而且由于孔洞的形成也使能与Na_2SO_4反应的合金的表面积增大了。

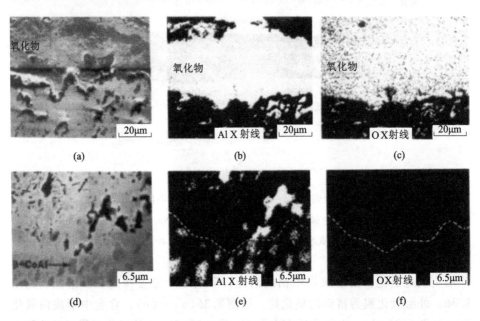

图 8.36　$Co-25\%Cr-6\%Al-0.5\%Y$（质量分数）样品在 900 ℃ 循环腐蚀 100 h 后的显微组织和 X 射线元素分布，样品每隔 20 h 涂覆 1 mg·cm^{-2} $Na_2SO_4-90\%NaCl$（质量分数）。(a)外部氧化膜－合金多孔区界面；(b)和(c)为(a)所示区域的 X 射线元素分布图；(d)合金多孔区－合金未受影响区界面；(e)和(f)为(d)所示区域的 X 射线元素分布图，注意邻近合金未受影响区的多孔区内的颗粒贫氧(f)

　　一些燃料中含有金属有机化合物形式的钒杂质，因此沉积盐中会有钒的氧化物。一些耐热合金中可能含有钒，但由于钒对合金腐蚀性能的不利影响，其含量很少。沉积盐中钒的氧化物产生的影响与 MoO_3 和 WO_3 类似，但前者通常来源于燃料，而后者来源于高温服役合金中的元素。所有这三种氧化物都有与熔盐中的氧化物离子合成钒酸盐、钼酸盐[式(8.17)]、钨酸盐的趋势。如 Rapp[29]指出的，这些化合物分别具有比它们的二元氧化物低的

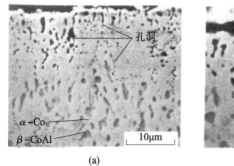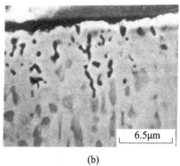

图 8.37　Co – 25% Cr – 6% Al(质量分数)样品涂覆 Na₂SO₄ – 90% NaCl 沉积盐
在 900 ℃空气中暴露后的扫描电镜照片。(a)可见孔洞网,似乎与合金中
的 β – CoAl 相对应,但是(b)孔洞的形状与 β 相又不完全一致

熔点,利于它们从与 Na₂SO₄ 的溶体中还原出来,而且与氧化物离子的结合影响沉积盐的酸碱化学,见式(8.21)和式(8.22)。Zhang 和 Rapp[41]测量了 1 173 K时 CeO₂,HfO₂ 和 Y₂O₃ 在摩尔分数为 0.7 Na₂SO₄ – 0.3 NaVO₃ 的溶体中的溶解度随盐的碱度的变化,作为比较,还测量了 CeO₂ 在纯 Na₂SO₄ 中的溶解度,CeO₂的结果见图 8.38,与在纯 Na₂SO₄ 中的结果相比,在 Na₂SO₄ – NaVO₃溶体中溶解度的极小值更高,极小值所对应的碱度也更高,HfO₂ 和 Y₂O₃ 在 Na₂SO₄ – NaVO₃ 溶体中具有相似形状的溶解度曲线。Zhang 和 Rapp[41]提出偏钒酸盐与 CeO₂酸性溶解提供的氧化物离子结合按照式(8.30)所示的反应生成原钒酸盐:

$$3CeO_2 + 4NaVO_3 = 2Na_2O + Ce_3(VO_4)_4 \qquad (8.30)$$

强酸性氧化物促使其他氧化物的酸性溶解增强,溶解度的极小值向碱性更大的溶体偏移。在假设 Na₂SO₄ – NaVO₃ 溶体为理想溶体的基础上,Huang 和 Rapp[42]预测了此溶体中一些氧化物的溶解度随碱度的变化,图 8.39 为 Al₂O₃在 Na₂SO₄ – 0.3 NaVO₃溶体与纯 Na₂SO₄ 中溶解度的对比图。在本章有关合金诱发酸性熔融的讨论中,酸性氧化物,即式(8.16)~式(8.20)中的 MoO₃,曾被假定以限定的活度溶于 Na₂SO₄ 溶体中,酸性氧化物与氧化物离子的结合与此相同。

在讨论含钒沉积盐对合金的高温腐蚀影响的具体事例时,腐蚀过程受到钒的来源的影响。如果钒来源于合金,那么腐蚀过程与前面描述的钼的合金诱发酸性熔融类似;当钒来源于燃料燃烧产物的沉积,那么燃料中的钒在燃烧室中氧化,以固态 V₂O₄ 颗粒的形式沉积在发动机叶片和其他器件上[43]。随着二次空气的流入,器件表面的固态 V₂O₄ 颗粒氧化形成低熔点(691 ℃,964 K)的 V₂O₅。当 Na₂SO₄ 也存在于沉积盐中时,就形成熔点低于 700 ℃(973 K)的液态

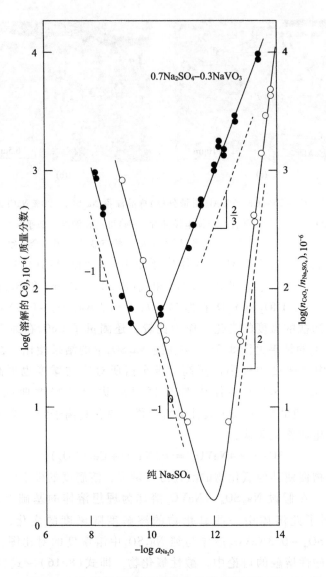

图 8.38　实测的 1 173 K 时纯 CeO_2 在纯 Na_2SO_4 和 0.7 $Na_2SO_4 - 0.3NaVO_3$ 中的溶解度[41]。（此图引自：R. A. Rapp，Corr. Sci. ,44(2002),209,经 Elsevier 允许复制）

溶体。这种溶体或者含有熔化的 V_2O_5，钒酸钠，Na_2SO_4，或者为这些盐中的几种组成的一种溶体，具有高度的腐蚀性，能够通过式(8.31)和式(8.32)所示的这类反应破坏保护性的 Al_2O_3 等氧化物：

$$Al_2O_3 + 2NaVO_3 = 2Al(VO_4) + Na_2O \tag{8.31}$$

$$V_2O_5 + Al_2O_3 = 2Al(VO_4) \tag{8.32}$$

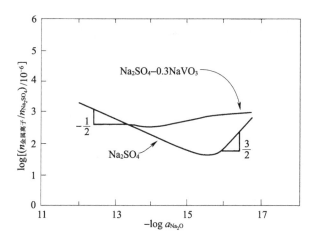

图 8.39　Rapp 推得的 900 ℃ 时 Al_2O_3 在纯 Na_2SO_4 和 $Na_2SO_4 - 30\% NaVO_3$（摩尔分数）

中的溶解度[42]。（此图引自：Y. S. Huang，R. A. Rapp，Corrosion，45(1989)，33，

经 NACE International 允许复制，©NACE International，2005）

准确的反应取决于 V_2O_4 的沉积速率、沉积盐中硫的含量以及气氛中 SO_3 分压。如前面讨论的，有必要把两种酸性成分 V_2O_5 和 SO_3 关联起来，见式（8.33）：

$$Na_2SO_4 + V_2O_5 == 2NaVO_3 + SO_3 \qquad (8.33)$$

还有必要确定重要的离子，例如，对于钒，根据沉积盐的成分不同必须考虑多种离子，包括原钒酸盐 VO_4^{3-}，焦钒酸盐 $V_2O_7^{4-}$ 和偏钒酸盐 VO_3^-，然后根据相关过程写出反应方程式。例如，对于 Al_2O_3 膜，氧化铝能通过与 VO_3^- 反应溶解，见式（8.34）：

$$Al_2O_3 + 3VO_3^- == 2Al^{3+} + 3VO_4^{3-} \qquad (8.34)$$

同时可能在熔盐 - 气体界面发生如式（8.35）和式（8.36）的反应：

$$VO_4^{3-} + V_2O_5 == 3VO_3^- \qquad (8.35)$$

$$VO_4^{3-} + SO_3 == VO_3^- + SO_2^{2-} \qquad (8.36)$$

在这种情况下，Al_2O_3 存在于溶体中，沉积盐通过与来自于气相中的 V_2O_5 或 SO_3 反应补充 VO_3^-。

含有多种成分的沉积盐的腐蚀过程更加复杂，原因在于会形成更多的离子和不同的化合物，其中有一些还可能是固态的。例如，对于镍基和钴基合金在 700 ℃ $Na_2SO_4 - NaVO_3$ 熔盐中的热腐蚀，固态沉积盐 $Co_2V_2O_7$ 和 $Ni_3V_2O_8$ 会影响其低温热腐蚀过程[44]。但是，一般的现象基本与 Na_2SO_4 沉积盐的相同。

温度和气体成分对 Na_2SO_4 诱发热腐蚀的影响

描述 Na_2SO_4 诱发热腐蚀的机制怎样随气体成分（O_2 - SO_2 - SO_3）和温度的变化是很重要的。图 8.40 为 Na_2SO_4 诱发热腐蚀的机制随气体成分和温度变化的示意图，适用于镍基和钴基合金，不同机制之间的边界是弥散的。例如，在硫起主要作用的区域，而且氧为气相的主要成分，SO_2 和 SO_3 的压力总和不超过 0.05 atm 的情况下，镍基合金比钴基合金更易受腐蚀。

从图 8.40 可见，在 700 ℃ 低 SO_3 分压或纯氧中，由于 Na_2SO_4 为固态，所以不发生热腐蚀。在 700 ℃ 随着 SO_3 分压的提高，由于形成硫酸盐溶体，沉积盐变为液态；或者当 SO_3 分压足够高时，生成 $Na_2S_2O_7$，则以气相诱发酸性熔融的机制发生热腐蚀（Ⅱ型）。当温度升高时，开始发生Ⅱ型热腐蚀到Ⅰ型腐蚀的转变。在温度高于 Na_2SO_4 的熔点（884 ℃）、低 SO_3 分压或纯氧中，Ⅰ型热腐蚀按碱性熔融或硫化模型进行，对于含有 Mo，W 或者 V 等元素的耐热合金，酸性熔融也是主要的。在 700 ~ 1 000 ℃ 的所有温度

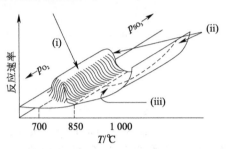

图 8.40　不同热腐蚀机制随温度和 SO_3 分压的变化而转换的示意图

(ⅰ) Ⅱ型，气相诱发酸性熔融；(ⅱ) SO_3 分压较高时（$p_{SO_3} > 10^{-3}$ atm），形成了大量的硫化物，同时伴有硫化物氧化和熔融反应；(ⅲ) Ⅰ型（合金诱发酸性熔融；碱性熔融，硫化）

下，当 SO_3 分压较高时，在合金中形成大量硫化物成为所有合金的主要特征，在这种条件下镍基合金比钴基合金更易受腐蚀，在一些合金中观察到腐蚀加剧是由这些硫化物氧化导致的，Udimet 合金是发生这类热腐蚀的合金的代表。对于其他合金，硫化物导致金属通过腐蚀产物快速向外传输，同时 SO_3 通过外部硫酸盐层快速向内扩散，镍是发生这类热腐蚀的代表。

测试方法

最后，讨论一下应该采用的确定金属及合金热腐蚀性能的实验类型，答案当然是实验应该与实际工况的条件相同，但由于实际的工况条件可能并不是很确定，而且也许很难用实验来模拟，因此并不总是能实现的。当情况是这样时，重要的是把服役器件腐蚀后的显微组织记录下来，尽量在实验室中选择试验条件得到类似的显微组织。当然，由于对实验中各种因素的影响并不是完全

了解，使用这种方法时必须加以小心，尤其是存在关键试验参数的多种组合的情况下。例如，对于燃气轮机，早期的工作是这样进行的：在样品表面涂覆 Na_2SO_4，然后在900 ℃空气中氧化，或者使用燃烧器，目的在于得到与实际服役条件下相似的组织，这里实际经验主要来自于飞机燃气轮机。对于用于海洋环境的燃气轮机，实验室的实验应当在低于900 ℃的含 SO_3 气氛中进行和做燃烧器的实验，以重现海洋环境服役后观察到的合金退化的显微组织。在低温热腐蚀成为一个问题之后，才意识到将 SO_3 引入实验条件的重要性。

□ 参考文献

1. F. S. Pettit and C. S. Giggins, 'Hot corrosion'. In *Superalloys II*, eds. C. T. Sims, N. S. Stoloff, and W. C. Hagel, New York, NY, John Wiley & Sons, 1987.

2. J. Stringer, *Ann. Rev. Mater. Sci.*, **7**(1976), 477.

3. Y. S. Zhang and R. A. Rapp, *J. Met.*, **46**(December) (1994), 47.

4. J. Stringer, in *High Temperature Corrosion*, NACE – 6, ed. R. A. Rapp, Houston, TX, National Association of Corrosion Engineers, 1983, p. 389.

5. S. R. J. Saunders, 'Corrosion in the presence of melts and solids'. In *Guidelines for Methods of Testing and Research in High Temperature Corrosion*, eds. H. J. Grabke and D. B. Meadowcroft, London, The Institute of Materials, 1995, p. 85.

6. F. S. Pettit, 'Molten Salts'. In *Corrosion Tests and Standards*, ed. R. Baboian, ASTM Manual Series: Manual 20 Philadelphia, PA, American Society for Testing and Materials.

7. D. A. Shifler, 'High temperature gaseous corrosion testing', *ASM Handbook*, Materials Park, OH, ASM International, 2003, vol. 13A, p. 650.

8. R. H. Barkalow and G. W. Goward, in *High Temperature Corrosion*, NACE – 6, ed. R. A. Rapp, Houston, Texas, National Association of Corrosion Engineers Houston, TX, (1983), p. 502.

9. N. S. Bornstein and W. P. Allen, *Mater. Sci. Forum*, **251 – 254**(1997), 127.

10. J. G. Tschinkel, *Corrosion*, **28**(1972), 161.

11. R. E. Andersen, *J. Electrochem. Soc.*, **128**(1979), 328.

12. K. L. Luthra, *Met. Trans.*, **13A**(1982), 1853.

13. J. M. Quets and W. H. Dresher, *J. Mater.*, **4**(1969), 583.

14. D. K. Gupta and R. A. Rapp, *J. Electrochem. Soc.*, **127**(1980), 2194.

15. P. D. Jose, D. K. Gupta, and R. A. Rapp, *J. Electrochem. Soc.*, **132**(1985), 73.

16. Z. S. Zhang and R. A. Rapp, *J. Electrochem. Soc.*, **132**(1985), 734; 2498.

17. R. A. Rapp, *Corrosion*, **42**(1986), 568.

18. M. L. Dearnhardt and K. H. Stern, *J. Electrochem. Soc.*, **129**(1982), 2228.

19. R. A. Rapp and K. S. Goto, 'The hot corrosion of metals by molten salts'. In *Molten Salts*, eds. J. Braunstein and J. R. Selman, Pennington, New Jersey, Electrochemical Society, 1981, p. 81.

20. D. A. Shores, in *High Temperature Corrosion*, NACE – 6, ed. R. A. Rapp, Houston, Texas, National Association of Corrosion Engineers, 1983, p. 493.

21. N. S. Bornstein and M. A. DeCrescente, *Trans. Met. Soc. AIME*, **245**(1969), 1947.

22. N. S. Bornstein and M. A. DeCrescente, *Met. Trans.*, **2**(1971), 2875.

23. J. A. Goebel and F. S. Pettit, *Met. Trans.*, **1**(1970), 1943.

24. D. R. Chang, R. Nemoto, and J. B. Wagner, Jr., *Met. Trans.*, **7A** (1976), 803.

25. M. R. Wootton and N. Birks, *Corr. Sci.*, **12**, (1972), 829.

26. N. Otsuka and R. A. Rapp, *J. Electrochem. Soc.*, **137**(1990), 46.

27. K. P. Lillerud and P. Kofstad, *Oxid. Met.*, **21**(1984), 233.

28. Y. Zhang, *J. Electrochem. Soc.*, **137**(1990), 53.

29. R. A. Rapp, *Corr. Sci.*, **44**(2002), 209.

30. A. K. Misra, *Oxid. Met.*, **25**(1986), 129.

31. A. K. Misra, *J. Electrochem. Soc.*, **133**(1986), 1038.

32. G. C. Fryburg, F. J. Kohl, C. A. Stearns, and W. L. Fielder, *J. Electrochem. Soc.*, **129** (1982), 571.

33. K. L. Luthra and D. A. Shores, *J. Electrochem. Soc.*, **127**(1980), 2202.

34. K. L. Luthra, *Met. Trans.*, **13A**(1982), 1647; 1843.

35. R. H. Barkalow and F. S. Pettit, 'On Oxidation Mechanisms for Hot Corrosion of CoCrAlY Coatings in Marine Gas Turbines,' Proceedings of the 14th Conference on Gas Turbine Materials in a Marine Environment, Naval Sea Systems Command, Annapolis, MD, 1979, p. 493.

36. K. T. Chiang, F. S. Pettit, and G. H. Meier, 'Low temperature hot corrosion.' *High Temperature Corrosion*, NACE – 6, ed. R. A. Rapp, Houston, Texas, National Association of Corrosion Engineers, 1983, p. 519.

37. J. A. Goebel and F. S. Pettit, *Met. Trans.*, **1**(1970), 3421.

38. P. Kofstad and G. Akesson, *Oxid. Met.*, **14**(1980), 301.

39. J. B. Johnson, J. R. Nicholls, R. C. Hurst, and P. Hancock, *Corr. Sci.*, **18** (1978), 543.

40. M. G. Fontana and N. D. Greene, *Corrosion Engineering*, 2nd edn, New York, McGraw Hill, 1978, p. 67.

41. Y. Zhang and R. A. Rapp, *Corrosion*, **43**(1987), 348.

42. Y. S. Huang and R. A. Rapp, *Corrosion*, **45**(1989), 33.

43. C. G. Stearns and D. Tidy, *J. Inst. Energy*, **56**(1983), 12.

44. B. M. Warnes, The influence of vanadium on the sodium sulfate induced hot corrosion of thermal barrier coating materials, Ph. D. Dissertation, University of Pittsburgh, PA, 1990.

9

金属在氧化性气氛中的
冲蚀－腐蚀

前言

在很多工况下，材料暴露于高温气流中。这些气体中往往携带有固体颗粒，气流速度越高携入颗粒数量越多、尺寸越大。事实上，可能只有在严格控制的实验室环境条件下才能获得无颗粒的气流。对大多数实际工况，例如，对于燃气轮机、石油的精炼和重整及电站等而言，其气流中都含有固态颗粒。本章将讨论金属氧化与固体颗粒冲蚀同时发生的情况及其交互作用。

材料的冲蚀

为了理解冲蚀和氧化的交互作用，有必要先介绍金属和氧化物是怎样被冲蚀的。早期有关金属和陶瓷的室温冲蚀研究表明[1-4]，韧性材料的冲蚀包括塑性变形、切削、犁沟和疲劳等过程。切削可能发生在单个粒子的撞击的情况，而犁沟和疲劳则可能发生在多次相继冲击的情况。相反，脆性材料的冲蚀则由于脆性的龟裂所致[5]。高温时大多数金属是韧性材料；而形成的氧化物或是韧性的（氧化亚铁、氧化镍等）或是脆性的（氧化铝、氧化铬等）。取决于氧化物性质和环境条件，粒子撞击致使氧化物或是发生塑性变形，或是发生剥落。

　　韧性材料和脆性材料对于粒子撞击角度的响应不同：脆性材料的冲蚀速率随着撞击角度的增大而增加，在垂直入射时达到最大，见图9.1；韧性材料在 25°~30° 入射角时冲蚀速率增至最大，随后减小并在垂直角度时达到一个较小的有限值，见图9.2。Finnie[1] 将韧性材料的冲蚀描述为一个切削或机加过程（图9.3），该模型可以描述入射角小于 60° 时的冲蚀过程，但所预测垂直入射的冲蚀值是 0。Bitter[2,3] 解释了法线角度时观察到有限冲蚀速率的原因，他认为金属在粒子垂直入射时产生表面硬化，因而金属的损失在于疲劳机制作用。

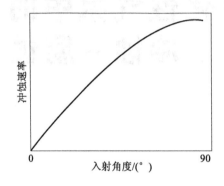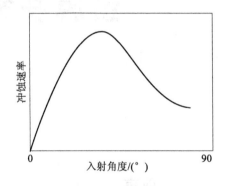

图9.1　脆性材料的冲蚀速率与粒　　　　图9.2　韧性材料的冲蚀速率与粒
　　　　子入射角度的关系　　　　　　　　　　　子入射角度的关系

　　Tilly[4] 认为金属的损失可能有两个或多个步骤，最初的撞击通过塑性变形产生剪切唇，随后的撞击以切削方式使剪切唇脱离基体。撞击产生的绝热加热效应提高了金属基体的塑性变形能力，从而形成如剪切唇这样的特征[6,7]。有关韧性材料冲蚀的详细综述可见 Sundararajan 的文献[8]。

　　室温冲蚀包括的过程有：加工硬化、碎片去除[9] 以及低周疲劳[10,11]。应当注意的是，随着温度的升高加工硬化效应减弱。

　　脆性材料的冲蚀可用下述过程来描述：或是多变裂纹体系的交互作用，或是一个锐利的压头引起侧向和正面开口的形成过程[5]，如图9.4所示。已有实验观察到脆性材料发生了塑性变形，尤其是在撞击粒子的尺寸很小时[10,11]。这点很重要，因为高温形成的氧化膜在遭受冲蚀作用时可能呈现韧性材料的性质。

　　室温冲蚀会造成严重的材料损伤，缩短构件寿命。而高温氧化性气氛中的

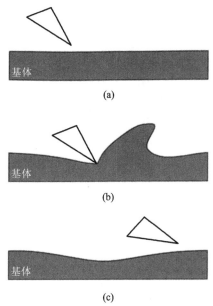

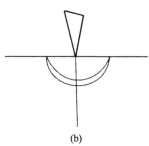

图 9.3　韧性材料的冲蚀模型；（a）撞击前；（b）切削阶段；（c）切削后

图 9.4　脆性材料中球形（a）和尖锐（b）压头作用下的破碎模式

冲蚀会使材料遭受更为严重的损伤。冲蚀和腐蚀共同作用令材料遭受剧烈损伤，表明了两个独立过程结合在一起具有强烈的协同作用。

高温冲蚀 – 腐蚀过程研究

为了研究高温冲蚀 – 腐蚀的交互作用，必须测量反应速率、观察反应部位的组织。光学显微镜、扫描电子显微镜和 X 射线衍射是形貌观察和组成分析的常用技术。透射电子显微镜也应用得越来越多，但依然存在与样品减薄区精确定位相关的诸多问题。

为了确定冲蚀 – 腐蚀的条件，必须测量并控制如下参数：

- 样品温度
- 气氛成分
- 颗粒尺寸、形状和（加入）数量
- 颗粒速度
- 颗粒的入射角度
- 暴露时间

其中一些参数很难确定和测量，这增加了基础研究的难度。然而，在同一实验条件下进行不同材料的对比是容易实现的。

实验使用两类设备。第一类如图 9.5 (a)所示，颗粒经管道加速，在设定温度以预定的角度、速度向下撞击样品。第二类见图 9.5(b)所示，样品垂直固定于转轴上，在冲蚀颗粒流化床中旋转（或者在流化床上方旋转），颗粒在气体流动的作用下撞击样品。图 9.5(c)中，样品在垂直平面内旋转，可以令其半个周期在流化床中，半个周期在流化床上方。所有这些设备都已获得成功应用，得到的结果具有重现性。

可以通过测量样品的质量或尺寸变化来评价材料的冲蚀－腐蚀过程。利用加速管实验的样品一般是圆片状（其不受腐蚀的表面用渗铝层加以保护）。旋转样品的截面可以是圆的也可以是平直的。

反应动力学由样品的质量或厚度随时间的变化表示。动力学可以使用一个样品通过间歇实验得到，也可以使用多个样品，每个样品获得一个实验点。后一种方法可以对每个实验点的样品进行观察，从而了解表面形貌的变化历程。不论采用何种实验方法，纯金属体系比合金体系简单。样品表面膜厚度和样品质量与时间的关系曲线见图 9.6。

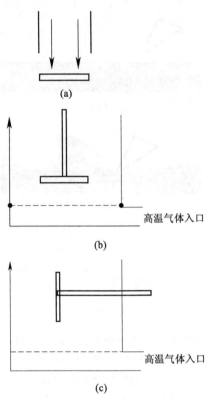

图 9.5 冲蚀－氧化研究用粒子加速和样品旋转装置示意图。高温气体垂直冲击(a)；高温流化床中的样品水平(b)或垂直(c)旋转装置

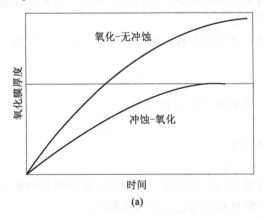

(a)

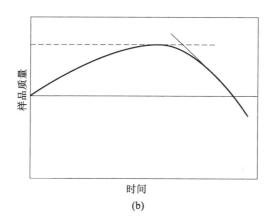

图 9.6　氧化膜厚度(a)、样品质量(b)与冲蚀－氧
化时间的关系。两图对应于同一时间轴

纯金属在高温下的冲蚀－腐蚀

可以认为冲蚀－腐蚀是两个相互竞争过程的综合效应。腐蚀或氧化形成的表面膜或多或少地为金属提供了保护，致使反应速率随膜厚度的增大而下降。另一方面，冲蚀有去除材料表面的作用，因此使氧化形成的钝化膜会耗损或减薄。于是，当两个过程同时出现时，冲蚀过程抑制氧化膜的保护作用。事实上，氧化膜有可能被完全去除；当反应产物被持续去除时，氧化物将以最快的速率生成，这导致了材料的快速退化。能够持续并完全去除表面膜所需的冲蚀强度取决于形成的氧化物。生长速率高的氧化膜需要更强烈的冲蚀。因此，冲蚀的程度和类型取决于冲蚀和氧化这两个过程的相对强度。进一步的重要发现[6]是，在室温或者在高温惰性气氛中，没有氧化过程参与的冲蚀所致的材料退化速率很慢，如图 9.7 所示

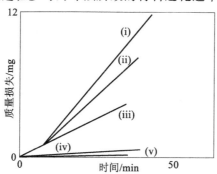

图 9.7　冲蚀－腐蚀条件下，温度与氧化膜的形成对金属镍退化速率的影响
(i)140 ms^{-1}，800 ℃，空气；(ii)140 ms^{-1}，650 ℃，空气；(iii)90 ms^{-1}，800 ℃，空气；
(iv)140 ms^{-1}，800 ℃，氮气；(v)73 ms^{-1}，25 ℃，空气

的镍的冲蚀[13]。同样的结果也在金属钴上观察到。

为澄清冲蚀与氧化的交互作用，可以将其划分成几种状态分别予以讨论[8,13-16]。如上所述，如果不存在氧化过程而只有冲蚀作用，那么材料退化速率将远远低于两个过程的协同作用。这种协同作用及其机制又可划分为两种主要的交互作用的状态。状态1：氧化物生长迅速，冲蚀作用相对轻微，仅影响氧化膜。相应的氧化膜厚度、样品质量变化与时间的函数关系见图9.6。状态2：冲蚀作用强，氧化物生长缓慢。随着冲蚀和腐蚀强烈程度的变化，从状态1转变到状态2，见图9.8。

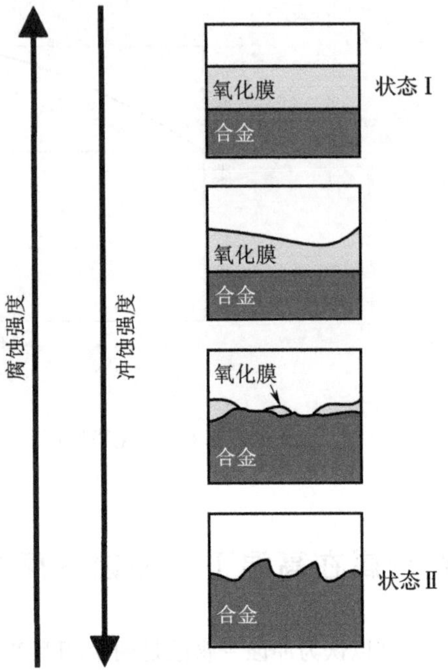

在状态1，冲蚀仅仅令氧化膜减薄，不影响金属基体，因此样品表面保持平整，但呈现颗粒切削的形貌，如图9.9所示。在状态2，氧化膜被清除，金属基体在颗粒撞击下发生塑性变形。金属表面的塑性变形导致样品表面起伏不平，其起伏尺度显然大于冲蚀颗粒。颗粒垂直入射产生的表面形貌类似于山丘与山谷，见图9.10(a)；倾斜入射产生了波纹形貌，见图9.10(b)[13]。

图9.8 不同强度下冲蚀与腐蚀的相互作用

图9.9 钴表面冲蚀形貌
（冲蚀条件为：温度=800 ℃，时间=30 min，角度=90°，粒子尺度=20 μm，流速=90 m·s^{-1}）

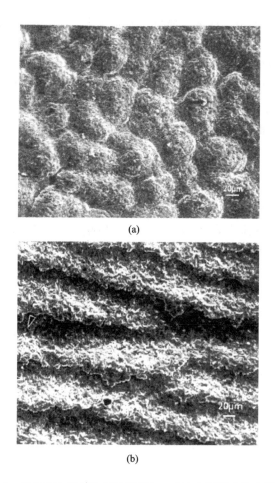

(a)

(b)

图 9.10   镍在 800 ℃氧化铝粒子(20 μm)冲击下形成的表面形貌:
(a)流速 =140 m · s⁻¹, 角度 =90°, 时间 =30 min;
(b)流速 =90m · s⁻¹, 角度 =30°, 时间 =30 min

可以认为, 冲蚀气流平行于样品表面的分量的作用使得金属表面形成了平行的波纹形貌[17]。

通过 Ni 和 Co 的对比, 研究了这些表面形貌特征的形成[13-18]。正如在第3 章中所介绍的, 在 600 ~ 800 ℃范围内, 氧化镍膜生长缓慢, 而化学计量比偏差较大的氧化钴膜生长更快。在相似的实验条件下, 即氧化铝颗粒(20 μm), 装载速率在 500 ~ 1 000 mg · min⁻¹, 流速为 90 ~ 140 m · s⁻¹和入射角为 90°, 得到以下不同的实验结果[13,17]。由于金属 Co 表面氧化膜的生长速率快, 尽管存在冲蚀气流, 氧化膜依然不断形成生长, 氧化膜外表面保持平整, 见图 9.9。而氧化速率低的 Ni, 其表面氧化膜不完整, 金属表面形成山丘与山谷形貌, 见图 9.10(a)。

对于一个确定的金属体系，通过增加冲蚀速率有可能令其冲蚀－氧化从状态 1 转变到状态 2。冲蚀条件确定时，当由氧化膜生长速率快的金属体系变成慢的体系时，亦有可能从状态 1 转变为状态 2。

状态 1 被描述为"冲蚀加速的氧化"，因为与无冲蚀作用的情况相比氧化膜较薄，导致氧化膜生长速率增大。此氧化膜的生长受通过膜的扩散控制，同时在冲蚀作用下氧化膜的外表面以一定速率减薄，这种情况可用式（9.1）表示：

$$\frac{dX}{dt} = \frac{k}{X} - k_{eo} \qquad (9.1)$$

式中，X 是 t 时刻的膜厚度，t 是时间，k 是氧化膜的生长速率常数（$cm^2 \cdot s^{-1}$），k_{eo} 是氧化物的冲蚀速率常数（$cm \cdot s^{-1}$）。如果冲蚀只影响膜的外表面，式（9.1）就成立。而且只要 $k/X > k_{eo}$，氧化膜就将继续生长。然而，氧化膜的生长存在一个临界厚度，X^*，见式（9.2）：

$$X^* = \frac{k}{k_{eo}} \qquad (9.2)$$

由于氧化膜的生长速率为 0，X^* 为常数。随着冲蚀强度 k_{eo} 增大，氧化膜的稳态厚度 X^* 减小。Co 的研究结果[19]说明了这种规律，见图 9.11。这种亚线性规律类似于第 4 章描述的 CrO_3 挥发对 Cr 氧化行为的影响[20]。

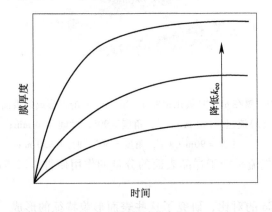

图 9.11 钴在 800 ℃状态 1 冲蚀－氧化条件下表面
氧化膜的稳态厚度与冲蚀速率常数 k_{eo} 的关系

上述的讨论示例于图 9.6。当 Co 暴露于冲蚀－氧化环境时，由于氧化膜生长速率大于冲蚀速率，样品开始增重。随着氧化膜的增厚，其生长速率下降导致增重速率降低。最终，氧化膜达到临界厚度，此时氧化膜的生长速率等于它被冲蚀耗损的速率。也就是说，样品的失重速率为常数，这就意味着，此时金属的耗损表现为氧化膜外表面的损耗。

这种情况可以用样品表面单位面积的质量变化来表征。形成的氧化物为MO，m_s是样品单位面积质量，m^0是金属样品原始的单位面积的质量，m_O是单位面积氧化膜中的氧的质量，m_M是金属的原子质量，V_{MO}是氧化物 MO 的摩尔体积，t是时间。任一时刻的m_s可表示为式(9.3)：

$$m_s = m^0 + m_O - k_{eo}\frac{m_M}{V_{MO}}t \qquad (9.3)$$

对式(9.3)进行微分处理，得到样品质量的变化速率：

$$\frac{dm_s}{dt} = \frac{dm_O}{dt} - k_{eo}\frac{m_M}{V_{MO}} \qquad (9.4)$$

当氧化膜厚度不变时，氧的净俘获为 0，式(9.5)：

$$\frac{dm_O}{dt} = 0 \qquad (9.5)$$

于是，此时的样品质量变化速率可表示为式(9.6)：

$$\frac{dm_s}{dt} = -k_{eo}\frac{m_M}{V_{MO}} \qquad (9.6)$$

随着氧化膜的生长，将会在某个时间样品的增重速率为 0，式(9.7)：

$$\frac{dm_s}{dt} = 0 \qquad (9.7)$$

代入式(9.4)，得到式(9.8)：

$$\frac{dm_O}{dt} = k_{eo}\frac{m_M}{V_{MO}} \qquad (9.8)$$

此时，由于俘获氧的增重速率等于金属变为氧化物导致的金属损耗速率。氧化膜持续减薄，只有当式(9.5)和式(9.6)都成立时氧化膜厚度才能达到恒定，如图 9.6 所示。

已有多个小组研究了处于状态 1 的反应[13-17,19]，并对其反应机制做出了解释[18,21]。基本观点是，保护性氧化膜表面的局部被冲蚀掉，是在单个粒子的冲蚀性撞击留在保护性氧化膜表面的"痕迹"被随后多次冲蚀撞击的结果[18]。在连续撞击的间隙，氧化膜的同一位置可以形成更多的氧化物而"自愈"。如果自愈期间形成的氧化膜少于每次撞击的损失量，则氧化膜将减薄。

冲蚀速率常数的值随冲蚀条件而变化，因此在强冲蚀条件下，氧化膜厚度一直较薄，但膜的真实生长速率则增加。氧化膜的生长速率也是金属转变为氧化物的退化速率。

由式(9.1)可见，如果氧化物的生长速率与冲蚀速率相等，氧化膜厚度将为常数 X^*，见式(9.2)。显然，k_{eo} 值越大，氧化膜越薄，金属退化速率越快。最终，随着冲蚀过程加剧，当冲蚀导致金属表面变形时，材料的退化行为由状态 1 向状态 2 转变。

对状态 1 模型的半定量分析[21]如下。假设所有颗粒的体积 V 和密度 ρ 相同。以加载速率 $M(\text{g}\cdot\text{s}^{-1})$ 撞击面积为 A 的样品，每一个撞击产生的痕迹面积为 a，材料去除深度为 d。对于任何位置两次撞击之间的间隔时间可表示为式(9.9)：

$$t^* = \frac{V\rho A}{Ma} \qquad (9.9)$$

每次撞击去除的氧化膜体积为 ad。由于颗粒撞击表面的速率是 $[M/(V\rho)]\cdot\text{s}^{-1}$，材料损失速率为 $[Mad/(V\rho)]\text{cm}^3\cdot\text{s}^{-1}$。宏观冲蚀速率的测量得到材料的损失速率为 $k_{eo}A$。因此，每次撞击导致材料减薄的厚度 d 为式(9.10)：

$$d = k_{eo}\frac{AV\rho}{Ma} = k_{eo}t \qquad (9.10)$$

根据式(9.9)可计算撞击的间隔时间，每次撞击去除材料的深度 d 可由前面测量的氧化物冲蚀速率 k_{eo} 计算得到。比较 d 值与氧化膜在撞击间隔时间内的生长厚度，如果 d 值较大则氧化膜在冲蚀作用下减薄。氧化物的生长可表示为式(9.11)和式(9.12)：

$$\frac{\mathrm{d}X}{\mathrm{d}t} = \frac{k}{X} \qquad (9.11)$$

$$X\mathrm{d}X = k\mathrm{d}t \qquad (9.12)$$

后者经积分处理得到式(9.13)：

$$X^2 = 2kt^* + C \qquad (9.13)$$

当 $t^* = 0$，$X = X^*$ 时，有式(9.14)：

$$X^2 = X^{*2} + 2kt^* \qquad (9.14)$$

这里，k 是氧化膜生长的抛物线速率常数，X^* 是初始稳态厚度，X 是在时间 t^*（撞击间隔时间）后的氧化膜厚度，即稳态下在 t^* 秒间隔内，形成和去除的氧化膜厚度为 d，则 $X = X^* + d$。代入式(9.14)后，得到稳态厚度 X^* 的表达式(9.15)：

$$X^* = \frac{2kt^* - d^2}{2d} \qquad (9.15)$$

如果这个值为正值，则形成有限厚度的氧化膜，反应体系位于状态 1。如果为负值，意味着氧化膜生长速率不足以超过冲蚀所致的流失，因此反应体系可能位于状态 2。已有文献计算了 Co 和 Ni 在 700 ℃ 冲蚀-氧化条件下的 X^* 值[13]。

在 700 ℃，氧化铝粒度为 20 μm，流速为 463 mg·min^{-1} 时，NiO 和 CoO 的冲蚀速率常数分别为 9×10^{-7} cm·s^{-1} 和 3.5×10^{-7} cm·s^{-1}。撞击间隔时间是 10.5 s，NiO 和 CoO 经每次撞击被去除的膜厚度分别为 9.5×10^{-6} cm 和 3.7×10^{-6} cm。氧化物生长的抛物线速率常数为 2.04×10^{-13} cm^2·s^{-1} 和 6.73×10^{-11} cm^2·s^{-1}，根据式(9.15)得到 NiO 和 CoO 的 X^* 值分别为 -4.5×10^{-6} cm 和 1.9×10^{-4} cm，结果见表 9.1。X^* 的计算值和实测值比较同样列于表 9.1。

表 9.1　700 ℃冲蚀－氧化作用下氧化膜稳态厚度的理论计算值与实测值比较

（氧化铝颗粒尺度为 20 μm，流速 463 mg·min^{-1}，粒子撞击间隔为 10.55 s）

体系	$\dfrac{k_{eo}}{(\,cm\cdot s^{-1}\,)}$	t^*/s	$d\,(\,=k_{eo}t^*\,)$/cm	X^*（从式（9.12）计算值）/cm	X^*（文献 13 中测量值）/cm
NiO	9.0×10^{-7}	10.5	9.5×10^{-6}	-4.5×10^{-6}	No scale
CoO	3.5×10^{-7}	10.5	3.7×10^{-6}	1.9×10^{4}	$3-4\times10^{-4}$

　　根据以上结果，Ni 在上述条件下的冲蚀－氧化应当位于状态 2，而 Co 的反应位于状态 1。实验观察证实了这个简单的半定量分析。

　　上述处理方法对于 CoO 这类高温下不脆的氧化膜非常有效。NiO 在冲击作用下表现为塑性，氧化膜的损耗有时表现为氧化膜剥落。可以推测，越符合化学计量的氧化物越容易发生剥落失效。

　　有关状态 2 的冲蚀－腐蚀交互作用的研究较少，可以定性描述此状态的一些材料退化机制，但很难定量分析。在此状态，由于基体的快速退化，几乎没有氧化物残留在表面。这说明，当氧化物形成时就被完全去除。于是，氧化物的形成和去除必然以最快速率进行，如同在新鲜的金属表面一样；此时由于氧化放热，加热速度必然很高。此外，在粒子撞击下，基体发生变形形成起伏表面，增大了表面积。进而，冲击能消耗于基体表面的塑性变形，因此基体迅速被加热[5,6,22-24]。以上这些现象都很难定量分析。

　　将冲蚀－腐蚀过程作为温度的函数令人感兴趣，一些研究人员报道了他们的研究结果，可见两个不同速率下，冲蚀－腐蚀速率与温度的关系呈"铃铛曲线"[25-27]。对图 9.12 的这种关系，同样可以用上面讨论的机制解释。低温下，腐蚀或氧化速率较低，冲蚀－腐蚀过程主要表现为冲蚀作用，因此材料的退化较慢。随着温度升高，氧化速率增大，金属表面转变为氧化物的速率增大，氧化物被冲蚀去除，因此总体退化速率增大。最初，体系在低温下处于状态 2。随着温度升高，在某个温度下形成的氧化物不能被完全冲蚀去除，体系进入状态 1。此时，材料的退化速率达到最大值。进一步提高温度有利于稳态氧化膜的形成，相应的退化速率降低。继续提高温度，基体和氧化物的塑性更高，通过表面塑性变形能够吸收更多的冲击能。在此条件下，冲蚀减重下降，而氧化增重增加，导致退化速率的降低。

　　图 9.12 表明，增加冲蚀强度使整个曲线向右（高温）移动，退化最大值出现在更高的温度下。同样可见，在图中虚线所示的温度，低冲蚀速率体系位于状态 1，高冲蚀速率体系位于状态 2。冲蚀速率的增大可以简单地通过增加颗粒速度实现。

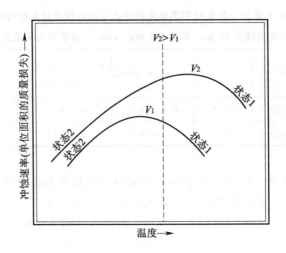

图 9.12 冲蚀 - 腐蚀速率与温度、粒子流速的关系

合金的冲蚀 - 腐蚀

合金的冲蚀 - 腐蚀与纯金属相似，但又有一些重要的不同：

- 可以有多种氧化物形成。
- 初期氧化物可能被去除，此后可能形成不同的氧化物。
- 合金中可能形成浓度梯度。
- 合金的强度一般比纯金属高，冲击产生的变形层较薄，吸收的能量较小。

可以发现，大多数冲蚀 - 腐蚀引起的材料高温退化是由于表面氧化膜的形成和去除。冲蚀直接造成金属退化的作用不显著。因此，与氧化膜生长速率高的合金相比，可形成生长速率慢、保护性氧化膜的合金在冲蚀 - 腐蚀作用下可能退化较慢。这在冲蚀强度很低的情况下，已有实例报道[28]。然而，在两种情况下可产生例外的结果。首先，由于合金表面氧化膜的去除和再生，合金表面形成最具保护性的氧化膜，并在合金表面形成浓度梯度。此时，表面保护性合金组元的浓度随时间降低，最终无法提供形成这种保护性氧化膜所需的浓度。这与氧化膜的持续剥落相似。第二种情况是在冲蚀作用下，保护性氧化膜不能通过水平生长完全覆盖合金表面。当所有合金组元的氧化物达到热力学稳定并覆盖在合金表面时，合金表面处于一种延伸的暂态氧化阶段。由于合金主要的金属基体，如铁或镍，可形成快速生长的氧化物，这种情况通常会导致合金的快速退化，尽管合金中含有保护性氧化膜形成组元。

已在 Ni - Cr 合金体系中观察到这种行为[29]。该研究将纯 Ni、Ni - 20%（质量分数）Cr 和 Ni - 30%（质量分数）Cr 合金暴露于 700 ℃ 和 800 ℃ 的冲蚀 -

腐蚀环境。冲蚀气流含氧化铝粒子尺寸为 20 μm,加料速率为 400 mg·min⁻¹,流速为 75 m·s⁻¹ 和 125 m·s⁻¹,冲击角度为 90°。在该两温度空气中单纯氧化结果表明,合金都能够形成保护性氧化铬膜,而且氧化速率很低。然而在冲蚀－腐蚀环境中,两种合金的退化速率高,与纯镍的退化速率相当或相等,见图 9.13。在冲蚀表面可以发现氧化镍和氧化铬,但观察不到尖晶石氧化物。这表明,氧化物被迅速去除,因此没有足够的时间形成尖晶石。对此结果提出的解释认为,粒子冲刷流去除氧化物的速率高于氧化物铺展生长的速率,因此阻止了连续氧化铬膜的形成。这种例子被描述为“冲蚀维持的暂态氧化”状态。这一机制暗示,存在冲蚀作用时保护性氧化膜的形成和维持较为困难。因此,不能套用在无冲蚀情况下合金单纯的高温氧化行为来解释合金在冲蚀－腐蚀环境中的高温氧化行为。

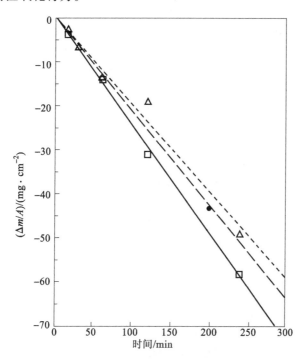

图 9.13　铬合金化对镍基合金冲蚀－氧化动力学的影响(90°,700 ℃,75 m·s⁻¹)
(短虚线—Ni;长虚线—Ni–30%(质量分数)Cr;实线—Ni–20%(质量分数)Cr)

□ **参考文献**

1. I. Finnie, *Wear*, **3**(1960), 87.
2. J. G. Bitter, *Wear*, **6**(1963), 5.
3. J. G. Bitter, *Wear*, **6**(1963), 169.

4. G. P. Tilly, Erosion caused by impact of solid particles. In *Treatise on Materials Science and Technology*, ed. , C. M. P. Reese, New York, Academic Press, 1979, p. 287.

5. I. Finnie and S. Vaidyanathan, 'Initiation and propagation of hertzian ring cracks. ' In *Fracture Mechanics of Ceramics*, eds. , R. C. Bradt, D. P. H. Hasselman, and F. F. Lange, New York, Plenum Press, 1974, p. 231.

6. P. G. Shewmon, *Wear*, **68**(1981), 254.

7. I. M. Hutchings, *Wear*, **35**(1975), 371.

8. G. Sundararajan, *Wear of Materials*, Orlando, FL, ASME, 1991, p. 111.

9. R. Bellman and A. V. Levy, *Wear*, **70**(1981), 1.

10. G. Sundararajan and P. G. Shewmon, *Wear*, **84**(1983), 237.

11. I. M. Hutchings, *Wear*, **70**(1981), 269.

12. A. G. Evans and T. R. Wilshaw, *Acta Met.* , **24**(1976), 939.

13. C. T. Kang, F. S. Pettit, and N. Birks, *Met. Trans.* , **A18**(1987), 1785.

14. S. Hogmark, A. Hammersten, and S. Soderberg, On the combined effects of erosion and corrosion. *Proceedings of the 6th International Conference on Erosion by Liquid and Solid Impact*, J. E. Field and N. S. Corney, eds. , Cambridge, 1983, p. 37.

15. D. M. Rishel, N. Birks, and F. S. Pettit, *Mat. Sci. Eng.* , **A143**(1991), 197.

16. G. Sundararajan, *Proceedings of the Conference on Corrosion-Erosion-Wear of Materials at High Temperature*, ed. A. V. Levy, Houstan, TX, NACE, 1991, p. 11 – 1.

17. S. L. Chang, F. S. Pettit, and N. Birks, *Oxid. Met.* , **34**(1990), 23.

18. V. J. Sethi and I. G. Wright, *Proceedings of the Conference on Corrosion-Erosion-Wear of Materials at High Temperatures*, ed. A. V. Levy, Houstan, TX, NACE, 1991, p. 18 – 1.

19. S. L. Chang, F. S. Pettit, and N. Birks, *Oxid. Met.* , **34**(1990), 47.

20. C. S. Tedmon, *J. Electrochem. Soc.* , **113**(1966), 766.

21. N. Birks, F. S. Pettit, and B. Peterson, Mat. Sci. Forum, **251 – 254**(1997), 475.

22. S. L. Chang, Ph. D. Thesis, University of Pittsburgh, PA, 1987.

23. R. A. Doyle and A. Ball, *Wear*, **151**(1991), 87.

24. I. M. Hutchings and A. V. Levy, *Wear*, **131**(1989), 105.

25. M. M. Stack, F. H. Stott, and G. C. Wood, *Corr. Sci.* , **33**(1992), 965.

26. D. J. Hall and S. R. J. Saunders, *High Temperature Materials for Power Engineering*, Liége, Belgium, Kluwer Academic Publishers, 1990.

27. B. Q. Wang, G. Q. Geng, and A. V. Levy, *Wear*, **159**(1992), 233.

28. A. V. Levy, *Solid Particle Erosion-Corrosion of Materials*, Materials Park, OH, ASM International, 1995.

29. R. J. Link, N. Birks, F. S. Pettit, and F. Dethorey, *Oxid. Met.* , **49**(1998), 213.

10

防护涂层

引言

涂层被广泛地用于装饰或防护已有若干世纪，涂层可以有多种多样的用途，包括为基材赋形、赋予刚度或强度等。涂层在常温的最大用途是珠宝业用以修饰珠宝的外观、陶瓷业用搪瓷层修饰外观并提高其抗渗透性、汽车业用以防止汽车的腐蚀等。这些行业迄今已取得了巨大的成功。

涂层在高温下应用的目标在于为廉价的但易受腐蚀的材料提供表面防护，例如热交换器用的复合挤压管材，或者为按强度要求设计的但内在的抗高温腐蚀性能却不足的合金提供表面防护。具有代表性的应用有：燃烧矿物燃料的蒸气锅炉发电设施，飞机和海洋舰船动力的燃气轮机以及地面电站用的燃气轮机等。近年来，陶瓷涂层作为绝热层、热障涂层以减缓合金的退化显得越发重要，尤其是在燃气轮机上的应用。本章参考文献1对各种类型的涂层进行了广泛详尽的描述。

本章对高温使用的各种涂层的制备、应用和退化过程进行了总结。

涂层系统的分类

扩散涂层

扩散涂层的基材表面富含耐高温腐蚀的元素，代表性的有铬（渗铬）、铝（渗铝）或硅（渗硅）；基材也参与涂层的形成，基材中的元素进入到涂层中；在涂层下面的基材中形成扩散层。耐高温腐蚀的元素在表面的富集不仅有利于通过选择性氧化生成保护性氧化膜，而且当氧化膜不可避免地发生剥落时，能够在相当长的时间内保障形成保护性氧化物的元素的供给，以生成新的保护性的氧化膜。已有多种扩散涂层在使用。在这部分，将较详细地介绍 Ni 基合金渗铝涂层来说明基本原理，随后简要介绍其他扩散涂层。

Ni 基合金渗铝涂层

最普通的渗铝方法为粉末包埋渗铝（pack cementation），该工艺的商业化已经有很多年了[2]。渗铝过程示意图如图 10.1 所示[3]，将基材埋入粉末混合物（渗剂）中，混合物由 Al 源粉末、卤化物活化剂和填料组成，Al 源粉末可以是金属 Al 粉或适合的合金粉，填料通常为惰性的氧化铝。渗剂一般含有 2% ~ 5% 的活化剂，25% 的 Al 源，剩下的为填料，填料的作用在于支撑器件以及为铝源和活化剂反应所产生的气体提供扩散通道。

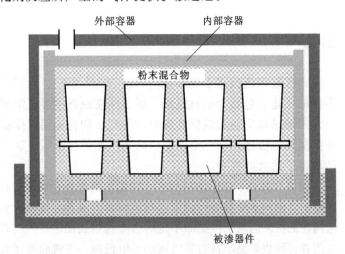

图 10.1　包埋渗铝装置示意图

加热时活化剂在渗剂中挥发，与铝源反应生成挥发性的涂层金属的化合物。例如，在 NaCl 为活化剂的渗剂中，发生式(10.1) ~ 式(10.3)所示的反应：

$$3NaCl(g) + Al(l) \Longrightarrow AlCl_3(g) + 3Na(g) \tag{10.1}$$

$$2AlCl_3(g) + Al(l) \Longrightarrow 3 AlCl_2(g) \tag{10.2}$$

$$AlCl_2(g) + Al(l) \Longrightarrow 2AlCl(g) \tag{10.3}$$

铝的氯化物的相对分压由铝源中 Al 的活度、活化剂的用量以及温度决定，渗剂通常处于氩气等惰性气体的保护中，以免铝源和基材被氧化。

挥发性的物质通过渗剂向基材表面扩散，并在那里发生沉积反应。气态混合物中挥发性物质的种类和数量反映了铝源中铝的活度，被渗器件则成为铝的低活度陷阱，这样就使包括式(10.4)～式(10.8)等多种沉积反应成为可能。

$$歧化 \quad 2AlCl(g) \Longrightarrow \underline{Al} + AlCl_2(g) \tag{10.4}$$

$$3AlCl_2(g) \Longrightarrow \underline{Al} + 2AlCl_3(g) \tag{10.5}$$

$$置换 \quad AlCl_2(g) + \underline{Ni} \Longrightarrow \underline{Al} + NiCl_2(g) \tag{10.6}$$

$$直接还原 \quad AlCl_3(g) \Longrightarrow \underline{Al} + \frac{3}{2}Cl_2(g) \tag{10.7}$$

而且，对于含有氢的活化剂，例如 NH_4Cl，发生氢还原反应，见式(10.8)：

$$氢还原 \quad AlCl_3(g) + \frac{3}{2}H_2(g) \Longrightarrow \underline{Al} + 3HCl(g) \tag{10.8}$$

(下画线指该物质存在于固态的基材中)。置换反应在 Ni 基合金渗铝过程中并不是主要的，但在铁和钢渗铬过程中往往是占主导的[4]。

基材表面建立的 Al 活度由铝源中的 Al 活度和反应气体通过渗剂的传输动力学决定，铝源中 Al 的贫化和活化剂的贫化都会对这两个因素产生影响，因而 Al 活度也受制于渗剂向周围排气的程度。Levine 和 Caves[5] 以及 Seigle 和合作者[6~9] 分析了渗铝过程的传输动力学。Al 活度决定 Al 浓度，因而决定涂层中的相组成，如相图 10.2 所示。Ni 基高温合金通过包埋渗铝制备的两种典型涂层见图 10.3[10]，图 10.3(a) 所示的是在低温下高活度渗剂中形成的向内生长的涂层，图 10.3(b) 所示的是在高温下低活度渗剂中形成的向外生长的涂层，这些涂层的形成机制在文献 2

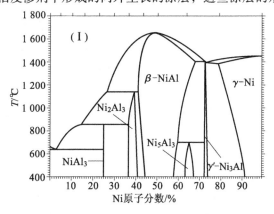

图 10.2 Ni – Al 体系相图

原始界面

20μm

20μm

(a)   (b)

图 10.3   Ni 基高温合金(a)"高活度"渗铝涂层(退火后)和(b)"低活度"渗铝涂层
截面形貌(照片引自:G. W. Goward,D. H. Boone,Oxid. Met. ,3(1971),
475,经 Springer Science and Business Media 允许复制)

中进行了详细描述。包埋渗铝与其他制备扩散型涂层的方法相比有几种优势,其中
之一就是渗剂有支撑被渗材料的作用,能防止大的器件的下弯,商业上使用的渗铝
工艺如 Alonizing™可为数米长的管道制备富铝涂层。

包埋渗铝的另外一个优势就是渗剂和基材相接触,这使得渗层成分较均
匀,沉积速率较快,但是这种接触也有一点不足,就是渗剂中的物质会裹入涂
层中,尤其是在涂层向外扩散生长的低活度渗铝的情况下。要避免这种情况,
可将基材与渗剂分隔开。在图 10.4 所示的"基材在渗剂之上"的渗铝(above-
the-pack aluminizing)工艺中[3],基材固定在渗剂的上面,涂层反应气从渗剂中
产生然后向上流动到基材表面。渗铝工艺的另一个改进就是化学气相沉积
(CVD)[3],注意粉末包埋和基材在渗剂之上的渗铝实际上都是化学气相沉积
过程。在图 10.5 所示的 CVD 过程中,涂层反应气从外部产生,然后充入装有
被渗材料的真空容器中。CVD 方法制备涂层的优势在于成分可调性大,反应
气可输送到内腔中,例如燃气轮机叶片的内冷却孔中。

近来,添加铬来提高 Ni－Al 合金的抗腐蚀性能的需求,推动了旨在实现
Cr 和 Al 共渗的研究。用纯金属粉末通过包埋渗铝来实现 Al 和 Cr 共渗很困难,
Al 和 Cr 的卤化物的热稳定性的巨大差异造成渗剂中产生的挥发性物质混合物
以 Al 的卤化物为主[11]。但是,如果使用铬－铝(Cr－Al)二元合金,那么相对

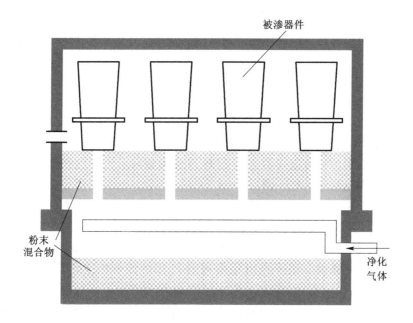

图 10.4 "基材在渗剂之上"的渗铝过程示意图

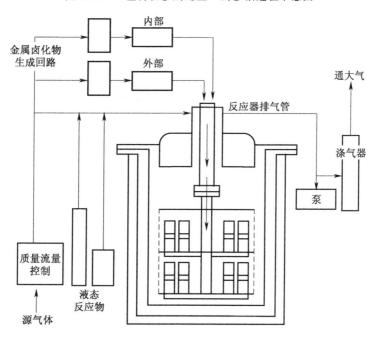

图 10.5 CVD 渗铝过程示意图

较高的铝的卤化物的蒸气压将得以降低,这是由于富铬合金与理想状态相比呈负偏差,合金中铝的活度可降低几个数量级,Al 的热力学活度的降低将导致生成的铝的卤化物(在其他条件下优先生成)的蒸气压(例如，AlCl，AlCl$_2$，AlCl$_3$)降低，从而使生成的铝的卤化物和铬的卤化物的蒸气压差别不大。因此，如果选择了适合的活化剂和二元合金，Ni 基合金 Al 和 Cr 共渗是可能的。Rapp 及合作者[12-14]用这种方法在 Ni 基高温合金表面制备了铬含量高达 13%(原子分数)的 β - NiAl，结果显示这种涂层在 900 ℃时的抗热腐蚀性能优于不含 Cr 的渗铝涂层[14]。Da Costa 等[15,16]使用富 Cr 合金及复合活化剂(NaCl + NH$_4$Cl)得到的渗层中 Cr 含量高达 40%(原子分数)。

铝扩散涂层的一种重要改进型是 Pt 改性渗铝涂层[3]。这种涂层的制备是先在基材表面电化学沉积一薄层 Pt 或 Pt - Ni 合金，然后在渗铝之前进行铂扩散退火，由于铝通过铂层向内扩散，生成的涂层在涂层 - 气相界面为 Pt 固溶的 β - NiAl。在某些制备条件下涂层中还会析出第二相 PtAl$_2$，图 10.6 给出的 Ni 基合金表面 Pt 改性渗铝涂层的原始组织中明显可见 PtAl$_2$ 相。对于给定的一系列退火和渗铝条件，用薄的 Pt 层能得到 Pt 固溶的单相 β - NiAl，用厚的 Pt 层可得到两相(β + PtAl$_2$)涂层，用更厚的 Pt 层可在 β - NiAl 层上面生成完整的 PtAl$_2$[17]。对于固定的渗铝条件，Pt 层的存在可增加涂层中 Al 的俘获量[18]，这是 Pt 降低了涂层中 Al 的活度系数的结果。观察发现对于某给定的高温合金，Pt 改性渗铝涂层与简单渗铝涂层相比，抗循环氧化性能和耐腐蚀性能明显提高[19]，可能的作用机制将在涂层退化部分给予描述。

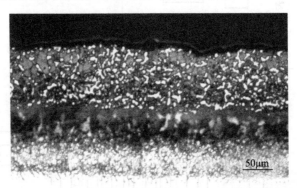

图 10.6   Ni 基高温合金 Pt 改性渗铝涂层截面的光学显微照片
(该涂层是在 β - NiAl 基体上可生成第二相 PtAl$_2$(白亮相)的条件下制备的)

渗铬涂层

可以用与渗铝类似的包埋渗铬的方法制备渗铬涂层[4,20]。图 10.7 为典型的锅炉钢表面渗铬涂层的示意图，涂层为 Cr 固溶的铁素体，从表面到涂层 - 基材界面存在 Cr 浓度梯度；钢中碳向外扩散，在表面形成铬的碳化物层，铬的碳化物还在涂层的晶界析出；在外碳化物层的下面可见孔洞。碳化物层和孔

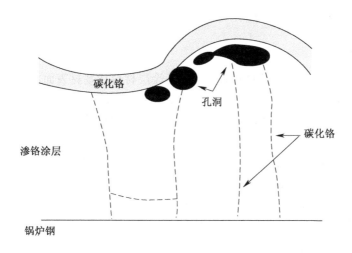

碳化铬

孔洞

碳化铬

渗铬涂层

锅炉钢

图 10.7　典型锅炉钢表面形成的渗铬涂层的截面示意图

洞可以通过选择活化剂来消除[4,20]。

渗硅涂层

难熔金属渗硅涂层用于在极高的温度短时保护难熔金属防止其氧化已经有多年了[21]。这种涂层具有极好的防护性能，但在需要长期稳定性的场合的应用受到限制，这是由于存在下列问题：加速氧化和粉化、在低氧分压下 SiO 挥发、与基材发生互扩散以及涂层和基材热膨胀系数不匹配导致开裂等。Packer[22] 及 Kircher 和 Courtright[23] 对这些因素进行了详细的综述。Rapp 及其合作者[24,25] 曾致力于提高防护 Nb 基和 Mo 基合金的 $MoSi_2$ 基涂层的抗氧化性能，该涂层与 Nb 基合金的热膨胀匹配较好、但与 Mo 基合金的热膨胀匹配较差。用包埋渗硅法在 Nb 表面制备了 $MoSi_2$ 涂层，同时添加元素 W 强化涂层，还添加 Ge 来提高保护性 SiO_2 膜的热膨胀系数，增强其抗循环氧化性能并降低粘度，从而在低温下抑制加速氧化，这些涂层在 1 370 ℃ 循环氧化条件下为 Nb 提供了 200 h 的防护[24]。Mo 表面掺杂 Ge 和 Na[26]（渗剂中用 NaF 作活化剂）的渗层在低温下也成功抑制了加速氧化和粉化[25]。由于 Mo 和 $MoSi_2$ 热膨胀系数不匹配使涂层在从高温到低温的热循环过程中开裂加剧的相关数据未见报道。

制备扩散涂层的其他方法

有多种制备扩散涂层的方法没有详细介绍，其中之一就是料浆法（slurry coating）。用一种加热时能燃尽的挥发性的悬浊中间体（粘结剂）制备料浆，然后将含活化剂和金属源的料浆涂敷于基材表面再将其加热，涂层的形成过程与包埋渗铝类似；还有就是使用不含活化剂的料浆，在基材加热过程中料浆熔化，并在与基材发生互扩散的过程中重新固化。另一种简便的方法是热浸法（hot-dip coating），就是将基材浸入装有熔融液体的容器中，热浸法最常用于在钢表面制备锌涂层(镀锌),也被广泛用于在钢表面制备铝涂层。

包覆涂层

包覆涂层与扩散涂层的明显不同就是涂层材料在基材表面沉积时只与基材发生能够提高涂层结合力的相互作用。由于基材实际上不参与涂层的形成,因此涂层成分的选择更具多样性。而且,难以添加到扩散涂层中的元素也能够加入包覆涂层中。一个重要的例子就是 Cr,如前所述,Cr 很难加入到扩散渗铝涂层中,但非常容易加入到包覆涂层中,Ni – Cr – Al 和 Co – Cr – Al 体系的包覆涂层经常用于高温合金的防护。少量的活性元素(例如 Y,Hf)也被加入到包覆涂层中,而这些元素是很难(有时甚至不可能)加入到扩散涂层中的。涂层成分选择的多样性也使其力学性能能够满足应用需求。

包覆涂层可通过物理的沉积方法制备,最常用的是物理气相沉积(PVD),包括蒸发、溅射和离子镀,以及喷涂技术(等离子喷涂,火焰喷涂等)。

物理气相沉积(蒸镀)

物理气相沉积的用途广泛,可用于沉积金属、合金、无机化合物或者上述这些物质的混合物,甚至一些有机材料,沉积过程包括三个基本步骤:

- 沉积材料的合成。
- 蒸气从源到基材的传输。
- 在基材表面凝聚、膜的形核和生长。

物理气相沉积制备的包覆涂层与其他方法制备的涂层相比具有几个重要的优势:

- 成分选择具有多样性。
- 基材温度在较宽的范围内变化。
- 沉积速率高。
- 结合力好。
- 沉积层纯度高。
- 表面光洁度好。

蒸发在低气压下进行,反应室抽真空,然后充入所需的气体,气体的分压保持在适当的较低的水平。由于蒸发是一种"视线"过程,工件必须旋转和翻转,以便在复杂的形状上获得均匀的镀层。可用石英灯或扩散电子束加热基材来提高镀层的粘附性。

源的加热方法有多种。电阻加热法使用 W, Mo 或 Ta 加热丝或加热带,优点在于这些材料的蒸气压较低,不会污染沉积物。可将蒸发源盛装在氮化硼或二硼化钛的坩埚中加热。感应加热是加热装在绝缘坩埚中的感应蒸发源。电弧和激光源也可用于加热蒸发物。

制备高温体系 PVD 涂层的最常用的加热方法为电子束加热，靶材放入水冷炉或水冷坩埚中，这样既可防止污染，又可获得高的能量密度，还可很好地控制蒸发速率。用热离子枪产生的电子束易控制，因此不需靠"视线"过程射到靶材，而是能从边角处导入撞击靶材，设备在空间布置上有优势。图 10.8（a）是用于在高温

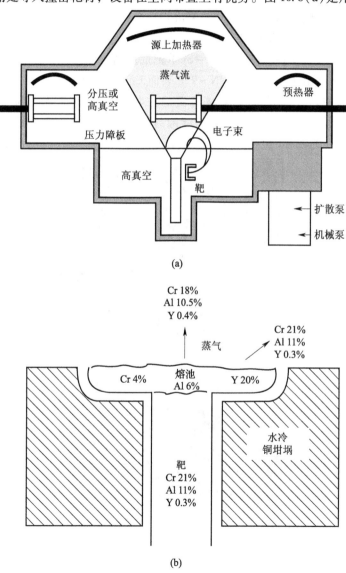

图 10.8　（a）物理气相沉积设备的示意图，（b）沉积 Co – Cr – Al – Y
涂层时熔池和蒸气成分的关系

合金表面电子束物理气相沉积(EB - PVD)M - Cr - Al - Y 涂层的设备的示意图，电子束导入熔池中，蒸发源材料，样品在蒸气流中旋转沉积涂层。

单源合金涂层的制备是用一个铸造的合金靶锭，导入电子束使其蒸发在基材表面沉积涂层。在这种情况下，合金组元的蒸发速率必须相近，才能沉积出适当组成的涂层，否则必须对靶锭的成分进行调整。在图 10.8(b) 中以 Co - Cr - Al - Y 涂层的沉积为例说明了靶锭、熔池和蒸气流的组成之间的关系。还可用纯金属、合金或化合物多个源来沉积合金涂层，这样各个源的蒸发速率不受其他源的制约，因此可获得需要的沉积层。已成功地用 Ni - Cr - Al - Y，Co - Cr - Al - Y 和 Ni - Cr - Al - Y - Si 单靶批量制备了涡轮叶片涂层。

图 10.9 给出了 Ni 基合金 IN - 738 表面 Co - Cr - Al - Y 涂层的表面和截面形貌。涂层中晶粒为垂直于基材表面的柱状晶，在柱状晶之间有间隙，叫"脉管"。涂层先经喷丸形变处理使缝隙封闭，然后热处理获得稳定的显微组织。图 10.10 为图 10.9 中的涂层经过上述处理后的形貌，涂层由 β - CoAl 和

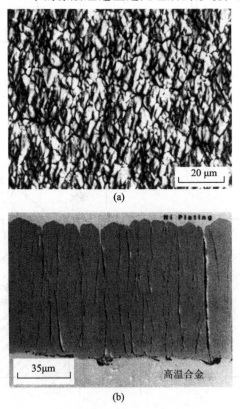

图 10.9　IN - 738 表面 EB - PVD 方法沉积的 Co - Cr - Al - Y
包覆涂层的表面(a) 和截面(b) 的扫描电镜照片

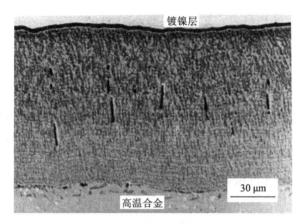

图 10.10　IN - 738 表面 EB - PVD 方法沉积的 Co - Cr - Al - Y 包
覆涂层在喷丸和退火处理后截面的光学显微照片

Co 基固溶体两相组成，涂层中仍可见到"脉管"的痕迹。图 10.11 是 EB - PVD 制备的 Ni - Cr - Al - Y 涂层的高倍照片，也呈两相显微组织，由 β - NiAl 和

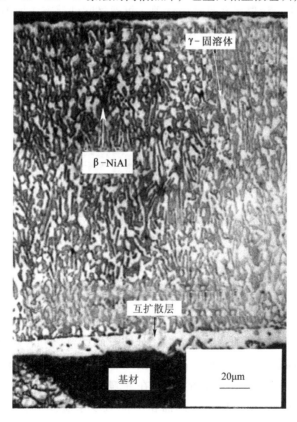

图 10.11　EB - PVD Ni - Cr - Al - Y 涂层截面的光学显微照片

γ–Ni 固溶体组成。

蒸镀技术存在的问题如下：

- 资金投入高。
- 设备、操作复杂。
- 样品需要具备可操作性。
- 如果合金组元的蒸气压差别较大，涂层成分的重复性可能较差。

制备合金涂层的另一个方法为沉积数层纯金属层，然后扩散退火，但制备过程复杂，总的沉积速率下降。

反应蒸发可用于沉积化合物，例如，可以将铝蒸发到含氧的气氛中沉积一层氧化铝层，一般 PVD 系统中气压非常低，平均自由程大于靶源到工件的距离，这意味着反应一定发生在样品的表面。

等离子喷涂

等离子喷涂技术已经应用了约 30 年了[27]。图 10.12 为等离子喷涂过程的简单示意图，粉末送入到等离子焰流中加热，熔融的粉末喷到样品表面，形成任意厚度的涂层。涂层多孔且粘附性差，可通过吹砂等方法增加基材表面的粗糙度来提高粘附性，也可施加 Ni – Al 或 Mo 粘结层来提高涂层的粘附性，采用合适的沉积工艺可基本消除孔洞。

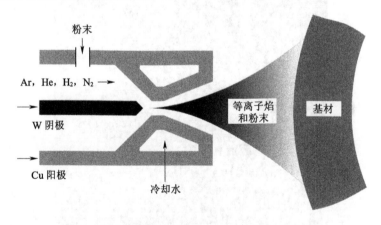

图 10.12　等离子喷涂过程示意图

等离子喷涂不会引起基材变形，喷涂可以在常压或低压下进行。甚至大多数难熔金属都可在等离子焰流中熔融，低熔点的材料（例如，高分子聚合物）也可以喷涂。提高粒子的速度可提高涂层的结合强度和密度，一般情况下，从等离子枪中射出的直径 20 μm 的粒子在距喷嘴 5 ~ 6 cm 的位置的速度为 275 m · s^{-1}。高的热交换率和短的滞留时间减少了金属氧化的概率。尽管如此，喷涂焰流中还是会捕获一些空气，因此含有较多活泼组元（Al, Ti, Y 等）的合金需要在真空室里(低压等离子喷涂,LPPS)或由惰性气体(例如氩气)罩着的等离子体中进行喷涂。图 10.13 为使用氩气罩等离子喷涂法制备的 Ni – Co – Cr – Al – Y 涂层的显微组织,与 EB – PVD 制备的涂层的组织非常相似。LPPS 和氩气罩等离子喷涂法有一个重要的优势,就是几乎任意成分的合金涂层都可用粉末喷涂来制备。

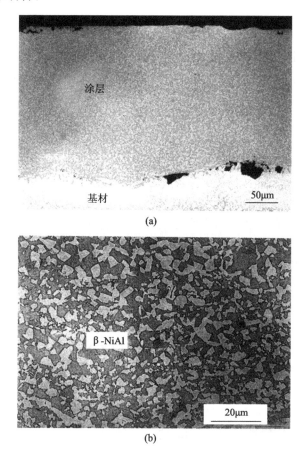

图 10.13 (a)用氩气罩等离子喷涂法在单晶高温合金
表面沉积的 Ni – Co – Cr – Al – Y 涂层截面的扫描电
镜照片,(b)显示涂层显微组织细节的高倍照片

其他喷涂技术

爆炸喷涂是令一定量的粉末在乙炔 – 氧混合气连续爆炸的推动下加速,速度可达 750 m·s⁻¹ 的数量级,温度高达 4 000 ℃,沉积的涂层具有非常高的结合强度,但有一定的孔隙率。

火焰喷涂主要用于不与火焰反应的氧化物和陶瓷的喷涂,热源为氧气 – 燃料气的燃烧火焰，喷涂材料可以为线材或粉末，涂层厚度可达 50 μm 甚至更厚，但涂层的孔隙率要高于爆炸喷涂和等离子喷涂的涂层。

其他沉积包覆涂层的技术

溅射是 PVD 的另一种形式。在真空条件下，从离子枪射出的高能粒子撞击靶材或源材料，通过动量传输将靶材或源材料激发到气相中，到达基材形成涂层。

包裹法(cladding)可能是最古老的一种制备涂层的方法。这种方法只是简单地用保护性表面层将基材覆盖，一般采用碾压结合、双金属挤压或者爆炸包覆等机械方法制备。在电力行业中用双金属挤压法在廉价的低强度等级的钢管上包覆抗氧化的材料例如不锈钢或 IN − 671[50% Ni − 50% Cr(质量分数)]。

热障涂层

热障涂层(TBCs)是施加于部件表面的陶瓷涂层，目的是为了隔热而不是氧化防护。隔热涂层和内通道空冷的应用降低了部件的表面温度，随之也降低了部件的蠕变和氧化速率。TBCs 的应用使燃气轮机的效率得到了显著提高[28−30]。

最早的 TBCs 是在 20 世纪 50 年代施加在飞机发动机部件表面的玻璃料搪瓷涂层[28]，陶瓷 TBCs 最开始是使用火焰喷涂制备的，后来才使用等离子喷涂，氧化铝和氧化锆(MgO 或 CaO 稳定的)陶瓷材料一般直接喷涂于部件表面，涂层的有效性受到氧化铝相对较高的热导率和氧化锆基材料不稳定性的限制[28]。在 TBCs 的发展史上取得的重要进展包括：在 20 世纪 70 年代中期 Ni − Cr − Al − Y 粘结层的使用和等离子喷涂技术制备 Y_2O_3 稳定的氧化锆表层，以及在 20 世纪 80 年代早期发展了 EB − PVD 技术沉积陶瓷表层[28]。等离子喷涂的 TBCs 在燃烧室衬里上已应用多年，而新型 TBCs 可涂敷导向叶片、甚至涡轮叶片的进气边。TBCs 的隔热效果可达 175 ℃[31]。

典型的 TBC 系统的示意图如图 10.14 所示，包括 Ni 基高温合金基材、形成氧化铝膜(热生长氧化物,TGO)的 M − Cr − Al − Y(M = Ni,Co)或扩散铝化物中间粘结层、氧化钇稳定的氧化锆(YSZ)TBC 表层。TBC 可通过大气等离子喷涂(APS)或 EB − PVD 制备。EB − PVD 涂层用于要求较高的场合，例如涡轮叶片型面的进气边。图 10.15 给出了典型的 APS 和 EB − PVD 方法制备

图 10.14　典型的 TBC 的结构示意图

的 TBC 截面照片。APS 涂层呈片层状结构，孔隙和微裂纹清晰可见，微裂纹是提高应变容限所必需的。EB – PVD涂层呈柱状晶结构，柱状晶被与图 10.9 中金属包覆涂层中"脉管"类似的通道分隔，这些通道的存在有利于提高 EB – PVD TBCs 的应变容限。

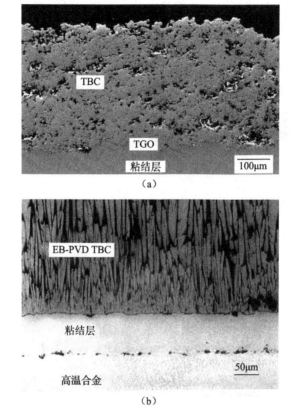

图 10.15　(a)沉积态 APS TBC 和(b)沉积态 EB – PVD TBC 截面的
扫描电镜照片。APS 涂层中有大量微裂纹，在图所示的低倍照片中不容易观察到

涂层的退化

抗氧化涂层

　　涂层退化的机制基本与第 5 章中合金的循环氧化、第 7 章中合金在混合 – 氧化剂中的腐蚀以及第 8 章中合金的热腐蚀类似。但是，还有另外一些因素会引起涂层的退化，由于涂层相对较薄，因此生成氧化膜元素(Al, Cr, Si)的存量有限，与基材的互扩散导致生成氧化膜元素贫化并使其他元素进入涂层。而

且，涂层系统中的力学因素可导致涂层变形，力学因素也是影响 TBCs 耐久性的关键因素。

扩散和包覆涂层的退化

Pt 改性渗铝涂层在 1 200 ℃暴露 20 h 后的显微组织如图 10.16 所示，仍可看到沉积态 β 相的柱状结构，Al 的贫化引起 γ′相（亮区）在 β 相晶界形核。同种涂层在 1 200 ℃氧化 200 h 后的显微组织见图 10.17，由于 Al 的贫化，涂层几乎完全转化成 γ′相，继续氧化将导致 γ′相向 γ 相转化。图 10.18 显示在涂层 – 氧化膜界面附近有富 Ta 相形成，这是在高温下热暴露过程中合金基材中的 Ta 向外扩散的结果。

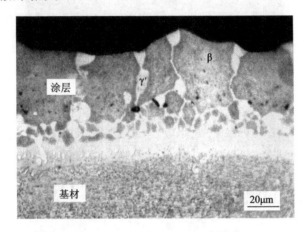

图 10.16　Ni 基单晶高温合金 Pt 改性渗铝涂层在 1 200 ℃氧化 20 h 后截面的光学显微照片（可见 β 相的原始晶粒结构，由于 Al 的贫化 γ′相开始在 β 相晶界形核）

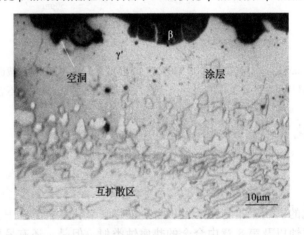

图 10.17　Ni 基单晶高温合金 Pt 改性渗铝涂层在 1 200 ℃恒温氧化 200 h 后截面的光学显微照片（由于 Al 的贫化，涂层几乎完全转化为 γ′相，进一步氧化将导致 γ′相向 γ 相转变）

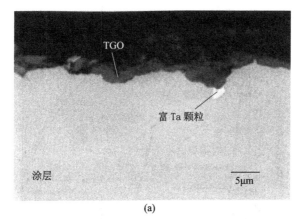

(a)

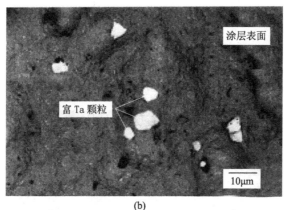

(b)

图 10.18　TGO 发生剥落的 Ni 基单晶高温合金 Pt 改性渗铝涂层的截面(a)和表面
(b)的扫描电镜照片(富 Ta 的金属颗粒显露在涂层 – 氧化膜界面)

图 10.19 比较了高温合金 IN – 738 以及合金经简单渗铝和 Pt 改性渗铝后
在 1 200 ℃空气中的循环氧化行为，渗铝涂层和 Pt 改性渗铝涂层对合金抗氧化
性能的提高显而易见。如果任意假定氧化失重达到 10 mg·cm^{-2}时对应的氧化
时间为系统的寿命，那么简单渗铝涂层可使合金寿命提高 6 倍，这是由于涂层
形成氧化铝膜，而合金形成生长速率较快的氧化铬膜，氧化铬膜中 CrO$_3$易挥
发，氧化铬也易发生剥落。Pt 改性渗铝涂层使合金寿命提高了 12 倍，是简单
渗铝涂层寿命的 2 倍。Pt 改性渗铝涂层提高合金抗氧化性能的原因并不完全
清楚，有人提出与 Pt 提高了 Al 的渗入量有关[19]，而且 Pt 存在时较低的 Al 的
活度系数减少了其向基材的扩散流量。有些人则认为 Pt 提高氧化铝膜与涂层
粘附性的机制在于抑制了合金和涂层中硫的作用[32]。

Pt 改性渗铝涂层在热暴露过程中表面通常会起皱，在 1 100 ℃热循环 1 000
次后铂铝涂层表面严重起皱(皱褶)，如图 10.20 所示，这种褶皱主要出现在循

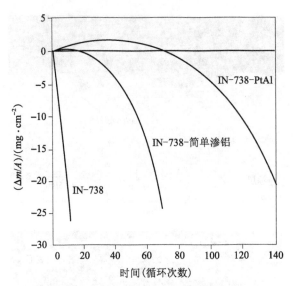

图 10.19 IN - 738 简单渗铝和 Pt 改性渗铝涂层在 1 200 ℃空气中的循环氧化数据

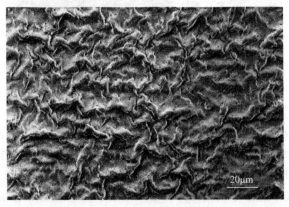

图 10.20 Ni 基单晶高温合金 Pt 改性渗铝涂层经 1 100 ℃ 1 000 次 1 h 循环氧化后的扫描电镜照片，涂层明显起皱

环氧化过程中，在恒温条件下热暴露后程度最轻，这是由于涂层和氧化物尤其是涂层与厚的基体之间的热膨胀系数不匹配造成的。氧化膜中的生长应力也有一定贡献。与铝向内扩散相比，镍从基材向涂层中的扩散更快，对皱褶形貌形成也起了一定作用。另外还与涂层的原始表面状态有关，光滑的涂层不易产生褶皱。

包覆涂层的退化行为与渗铝涂层相似，包覆涂层也易受互扩散的影响，图 10.21 对此进行了说明，图中给出了循环氧化后 Ni - Co - Cr - Al - Y 涂层的截面形貌，由于氧化膜的形成以及与基材的互扩散造成了 Al 的贫化，涂层 - 氧化膜界面和涂层 - 基材界面的富铝的 β 相开始溶解，随着热暴露时间的增长，

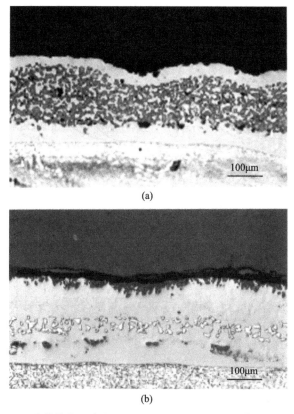

(a)

(b)

图 10.21　Ni 基单晶高温合金 Ni – Co – Cr – Al – Y 包覆涂层在 1 100 ℃空
气中经(a)200 次和(b)1 000 次 1 h 循环后截面的扫描电镜照片

贫化层向涂层的中间移动，直到 β 相完全消耗。与扩散涂层相比，包覆涂层
的力学性质可在较宽范围内变动，图 10.22 为扩散铝化物涂层和
Co – Cr – Al – Y涂层的断裂应变与温度的关系曲线，表明与渗铝涂层相比，
M – Cr – Al – Y涂层的力学性质可在较宽的范围内调整。

钛铝金属间化合物的防护涂层

钛铝的氧化速率较快(见第 5 章)且伴随发生脆化，因此，为这些合金表
面制备防护涂层的可能性引起了普遍关注。用包埋渗铝法在 α_2 – Ti$_3$Al[33,34]和
γ – TiAl[35]合金表面制备了 TiAl$_3$涂层，这些涂层能够形成连续的氧化铝膜，但
是 TiAl$_3$是非常脆的化合物，容易产生裂纹，特别是当涂层较厚时更是如
此[34]。而且在 α_2 或 γ 表面的 TiAl$_3$层似与合金高温热暴露后一样脆。

Ti – Cr – Al 合金能形成保护性的氧化铝膜，因此具备作为防护涂层应用的
可能性[36]。通过溅射、低压等离子喷涂、高速氧燃气喷涂和料浆熔化法在
γ – TiAl表面成功制备了 Ti – Cr – Al 涂层[36]，图 10.23 为溅射 Ti – Cr – Al 涂层的

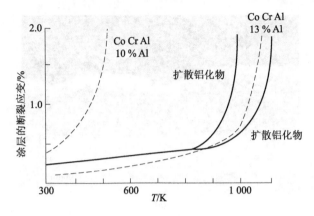

图 10.22　扩散铝化物涂层和 Co – Cr – Al – Y 涂层的断裂应变随温度的变化曲线，
表明相对于渗铝涂层，M – Cr – Al – Y 涂层的性质可在较宽的范围内调整

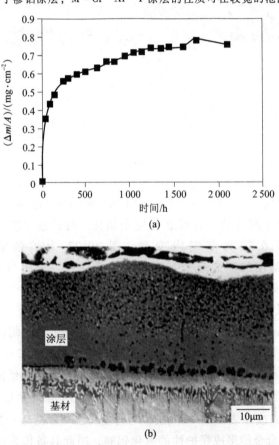

图 10.23　(a) γ – TiAl 表面溅射 Ti – Cr – Al 涂层在 900 ℃
的循环氧化动力学，(b) 氧化后涂层的截面

循环氧化动力学和热暴露后的截面形貌，可见涂层的氧化动力学与Ti－Cr－Al合金基材的相似，氧化和与基材的互扩散使涂层发生了轻微的退化。

Cockeram 和 Rapp[37]研究了 Ti 表面硅化物涂层的氧化动力学，并用卤化物活化的包埋渗硅法在正交 Ti－Al－Nb 合金基材表面制备了硼和锗掺杂的硅化物涂层[38]。涂层显著降低了循环氧化速率，显微硬度测量表明氧并没有向基材中扩散。

对于所有的钛铝合金，其表面的防护涂层具备的重要特点之一是必须能够防止间隙脆性，二是涂层本身不能是脆性的。在这一领域需要进行更深入的研究。

热障涂层

热障涂层（TBCs）的应用面临的主要挑战是涂层的耐久性，尤其是涂层抗剥落的能力。其主要影响因素与前面章节描述的类似，还有就是 TBC 的存在可影响粘结层的性能，而且 TBC 中的热应力可导致 TGO 发生剥落。问题的重要性在于 TBC 涂层一旦发生剥落后，就不会像简单的抗氧化涂层那样在氧化膜破落后可以再生。有若干限制 TBC 寿命的退化模式，必须弄清楚以便评价现存体系的使用寿命，为 TBC 系统的改进奠定基础。包括下面几个方面：

• 陶瓷表层内的裂纹会引起涂层部分剥落。

• 沿 TGO－粘结层界面以及/或 TGO－陶瓷表层界面的开裂会导致整个 TBC 发生剥落。

• TBC 在外表面温度最高的地方发生烧结。这会增加 TBC 的热导率，并提高涂层中蓄积的弹性能的总量，为涂层的开裂和剥落提供额外的驱动力。

• 粒子冲蚀使涂层连续磨损，大的粒子能够使涂层中以及 TBC 和粘结层界面产生裂纹。

影响 TBC 中或 TBC－粘结层界面裂纹产生的一些重要因素有：氧化锆层中的应力状态、粘结层的显微组织、TGO 层的厚度和应力状态以及粘结层和 TGO 之间各种界面的断裂抗力。由 Miller[39]第一个提出、目前得到公认的是粘结层的氧化是决定 EB－PVD TBCs 寿命的关键因素。粘结层形成不含过渡氧化物的 α－氧化铝层的能力，以及氧化铝与粘结层之间的粘附性是决定 TBCs 耐久性的关键因素。

一般认为，等离子喷涂的 TBCs 在陶瓷表层内部失效，而 EB－PVD 涂层在 TGO－粘结层界面或在氧化铝层剥落[30]，下面将看到这种观点有些过于简单了。

粘结层上面氧化铝膜中的残余应力也对剥落行为有重要影响。残余应力由生长应力和热应力决定，任一种应力都通过合金和/或氧化膜的塑性变形来松弛[40]。TBC 表层中的残余应力也对剥落起一定作用。

图 10.24 是施加铂铝粘结层和 EB－PVD TBC 表层的圆片状样品在 1 100 ℃

干燥空气中1 000次循环氧化后失效的宏观照片。图10.24(a)中开裂起始于样品的边缘，扩展过程中发生翘曲、分叉，图10.24(b)中翘曲起始于样品中心，然后向外扩展。

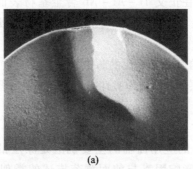

(a)

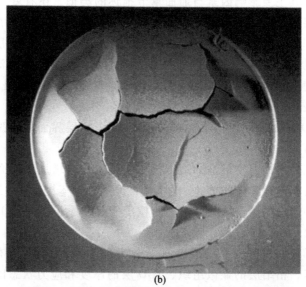

(b)

图 10.24　以 Pt 改性渗铝涂层为粘结层的 EB – PVD
表层失效的光学照片，详见文中

　　TBCs 的剥落失效一般源于在制备或热循环过程中产生的缺陷。图 10.25 (a)是用 EB – PVD 在 Pt 改性铝化物粘结层上面制备的沉积态 TBC 的截面形貌，可看到在 TBC – 粘结层界面有"玉米粒"状的缺陷，沉积 TBC 之前粘结层表面的凸凹不平导致了这些缺陷的形成，这些缺陷的存在引起粘结层在循环氧化过程中变形，从而导致 TBC 开裂，见图 10.25(b)。铂铝涂层容易起皱(图 10.20)也与这种变形有关。这些裂纹最终扩展会合在一起，TBC 发生宏观断裂。图 10.26(a)是 TBC 层剥落后粘结层的表面形貌，可见断裂主要沿着 TBC 和 TGO 发生，图 10.26(b)为截面形貌，说明缺陷是如何形成发展的。这

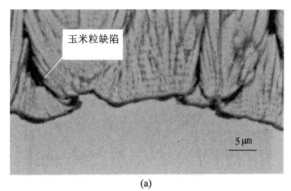

玉米粒缺陷

5 μm

(a)

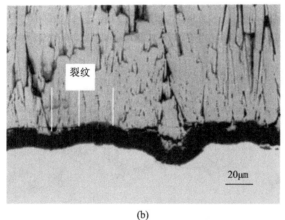

裂纹

20μm

(b)

图 10.25 （a）原始 Pt 改性渗铝粘结层截面的扫描电镜照片，给出了 EB – PVD
YSZ TBC 中的缺陷；（b）同样的涂层热循环后近乎失效状态的截面照片，说明缺
陷怎样扩展并在 TBC 中产生裂纹

种 TBC 的失效模式叫做"棘轮断裂"[41]。

图 10.27（a）为 Ni – Co – Cr – Al – Y 粘结层及其表面 TBC 的截面形貌，可

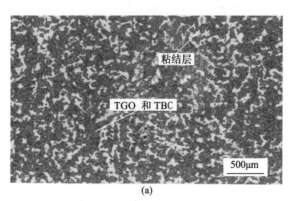

粘结层

TGO 和 TBC

500μm

(a)

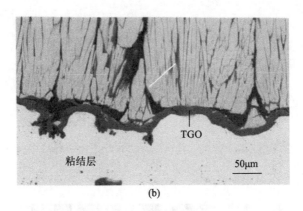

(b)

图 10.26　以 Pt 改性渗铝涂层为粘结层的 EB – PVD YSZ TBC 体系失效后
(a)粘结层表面和(b)截面的扫描电镜照片

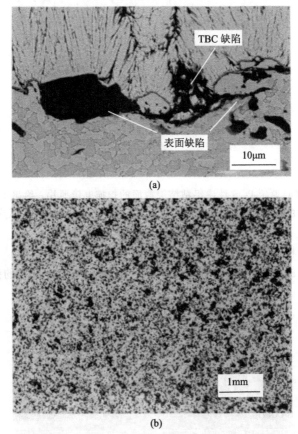

图 10.27　沉积态的以 Ni – Co – Cr – Al – Y 为粘结层的 EB – PVD YSZ TBC 体系
(a)截面的扫描电镜照片，给出了典型的制备过程中产生的缺陷，(b)涂层失效后
露出的粘结层的表面低倍照片

见典型的缺陷有镶嵌的砂粒、TBC 和粘结层之间的空隙以及近表面的氧化物夹杂，这些缺陷成为图 10.27(b) 中沿 TGO – 粘结层界面扩展的裂纹的形核位置，这与图 10.26 中以铂铝为粘结层的体系不同，在该体系中断裂主要发生在氧化物相中。图 10.28 给出了 Ni – Co – Cr – Al – Y TBC 体系断裂面上残留的各种缺陷的形貌。

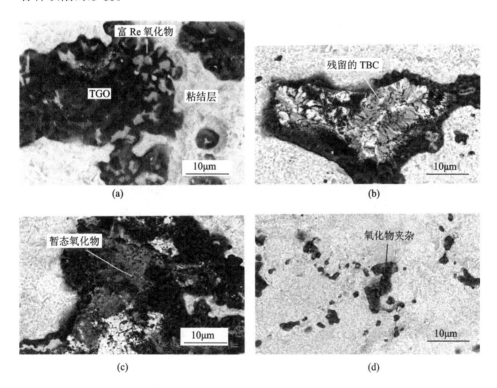

图 10.28　以 Ni – Co – Cr – Al – Y 为粘结层的 EB – PVD YSZ TBC 体系失效后露出的粘结层表面的扫描电镜照片，说明了各种缺陷的影响

大气等离子喷涂的 TBCs 与 EB – PVD TBCs 的失效机制有一些差别。图 10.29 为将要剥落的退化了的 APS TBC 的截面形貌，在 TBC 中片层之间界面产生的微裂纹长大形成一个大裂纹，大裂纹继续扩展导致 TBC 的剥离。这种失效模式在 APS TBC 中非常典型，但根据热载荷的不同，有时裂纹还会进一步扩展在 YSZ 表层发生断裂。

上述讨论表明 TBCs 可在很多位置发生开裂和剥落，无论裂纹在何处形核，只要蓄积的弹性应变能超过那个位置的断裂强度，裂纹就会扩展。已有关于 TBC 失效机制的详细综述[41]。断裂过程与粘结层的种类和制备方法、表层的制备方法甚至热暴露的特征(例如,循环频率)有关[42]。

图 10.29　以 Ni – Co – Cr – Al – Y 为粘结层的 APS YSZ TBC 体系截面的光学显微
照片，可见一个裂纹在粘结层上面的 TBC 中扩展

TBC 的烧结

在高温热暴露过程中还观察到 TBC 的烧结，是由体系中蓄积的弹性应变
能造成的。图 10.30 比较了 EB – PVD 方法制备的 TBC 涂层沉积态的显微组织

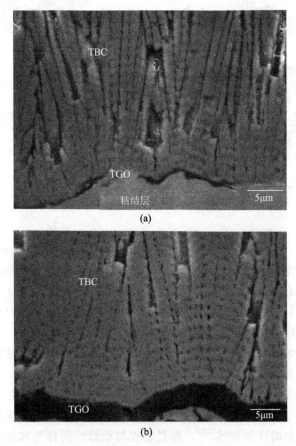

图 10.30　EB – PVD YSZ TBC 在 1 200 ℃烧结前后的扫描电镜照片
（注意热暴露后通道的数量减少）

和在 1 200 ℃暴露 10 h 后的组织，柱状晶之间的烧结非常明显。这个结果与 Zhu 和 Miller[43]用膨胀计测量的结果一致，他们测量出在 1 200 ℃暴露 15 h 的等离子喷涂的 $ZrO_2 - 8\% Y_2O_3$（质量分数）圆柱体样品的收缩量为 0.1% 。图 10.31 说明了 APS YSZ TBC 的烧结行为，沉积态涂层［图 10.31(a)］中的大量微裂纹，在 1 200 ℃暴露 100 h 后已经烧结闭合了［图 10.31(b)］。烧结能够使 TBC 的有效弹性模量提高到接近致密的氧化锆的弹性模量值（200 GPa）[43,44]，并产生 200 ~ 400 MPa 的残余应力[44,45]，这些变化大大提高了 TBC 中蓄积的弹性能，增加了涂层剥落的驱动力。

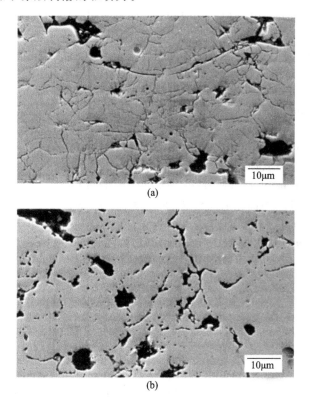

(a)

(b)

图 10.31　详见文中。APS YSZ TBC 在 1 200 ℃烧结前后的扫描电镜照片
（注意热暴露后微裂纹的数量减少）

总结

已有大量的涂层用于高温氧化和腐蚀的防护，本章对其中一些进行了介绍，但并不意味着覆盖了所有的方面。施加防护涂层的目的是为能与氧反应形成保护性氧化膜的元素（Al,Cr,Si）提供额外的储备。这些涂层的退化机制与前

面章节描述的合金基材的退化机制相似，但由于它们的厚度较小，还存在另外一些机制，包括生成氧化膜元素的贫化、与基材的互扩散以及由热膨胀不匹配引起的变形。

热障涂层作为热隔离层用于降低金属部件的温度，TBCs 的失效一般为热机械过程的结果，这些过程非常复杂，受与涂层和暴露环境有关的多种变量的影响。

☐ 参考文献

1. K. H. Stern, *Metallurgical and Ceramic Protective Coatings*, London, Chapman and Hall, 1996.

2. G. W. Goward and L. W. Cannon, 'Pack cementation coatings for superalloys: a review of history, theory, and practice', Paper 87 – GT – 50, Gas Turbine Conference, New York, NY, ASME, 1987.

3. J. S. Smith and D. H. Boone, 'Platinum modified aluminides-present status', Paper 90 – GT – 319, Gas Turbine and Aeroengine Congress, New York, NY, ASME, 1990.

4. G. H. Meier, C. Cheng, R. A. Perkins, and W. Bakker, *Surf. Coatings Tech.*, **39/40** (1989), 53.

5. S. R. Levine and R. M. Caves, *J. Electrochem Soc.*, **121** (1974), 1051.

6. B. K. Gupta, A. K. Sarkhel, and L. L. Seigle, *Thin Solid Films*, **39** (1976), 313.

7. S. Shankar and L. L. Seigle, *Met. Trans.*, **9A** (1978), 1476.

8. B. K. Gupta and L. L. Seigle, *Thin Solid Films*, **73** (1980), 365.

9. N. Kandasamy, L. L. Seigle, and F. J. Pennisi, *Thin Solid Films*, **84** (1981), 17.

10. G. W. Goward and D. H. Boone, *Oxid. Met.*, **3** (1971), 475.

11. S. C. Kung and R. A. Rapp, *Oxid. Met.*, **32** (1989), 89.

12. R. Bianco and R. A. Rapp, *J. Electrochem. Soc.*, **140** (1993), 1181.

13. R. Bianco and R. A. Rapp, in *High Temperature Materials Chemistry-V*, eds. W. B. Johnson and R. A. Rapp, New York, NY, The Electrochemical Society, 1990, p. 211.

14. R. Bianco, R. A. Rapp, and J. L. Smialek, *J. Electrochem. Soc.*, **140** (1993), 1191.

15. W. Da Costa, B. Gleeson, and D. J. Young, *J. Electrochem. Soc.*, **141** (1994), 1464.

16. W. Da Costa, B. Gleeson, and D. J. Young, *J. Electrochem. Soc.*, **141** (1994), 2690.

17. G. R. Krishna, D. K. Das, V. Singh, and S. V. Joshi, *Mater. Sci. Eng.*, **A251** (1998), 40.

18. M. R. Jackson and J. R. Rairden, *Met. Trans.*, **8A** (1977), 1697.

19. J. Schaeffer, G. M. Kim, G. H. Meier, and F. S. Pettit, 'The effects of precious metals on the oxidation and hot corrosion of coatings'. In *The Role of Active Elements in the Oxidation Behavior of High Temperature Metals and Alloys*, ed. E. Lang, Amsterdam, Elsevier, 1989, p. 231.

20. G. H. Meier, C. Cheng, R. A. Perkins, and W. T. Bakker, Formation of chromium diffusion coatings on low alloy steels for use in coal conversion atmospheres. In *Materials For Coal Gasification*, eds. W. T. Bakker, S. Dapkunas, and V. Hill, Metals Park, OH, ASM International, 1988, p. 159.

21. H. Lavendel, R. A. Perkins, A. G. Elliot, and J. Ong, Investigation of modified silicide coatings

for refractory metal alloys with improved low pressure oxidation behavior. Report on Air Force Contract, AFML – TR – 65 – 344, Palo Alto, CA, Lockheed Palo Alto Research Laboratory, 1965.

22. C. M. Packer, in *Oxidation of High-Temperature Intermetallics*, eds. T. Grobstein and J. Doychak, Warrendale, PA, The Mining, Metallurgy, and Materials Society, 1989, p. 235.

23. T. A. Kircher and E. L. Courtright, *Mater. Sci. Eng.*, **A155** (1992), 67.

24. A. Mueller, G. Wang, R. A. Rapp, and E. L. Courtright, *J. Electrochem. Soc.*, **139** (1992), 1266.

25. B. V. Cockeram, G. Wang, and R. A. Rapp, *Mater. Corr.*, **46** (1995), 207.

26. B. V. Cockeram, G. Wang, and R. A. Rapp, *Oxid. Met.*, **45** (1996), 77.

27. R. C., Tucker, Jr., Thermal spray coatings. In *Handbook of Thin Film Process Technology*, eds. S. I. Shah and D. Glocker, Bristol, IOP Publishing Ltd, 1996, p. A4. 0: 1.

28. R. A. Miller, Thermal barrier coatings for aircraft engines-history and directions. Proceedings of Thermal Barrier Coating Workshop, Cleveland, OH, March 27 – 29, 1995, p. 17 (NASA CP 3812).

29. A. Maricocchi, A. Bartz, and D. Wortman, PVD TBC experience on GE aircraft engines. Proceedings of Thermal Barrier Coating Workshop, Cleveland, OH, March 27 – 29, 1995, p. 79 (NASA CP 3312).

30. S. Bose and J. T. DeMasi-Marcin, Thermal barrier coating experience in gas turbine engines at Pratt & Whitney. Proceedings of Thermal Barrier Coating Workshop, Cleveland, OH, March 27 – 29, 1995, p. 63 (NASA CP 3312).

31. J. T. DeMasi-Marcin and D. K. Gupta, *Surf. Coatings Tech.*, **68 – 69** (1994), 1.

32. J. A. Haynes, Y. Zhang, W. Y. Lee, B. A. Pint, I. G. Wright, and K. M., Cooley, Effects of platinum additions and sulfur impurities on the microstructure and scale adhesion behavior of single-phase CVD aluminide bond coatings. In *Elevated Temperature Coatings*, eds. J. M. Hampikian and N. B. Dahotre, Warrendale, PA, TMS, 1999, p. 51.

33. J. Subrahmanyam, *J. Mater. Sci.*, **23**(1988), 1906.

34. J. L. Smialek, M. A. Gedwill, and P. K. Brindley, *Scripta met. mater.*, **24** (1990), 1291.

35. H. Mabuchi, T. Asai, and Y. Nakayama, *Scripta met.*, **23** (1989), 685.

36. R. L. McCarron, J. C. Schaeffer, G. H. Meier, D. Berztiss, R. A. Perkins, and J. Cullinan, Protective coatings for titanium aluminide intermetallics. In *Titanium '92*, eds. F. H. Froes and I. L. Caplan, Warrendale, PA, TMS, 1993, p. 1, 971.

37. B. V. Cockeram and R. A. Rapp, *Met. Mater. Trans.*, **26A** (1995), 777.

38. B. V. Cockeram and R. A. Rapp, Boron-modified and germanium-doped silicide diffusion coatings for Ti – Al – Nb, Nb – Ti – Al, Nb – Cr and Nb – base alloys. In *Processing and Design Issues in High Temperature Materials*, eds. N. S. Stoloff and R. H. Jones, Warrendale, PA, Mining, Metallurgy and Meterials Society, 1996, p. 391.

39. R. Miller, *J. Amer. Ceram. Soc.*, **67** (1984), 517.

40. M. J. Stiger, N. M. Yanar, M. G. Topping, F. S. Pettit, and G. H. Meier, *Z. Metallkunde*, **90** (1999), 1069.

41. A. G. Evans, D. R. Mumm, J. W. Hutchinson, G. H. Meier, and F. S. Pettit, *Progr. Mater. Sci.*, **46** (2001), 505.

42. G. M. Kim, N. M. Yanar, E. N. Hewitt, F. S. Pettit, and G. H. Meier, *Scripta Mater.*, **46** (2002), 489.

43. D. Zhu and R. A. Miller, *Surf. Coatings Tech.*, **108 – 109** (1998), 114.

44. C. A. Johnson, J. A. Ruud, R. Bruce, and D. Wortman, *Surf. Coatings Tech.*, **108 – 109** (1998), 80.

45. J. Thornton, D. Cookson, and E. Pescott, *Surf. Coatings Tech.*, **120 – 121** (1999), 96.

11

控制气氛以保护生产
流程中的金属

引言

从广义上来讲，生产过程中金属暴露于高温气体中的情况，可划分为以下两类：

(1) 为后续加工或成型的再加热。

(2) 为最终热处理，有时是已完成工件的热处理的再加热。

对于为后续加工或成型的再加热，主要从冶金因素的角度考虑在避免发生元素的再分布和热裂的前提下，将部件快速而经济地加热到加工温度。而且，通常是将金属直接暴露于燃尽的燃料气中，气氛中包含大约1%剩余氧，以保证完全燃烧，同时也是最经济地使用燃料。在这些情形下，几乎没有实施可控气氛的可能性，由于氧化造成的表面损伤以及钢的脱碳，必须在制备过程中接下来的工序中除去。实际上，如果将要再加热的材料表面已经有一些不需要的组织，可以通过生成一些氧化膜来除去或减少它们。

那些对于表面退化敏感的合金，在再加热过程中可通过控制气氛的成分，使表面退化得以降到最低程度或者彻底避免，或者通过施加涂层将合金与气氛隔开。

在处理大吨位的产品时施加涂层不是经济的办法，但在表面硬化工序中，可通过施加涂层来实现选择性碳化等。相反，涂层在实际应用中的使用非常普遍（见第 10 章），是一种避免涂层下合金在短期内发生表面损伤的成功方法。

本章主要关注的是，为加工或热处理所进行的再加热过程中，如何利用气氛控制表面反应。可控气氛主要应用于抛光的、机械加工的工件或形状复杂的物件的热处理，这些物件表面损伤后不易进行后续处理。从上下文可知，气氛控制有以下两类：第一，只是简单地为防止表面反应而控制处理的气氛，第二，气氛设计能够促使特定的表面反应发生，例如渗碳或渗氮。这里只关注前者。

防止或控制氧化层的形成

如第 2 章所述，这主要是将气氛中的氧分压控制在足够低的值以防止氧化发生的问题。非常简单，对于按照式(11.1)发生氧化反应的金属：

$$M + \frac{1}{2}O_2 \Longrightarrow MO \qquad \Delta G_1^{\ominus} \qquad (11.1)$$

这里 MO 是 M 的最低价的氧化物，氧分压必须控制在不超过 $(p_{O_2})_{M-MO}$ 值，见式(11.2)：

$$(p_{O_2})_{M-MO} = \exp\left(\frac{2\Delta G_1^{\ominus}}{RT}\right) \qquad (11.2)$$

但是 $(p_{O_2})_{M-MO}$ 是温度的函数，温度较低时，该值较小，因此，如果按照在高温下能进行有效防护的原则设计气氛成分，在冷却过程中温度降低时气氛就变成了氧化性的，因此冷却时金属表面可能形成氧化物层。虽然表面的冶金损伤可以忽略，但表面也许会变色，也就是不光亮了。通过快速冷却或在冷却之前或冷却过程中降低气氛中的氧分压可在一定程度上解决这一问题。

对于合金来讲，在确定使用的气氛成分时必须考虑最苛刻的反应。为了这一目标，必须知道合金组元的活度，如果式(11.1)中的金属 M 以活度 a_M 存在，那么相应的平衡氧分压由式(11.3)给出：

$$(p_{O_2})_{M-MO} = \frac{1}{a_M^2}\exp\left(\frac{2\Delta G_1^{\ominus}}{RT}\right) \qquad (11.3)$$

如果合金中金属的活度未知，则通过假设合金为理想溶体，用摩尔分数代替活度得到一个氧分压，在这个氧分压附近进行实验，确定正确的气氛成分。

图 11.1 和表 11.1 给出了用 Kubaschewski 等[1] 的热力学数据得出的铜、铁、镍和铬以及它们的氧化物在各种活度下的平衡氧分压值，显然氧分压非常低，尤其是铬；温度降低氧分压也降低的趋势非常明显；再者，虽然金属活度降低导致相应的氧分压升高，但实际上其影响相对较小。

表 11.1　固态金属氧化的平衡氧分压(atm)的近似值

金属	a_M	400 ℃	600 ℃	800 ℃	1 000 ℃	1 200 ℃
Cu	1	4.8×10^{-19}	3.4×10^{-13}	1.4×10^{-9}	4.4×10^{-7}	液态
	0.5	7.6×10^{-18}	5.6×10^{-12}	2.2×10^{-8}	7.0×10^{-6}	液态
Ni	1	1.7×10^{-28}	9.1×10^{-20}	2.7×10^{-14}	1.5×10^{-10}	8.4×10^{-8}
	0.5	6.8×10^{-28}	3.6×10^{-19}	1.1×10^{-13}①	6.2×10^{-10}	3.4×10^{-7}
Fe	1	1.3×10^{-34}	2.4×10^{-25}	1.5×10^{-19}	1.5×10^{-15}	1.2×10^{-12}
	0.5	5.2×10^{-34}	1.8×10^{-24}	6.0×10^{-19}	6.0×10^{-15}	4.8×10^{-12}
	0.1	1.3×10^{-32}	2.4×10^{-23}	1.5×10^{-17}	1.5×10^{-13}	1.2×10^{-10}
Cr	1	7.9×10^{-50}	1.7×10^{-36}	3.8×10^{-28}	2.1×10^{-22}	3.1×10^{-18}
	0.5	3.7×10^{-49}	7.9×10^{-36}	1.8×10^{-27}	9.7×10^{-22}	1.4×10^{-17}
	0.1	1.7×10^{-48}	3.7×10^{-35}	8.2×10^{-27}	4.6×10^{-21}	6.7×10^{-17}

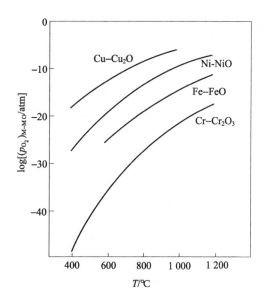

图 11.1　几种金属－氧化物体系的平衡氧分压

---

① 原文为 1.1×10^{13}，疑有误。——译者注

供实验室使用的保护性气氛

真空

避免表面氧化物形成的首选的、可能也是最简单的方法就是在真空条件下进行热处理。相对于大气而言，通常的抽真空可使氧分压降低到 10^{-10} atm 或 10^{-11} atm。与图 11.1 中的值进行比较，可以看出对铜在 670 ℃、镍在 950 ℃、铁在 1 200 ℃ 以上有保护作用，但在图中所有温度下对铬都没有保护作用。然而，由于反应速率很低，依热处理的时间来判定，一般可以将这些温度极限延伸到较低的温度。

采用真空热处理，特别是在较高的温度下，在工件表层总会有挥发性金属、例如锰等烧损的可能性。例如，用这种方法对黄铜进行热处理时，其中的锌会剧烈地、甚至是全部烧损掉。

即使用现代的技术，也只能在相对较小的真空室中达到上述真空度，因此这种方法主要局限在实验室中使用。

气氛

可使用提纯的惰性气体，主要为氩气。由于很难将氧分压降到 10^{-6} atm 以下，这种气氛主要依靠降低氧分压从而降低反应速率来起作用，而且惰性气体的制备昂贵，因此主要局限在实验室中使用。

用"氧化还原"气体混合气可获得、更重要的是可控制低氧分压，混合气中包含能与氧达到平衡的氧化性和还原性的物质，如式（11.4）：

$$\mathrm{CO(g)} + \frac{1}{2}\mathrm{O_2(g)} =\!=\!= \mathrm{CO_2(g)} \qquad \Delta G_4^\Theta = -282\ 200 + 86.7T \quad \mathrm{J} \quad (11.4)$$

从中可得到 p_{O_2}，或者更重要的是得到 p_{CO_2}/p_{CO}：

$$p_{O_2} = \left(\frac{p_{CO_2}}{p_{CO}}\right)^2 \exp\left(\frac{2\Delta G_4^\Theta}{RT}\right) \qquad\qquad (11.5a)$$

$$\frac{p_{CO_2}}{p_{CO}} = p_{O_2}^{1/2} \exp\left(\frac{-\Delta G_4^\Theta}{RT}\right) \qquad\qquad (11.5b)$$

用式（11.5b）可计算出对应于任一组氧分压和温度下的二氧化碳和一氧化碳的分压比。

将 400 ℃，600 ℃，800 ℃，1 000 ℃ 和 1 200 ℃ 对应的 p_{CO_2}/p_{CO} 与 p_{O_2} 值绘于图 11.2 中，同时将表示 Ni，Fe，Cr 的金属与氧化物平衡的直线也绘于图中。若 $\log(p_{CO_2}/p_{CO})$ 值在某直线的上方，相应的金属将被氧化，在直线的下

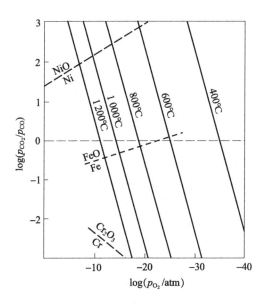

图 11.2　CO/CO₂气氛中的氧化还原条件

方，相应的氧化物将被还原。由于 $\log(p_{CO_2}/p_{CO})$ 与 $\log p_{O_2}$ 的关系曲线是相互平行的，因此对于任意中间温度，计算出一个点就可绘出相应温度下的 $\log(p_{CO_2}/p_{CO})$ 与 $\log p_{O_2}$ 的关系曲线。

　　Darken 和 Gurry[2]在 Richardson 和 Jeffes[3]修正的 Ellingham 图（见第 2 章）的基础上制作出了类似的用途更广的相图。

　　然而，有几种因素限制了 CO_2/CO 氧化还原气氛的使用。氧化还原气氛系统的作用在于它具有缓冲能力，能与低浓度的氧化性或还原性的杂质，或者向炉中渗漏的氧反应，将它们除去，因此保持了所需要的氧势，尤其是在流动气体中。显然在比值接近 1 时缓冲效果最佳，比值与 1 有偏差的气氛将在一定程度上失去缓冲能力。例如，参见图 11.2，对于 Ni，温度在 400 ~ 1 200 ℃时，随温度不同防止氧化物形成的 p_{CO_2}/p_{CO} 值在 10^3 ~ 10^2 变化，相对应的 CO 的含量只有 0.1% ~ 1%，对 Ni 的保护相当容易。

　　对于 Fe，在同样的温度区间，p_{CO_2}/p_{CO} 值在 3 ~ 0.3 变化，这种气氛很容易通过气体混合制备，或者在工业上通过部分燃烧燃料气与空气的混合气来制备，而且，由于比值大约为 1，因此混合气有很好的缓冲作用。

　　对于 Cr，在 1 000 ℃时所需的 p_{CO_2}/p_{CO} 值大约为 2×10^{-4}，并随温度的降低而下降。在这样的气氛中，Cr 发生氧化的 CO_2 容限大约只有 0.02%。这种混合气制备费用昂贵，而且难以控制，即使混合气的制备和控制已经可以实现，混合气中的碳活度或碳势还会引发下一个问题。按照反应式(11.6)，CO_2

和 CO 混合气的碳势为

$$2CO(g) = CO_2(g) + C \qquad \Delta G_6^{\ominus} = -170\ 550 + 174.3T \quad J \qquad (11.6)$$

从中可得到 a_C：

$$a_C = \frac{p_{CO}^2}{p_{CO_2}} \exp\left(\frac{-\Delta G_6^{\ominus}}{RT}\right) \qquad (11.7a)$$

$$a_C = \frac{p_{CO}^2}{p_{CO_2}} \exp\left(\frac{20\ 606}{T/K} - 21.06\right) \qquad (11.7b)$$

因此根据欲处理的金属成分的不同，基于 CO_2/CO 体系的保护气氛有从金属中脱碳或者向金属增碳的趋势，这对于碳为必要成分的钢尤其重要，从钢表面强度的角度来讲，碳从表层的移除即脱碳是有害的反应(见第 5 章)。

图 11.3 给出了不同温度下碳活度随 p_{CO_2}/p_{CO} 的变化曲线，并添加了相应的金属 – 金属氧化物的平衡线。从图 11.3 中可得到几个结论。在温度达 1 200 ℃时，$Cr – Cr_2O_3$ 平衡对应的碳活度超过 1，因此在此气氛中进行 Cr 的处理将导致炉中产生 "碳黑"，并使金属发生严重碳化，因而这样的气氛不适于铬的全面防护。对于铁，在通常使用的所有温度下，防止氧化所需 p_{CO_2}/p_{CO} 值容易得到并保持在 0.1 ~ 10，但在钢的加热过程中，上述 p_{CO_2}/p_{CO} 值对应着低的碳活度，因此会导致脱碳。为了防止脱碳，有必要使用比防护铁氧化所需的低得多的 p_{CO_2}/p_{CO} 值。例如，利用图 11.2，在 1 000 ℃时，防护铁所需的 $\log(p_{CO_2}/p_{CO})$ 为 – 0.3，相应的 p_{CO_2}/p_{CO} 值为 0.5，但对应的碳活度为 0.01，按照 Ellis 等[4]的普通奥氏体碳钢的碳活度 a_C、碳摩尔分数 x_C 和温度之间的关系式

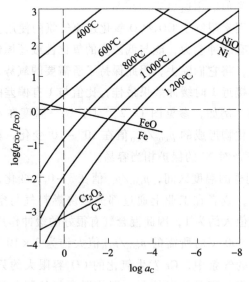

图 11.3　CO_2/CO 气氛中的碳活度

(11.8):

$$\log a_C = \log\left[\frac{x_C}{(1-5x_C)}\right] + \frac{2\,080}{T/K} - 0.64 \tag{11.8}$$

则碳含量为 0.021%（质量分数）。因此，如果钢的碳含量为 0.8%（质量分数），那么相应的摩尔分数为 0.036，按照式（11.8），碳活度为 0.433。防止脱碳所需的气体成分可通过在 1 000 ℃线上找到 $\log 0.433 = -0.364$ 并读出对应的 $\log(p_{CO_2}/p_{CO}) = -1.75$ 来确定。因而所对应的气氛的 p_{CO_2}/p_{CO} 值为 0.0178。或者从 $p_{CO_2} + p_{CO} = 1$ atm，得到气体成分为 98.25% CO 和 1.75% CO_2。因此为了保护含碳量 0.8% 的普通碳钢，应使用上述组成的气氛。尽管在含 CO_2 高达 50% 的气氛中铁不发生氧化，若气氛中含有比前述合适值更高的 CO_2，将会发生一定程度的脱碳。

同样的计算方法也适用于镍，但从图 11.3 来看，显然根据温度的不同，防护镍的 CO_2 气氛中将只含有 1% 或更少的 CO。

很清楚，为保护含铬合金不发生氧化又要避免碳化，就不能使用基于 CO_2 - CO 体系的气氛。在这里或者在其他包含强的碳化物形成体的场合，可使用 H_2 - H_2O 体系作为保护气氛，相关的平衡反应见式（11.9）：

$$H_2(g) + \frac{1}{2}O_2(g) = H_2O(g) \qquad \Delta G_9^\ominus = -247\,000 + 55T \text{ J} \tag{11.9}$$

从中可得式（11.10a）或式（11.10b）：

$$\frac{p_{H_2O}}{p_{H_2}} = p_{O_2}^{1/2} \exp\left(\frac{-\Delta G_9^\ominus}{RT}\right) \tag{11.10a}$$

$$\frac{p_{H_2O}}{p_{H_2}} = p_{O_2}^{1/2} \exp\left(\frac{29\,844}{T/K} - 6.65\right) \tag{11.10b}$$

任一氧分压和温度下气氛中水蒸气对氢的比值都可通过式（11.10b）计算出来。

只基于 H_2O - H_2 气体系统的保护气氛在实验室之外几乎不使用。从图 11.4 可看出，含 10% H_2O 的氢可在所有温度下实现对镍和铁的防护，因此钢瓶中的氢，一般含有 10^{-6} 数量级的水蒸气，不经纯化就可使用。

H_2O - H_2 体系主要用于高铬含量合金的防护，例如对于不锈钢，根据温度的不同水蒸气含量需要在 $1\,000 \times 10^{-6}$ 或者更低。这种体系的优势在于水蒸气含量可通过将气体冷却到较低的温度来控制，即通过冷凝来去除气体中的水。类似地，气体中水蒸气的含量可通过露点测量仪进行监测，并利用它的反馈功能来进行控制。

为了软化而加热不锈钢，可使用惰性气体例如氮稀释的氧化还原气体，这时氮可通过相对较廉价的氨按式（11.11）裂解制备：

$$2NH_3(g) = 3H_2(g) + N_2(g) \tag{11.11}$$

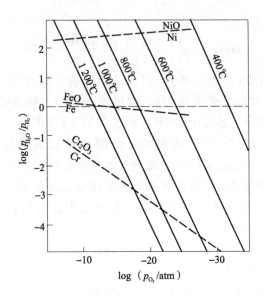

图 11.4　H_2/H_2O 气氛中的氧化还原条件

在 800℃ 催化条件下，NH_3 几乎可以完全分解。由于未裂解的 NH_3 分子常常会引起增氮，因此这对避免增氮是相当重要的。

　　假设需要在裂解的氨气氛中 1 000 ℃ 下对含 20% Cr、10% Ni 和 0.05% C 的不锈钢进行"光亮退火"，气氛的最高露点可以计算出来，见式(11.12)：

$$2Cr(s) + 3H_2O(g) \Longrightarrow Cr_2O_3(s) + 3H_2(g)$$

$$\Delta G_{12}^{\ominus} = -378\ 300 + 94.5T \quad J \tag{11.12}$$

因此得到表达式(11.13a)；对于单位活度的 Cr_2O_3，得到式(11.13b)：

$$\frac{a_{Cr_2O_3}}{a_{Cr}^2}\left(\frac{p_{H_2}}{p_{H_2O}}\right)^3 = \exp\left(\frac{378\ 300 - 94.5T}{RT}\right)$$

$$= 4.31 \times 10^{10} \quad (1\ 000\ ℃) \tag{11.13a}$$

$$\frac{p_{H_2}}{p_{H_2O}} = 3.51 \times 10^3 a_{Cr}^{2/3} \tag{11.13b}$$

合金中铬的活度系数约为 2，与铁中 20% Cr 对应的 Cr 的摩尔分数为 $x_{Cr} = 0.19$，则 $a_{Cr} = 0.35$，所需的比值见式(11.14a)：

$$\frac{p_{H_2}}{p_{H_2O}} = 3.51 \times 10^3 (0.35)^{2/3} = 1.74 \times 10^3 \quad ① \tag{11.14a}$$

按式(11.11)裂化的氨，含有三份氢和一份氮，因此气氛中的氢分压为 0.75 atm，从式(11.14a)可得到式(11.14b)：

---

① 原文为 1.84×10^3，疑有误。——译者注

272

$$p_{H_2O} = \frac{0.75 \text{ atm}}{1.74 \times 10^3} = 4.31 \times 10^{-4} \text{ atm} \tag{11.14b}$$

因此混合气中的露点必须控制在产生的水蒸气压力不大于 4.31×10^{-4} atm，相对应的露点可从蒸气表中得到（-29 ℃）或者可按照下面的方法进行估算。

克劳修斯 – 克拉佩龙（Clausius-Clapeyron）方程将饱和蒸气压 p、温度和蒸发潜热 L 关联起来，见式（11.15）：

$$\frac{\partial \log p}{\partial \left(\frac{1}{T}\right)} = -\frac{L}{2.303R} \tag{11.15}$$

在 T_1 到 T_2 的区间对方程积分，得到式（11.16a）：

$$\log\left(\frac{p_1}{p_2}\right) = -\frac{L}{2.303R}\left(\frac{1}{T_1} - \frac{1}{T_2}\right) \tag{11.16a}$$

对于水，在 373 K 时 $p_2 = 1$ atm，$L = 41\,000 \text{ J} \cdot \text{mol}^{-1}$，则

$$\log p_1 = -\frac{41\,000 \text{ J} \cdot \text{mol}^{-1}}{2.303R}\left(\frac{1}{T_1} - \frac{1}{373 \text{K}}\right) \tag{11.16b}$$

所需的露点为 $p_1 = 4.08 \times 10^{-4}$ atm 时的温度，按照式（11.16b），为 234.3K（或 -38.7 ℃）。因此，使用这种气氛进行不锈钢的光亮退火时，气氛的露点应控制在 -40 ℃ 左右。

然而，即使使用这种气体，还存在由吸氢、脱碳和氮化等引起的麻烦。要确保在裂解氨气氛中热处理时避免发生吸氢和氮化，在很大程度上需要在满足冶金需要的前提下，选取最短的处理时间。而且，若仅限于处理薄断面的工件，可缩短热处理时间，则任何溶解的氢能够快速扩散出来。可能按式（11.17）发生脱碳反应：

$$C + H_2O(g) \Longrightarrow CO(g) + H_2(g); \qquad \Delta G_{17}^{\ominus} = 13\,500 - 142.6T \quad J \tag{11.17}$$

此反应进行得很快，因而很危险。但幸运的是，裂解氨气氛最常用于低碳含量的不锈钢的热处理，反而是其优点。

供工业上使用的可控气氛

当考虑将一种方法在工业上应用时，必须满足一定的条件：

（1）必须有效，即能够达到技术目标。

（2）必须可靠，即能够监测和控制。

（3）必须经济，即安装和使用费用基本合理，并适于大规模生产。

在多数场合，上述要求将基于高真空的系统排除在外，而一般使用从

燃料气中衍生出的气氛，气氛为 N_2，CO，CO_2，H_2，H_2O 和 CH_4 的混合物，由它们组成了燃料燃烧的产物。近来，氮基气氛的使用呈日益增加的趋势。

在气氛控制的早期，气氛常常用城市煤气来制备，然而，由于城市煤气是从煤中衍生出来，因此不可避免地需要除硫车间，而且成分上的变化使得气氛组成难以得到控制。

近来，由于低硫含量、成分重复性好的丙烷等液态石油气(LPG)的获得和天然气在这方面的应用，情况已经得到了明显改善。

还将看到，为了炼钢在制备液态氧的同时制备出的大量的高纯氮，也是可控气氛的一种方便的来源。

气氛的种类

以燃料气和空气为起始成分可制备多种气氛，其中主要或通常的区分为"放热式"和"吸热式"两类气氛，命名虽显模糊，但意义明确。

放热式气氛通过燃烧燃料气和一定量的空气放热制备，这种气氛具有最高的氧势。

吸热式气氛是燃料气和空气的混合物在有催化剂作用的条件下，借外部加热制备的含还原组分的气体。这种气氛具有低的氧势，制备过程中吸收热量，因此气氛称为吸热式。

放热式气氛

制备过程的第一步是在燃烧室，燃气和空气的混合气在其中反应，混合气成分在能够令燃烧持续的极限之间调节，根据生成的气氛中氧化性组分含量高或低分成"浓"放热式或"淡"放热式气氛。

从燃烧室出来的气氛，通过水喷淋冷却，除去含硫组分，并使含水量降低到 35 ℃露点，相当于水蒸气体积含量大约在 6.5%。

典型的浓放热式和淡放热式气氛的成分(体积分数)如下：

浓　　5% CO_2、9% CO、9% H_2、0.2% CH_4、7% H_2O，70% N_2

淡　　10% CO_2、0.5% CO、0.5% H_2、7% H_2O，82% N_2

浓型气氛可用于低碳钢的光亮退火。

通过降低水蒸气的含量可进一步提纯气体。可通过冷却使水冷凝来实现，这种处理的温度一般局限在 5 ℃，否则，就会结冰阻碍过程的进行，而水则是容易排除的。干燥到 −40 ℃露点范围的更有效的方法是使用活性氧化铝或硅胶塔，一般成对使用，其中一个用于操作，另一个用于再生。

这些处理使气氛的露点在大约 4 ℃(0.8% H_2O)和 −40 ℃(0.04% H_2O)，除了水蒸气含量较低外，这些气氛与上面提到的是一致的，可定义为"浓型 - 干燥"和"淡型 - 干燥"气氛。这些气氛只简单地表示一种使氧势略微降低的方法，因为，在所处温度下，式(11.18)所示的反应将趋于平衡：

$$CO_2(g) + H_2(g) = H_2O(g) + CO(g) \tag{11.18}$$

因此，冷的、干燥的气体的露点是不能保持的，而总的氧含量和氧势降低了。

如果在干燥之后将气氛中的 CO_2 脱除，可获得真正保护性的、或者甚至是还原性的气体。可用几种方法来实现。高压水喷淋将去除一些 CO_2，但这种方法并没有被广泛使用。更常用的吸收 CO_2 的方法或者是化学法，使用单乙醇胺(MEA)的水溶液，或者是物理法，使用分子筛。

MEA 法

在这种方法中，气氛逆流通过 15% 的 MEA 的水溶液，CO_2 被吸收，含量降低到约 0.1%，含硫气氛也被吸收。使用过的 MEA 溶液可通过加热再生，赶出 CO_2 和其他被吸收的气体。通常此过程需要的热量通过将再生装置和燃烧室组合在一个单元中获得。

脱除 CO_2 之后的气氛必须干燥，干燥剂常用硅胶或活性氧化铝。

分子筛法

使用的分子筛是人造的沸石，分子尺度的结构孔洞的表面吸收 CO_2 和水蒸气。沸石可再生，同时该方法具有在一个操作过程中同时进行气体脱除和干燥的优势。

这些合成的沸石也用于双塔系统中；通过吸收同时去除 CO_2 和 H_2O，两者含量都降低到 0.05%（体积分数）；使用交替的吸收和再生循环系统；可用不含 CO_2 和 H_2O 的净化气在室温下进行现代沸石的再活化。

典型的干燥并洗涤后的放热式气体含有 0.05% CO_2、0.5% CO、0.5% H_2、0% CH_4、0.04% H_2O，99 % N_2；这几乎是纯氮了，可用于碳钢的光亮退火。

富氢气氛

为了进一步降低上述气氛的氧势，还需要提高氢含量。这可以通过降低燃烧室中空气 - 燃料气的比例来制备最初的放热式气氛，这样在干燥和洗涤步骤之后，气氛中含有多余的 H_2 和 CO。或者，在再热过程中，在催化剂作用下反应 $H_2O + CO = H_2 + CO_2$ 进行时通入蒸汽，然后 H_2O 和 CO_2 再一次通过上面所述的方法去除。

氢还可以以氨的形式加入，它将在催化剂作用下裂解。典型的经过干燥洗涤的富氢气氛成分如下：0.05% CO_2、0.05% CO、3% ~ 10% H_2、0% CH_4、0% H_2O，90% ~ 97% N_2。

吸热式气氛

吸热式气氛通过使不支持燃烧的燃料气与空气的混合气反应制得。通常，目的是在 1 050 ℃ 左右用催化剂裂解碳氢化合物，使它们主要转变为 CO 和 H_2。如果混合气过分地富含燃料气，在催化反应室会发生碳的沉积，所以应调整混合气的成分避免这种现象的发生。

可用蒸汽部分或全部取代空气作为氧化剂，这样就制备出了富氢气体，代表性成分为 5% CO_2、17% CO、71% H_2、0.4% CH_4、0.5% H_2O，0% N_2。进一步加入蒸汽，再一次通过催化剂，将促使反应（$H_2O + CO \Longrightarrow H_2 + CO_2$）向右进行，干燥并脱除 CO_2 之后，得到的气体成分为 0 ~ 0.5% CO_2、0 ~ 5% CO、75% ~ 100% H_2、0 ~ 0.5% CH_4、0% H_2O，0 ~ 25% N_2，它们的成分将依赖于空气 – 蒸汽混合气的组成。由氧势和碳势可见，这种气氛非常适合不锈钢的光亮退火。Banerjee[5] 详细介绍了吸热式气氛的制备。

氮基气氛

经过干燥和洗涤的放热式气氛的粗略分析证明它们主要为纯氮，从本质上讲，燃料的作用在于从空气中除去氧。

制备纯氮的另一种方法是液化空气并分馏，这是为炼钢的目的制备氧的常用方法，在有制氧设施的钢厂，氮是一种方便的并具有相当大产量的副产品。使用真空绝热传输装置，液氮可以长距离输送，在光亮热处理设备中的应用日益增加。

分析表明分馏氮的典型成分为 99.99% N_2、$8 \times 10^{-6} O_2$，露点 76 ℃。由制备方法可见上述成分能够得到保证。由于气氛中没有还原性组分存在，因此没有着火和爆炸的危险，虽然气氛没有毒性，但是在此气氛中人无法生存。

合金在惰性气体保护下进行固溶处理时，氩气被选作保护气，最近趋向用氮代替氩降低成本，但是危险在于有一些氮会被吸收，尤其是合金中含有能形成稳定氮化物的元素时。用氩、氮以及它们的混合气进行试验，结果表明铬含量较高的合金，例如 304 不锈钢、410 不锈钢和 4 140 不锈钢，会从所有的含氮气氛中吸收氮[6]。

在必须使用还原性气体的碳化过程中，让炉子有一个备好的供氮接口，以便在紧急情况下进行吹洗，也是一种非常好的预防措施。这对于那些由于燃气发电装置或水供应出现故障而出现危险的场合很有必要，在这种情况下进行氮气吹洗不仅将避免可能发生的灾难，而且工件在冷却过程中也受到保护，另外还没有污染。

大多数、甚至所有的可控气氛热处理的气氛，都可由氮与可控量的氢、碳氢化合物和/或氨混合制备得到。唯一的例外是处理含有强的氮化物形成组元的金属，这时最好用氩基气氛。在实践中如何选择气氛，应通过比较热处理的持续时间及与氮气的反应速率来确定。实际上，在氮气中的吸氮速率远远低于在含有未裂解氨分子的氮气中的吸氮速率。

与惰性气氛不同，在使用氮基热处理气氛时，炉子必须使用电加热或非直接加热，例如通过在白炽辐射管中燃烧煤气辐射加热。与其他体系相比，炉气为含活性甲烷－氢或其他微量添加物的氮气系统的可控性更高，爆炸危害性更小。文献 7 为氮基气氛和其他热处理气氛的非常好的综述文献。

在考虑诸如提高安全性、可靠性和生产率的因素时，用氮作为可控气氛源的经济性变得更具吸引力[8]，而且，目前的大趋势是从石油向电力转移，在这种形势下氮基气氛尤其具有吸引力。

现代技术目前已经可以实现真空渗碳和渗氮。在真空渗碳和等离子渗碳过程中，部件在真空中加热到约 950 ℃，通入甲烷使腔中压力达到 $0.3 \sim 3 \ kPa$，这样碳就添加到系统中。在没有等离子辅助的情况下，甲烷按照式(11.19)所示的步骤在部件表面分解时，分解程度只有 3% 左右：

$$CH_4 \longrightarrow CH_3 + H \longrightarrow CH_2 + 2H \longrightarrow CH + 3H \longrightarrow C + 4H \quad (11.19)$$

用等离子体辅助激发甲烷分子可使反应激化达到 80% 的分解程度，这时，等离子体中可能发生分子断裂，产生带电物质。还可使用除甲烷之外的其他碳氢化合物作为原料。通常的操作流程为冲洗、抽真空、在惰性气体中加热到预定温度、按预定时间碳化及在不含碳的气氛中进行扩散退火。流程的设计是为了得到最佳的表面含碳量和渗碳深度[9-11]。

监测和控制

在多数情况下通过分析 CO_2 和 H_2O 的量确定炉气成分，可非常方便地用化学吸收法进行不连续地测量。一旦确定了 CO_2 和 H_2O 的准确含量，将燃料气和空气的供给控制在适当的水平就是简单的事情了。

用远红外吸收可使 CO_2 的检测达到更尖端的水平，用这种方法也可检测 H_2O。

一种方便的连续监测气氛中 H_2O 含量的方法是使用市售的露点测量仪测量露点。某些工作原理为电导或电容器的测量仪，可以通过设置来控制输入或干燥参数，或者在超过极限值的条件下进行报警。

上述方法是通过测量 CO_2 和 H_2O 的含量推算出气氛中的氧势，更新的进展是直接连续地测量氧势或氧分压。这种方法基于使用高温原电池，测量装置是一个简单的 CaO 或 Y_2O_3 稳定的氧化锆管，管中通过充入已知氧势的气体或者使用金属－金属氧化物的混合物来预置已知(参比)氧分压，安装与管的内表面接触的铂丝。将管放入加热炉内的气氛中，由于稳定的氧化锆只对氧离子有传导性，因此如图 11.5 所示的原电池建立了。电池反应的自由能变化由式(11.20)给出：

$$\Delta G = RT \ln \left(\frac{p'_{O_2}}{p''_{O_2}} \right) \qquad (11.20)$$

电池的电动势由式(11.21)给出：

$$E = \frac{RT}{4F} \ln \left(\frac{p''_{O_2}}{p'_{O_2}} \right) \qquad (11.21)$$

这里，F 为 Faraday 常数。实际上，参比电极可通过充入空气控制，或者填充适当的金属及其氧化物的混合物(例如 Ni 和 NiO)建立一个参比氧分压。很清楚，电池可连续显示电动势之值，也可用于反馈校正燃料气和空气的供给设置。

遇到的困难之一为发生热振荡时需要相对较慢的加热和冷却速率，但是如果将电池永久地固定在炉中这是可以实现的。重要的是电池要固定在暴露于与炉子工作段具有同样的温度和气体成分

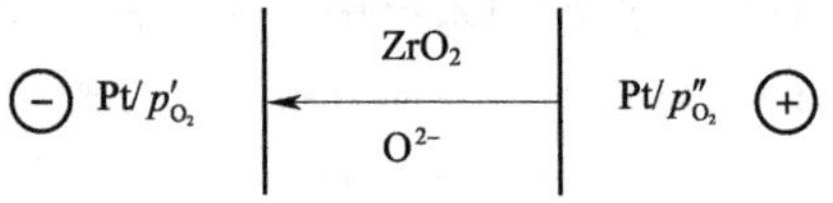

图 11.5　监测氧分压的电化学电池的示意图

的位置，以避免不具代表性的数据的读取。另外，不论气氛是否已经达到平衡，电池只指示平衡氧分压，这是由于在电池与铂接触的位置气氛将达到局部平衡。

加热方法

很清楚单独的加热源是很重要的。电加热清洁、可控、简单，还可通过安装于炉壁上的燃烧煤气的白炽管辐射加热。在使用高碳势的气氛时，必须考虑电加热元件碳化的可能性，要安装适当的保护罩。

□ **参考文献**

1. O. Kubaschewski, E. H. Evans, and C. B. Alcock, *Metallurgical Thermochemistry*, Oxford, Pergamon Press, 1967.

2. L. S. Darken and R. W. Gurry, *Physical Chemistry of Metals*, New York, McGraw-Hill, 1953.

3. F. D. Richardson and J. H. E. Jeffes, *J. Iron Steel Inst.*, **160** (1948), 261.

4. T. Ellis, S. Davidson, and C. Bodworth, *J. Iron Steel Inst.*, **201** (1963), 582.

5. S. N. Banerjee, *Adv. Mater. Proc.*, **153** (June) (1998), 84SS.

6. J. Conybear, *Adv. Mater. Proc.*, **153** (June) (1998), 53.

7. P. Johnson, 'Furnace Atmospheres'. In *ASM Handbook*, 10th edn, Metals Park, OH, ASM International, 1991, vol. 4, p. 542.

8. R. G. Bowes, *Heat Treatment Met.* , **4**, (1975), 117.

9. F. Preisser, K. Loser, G. Schmitt, and R. Seeman, ALD Vacuum Technologies Information, East Windsor, CT.

10. F. Schnatbaum and A. Medber, ALD Vacuum Technologies Information, East Windsor, CT.

11. M. H. Jacobs, T. J. Law, and F. Ribet, *Surf. Eng.* , **1** (1985), 105.

□ 推荐读物

L. H. Fairbank and L. G. W. Palethorpe, 'Heat treatment of Metals,' ISI Special Report. No. 95, London, ISD 1966, p. 57.

R. V. Cutts and H. Dan, Proceedings of the Institute of Iron and Steel Wire Manufacturers Conference, Harrogate, March 1972, paper 7.

附录 A
半无限固体 Fick 第二
定律的解

考虑合金 A – B，其中 B 通过蒸发等方式从表面消耗。B 的初始浓度（通常用摩尔分数表示）是均匀的，为 N_B^0，如图 A1(a)所示，如果 B 的表面浓度保持在一恒定值 $N_B^{(S)}$，那么其浓度分布将如图 A1(b)所示。对于合金中互扩散系数是恒定的情形，菲克第二定律写成式(A1)，$\widetilde{D}$ 为互扩散系数：

$$\frac{\partial N_B}{\partial t} = \widetilde{D}\, \frac{\partial^2 N_B}{\partial x^2} \tag{A1}$$

按照 Gaskell[1]，这个方程可通过令 $Z = \dfrac{x}{2\sqrt{\widetilde{D}t}}$ 来解，因此得到式(A2)和式(A3)：

$$\frac{\partial Z}{\partial x} = \frac{1}{2\sqrt{\widetilde{D}t}} \tag{A2}$$

$$\frac{\partial Z}{\partial t} = \frac{-x}{4\sqrt{\widetilde{D}t^3}} \tag{A3}$$

因而，得到表达式（A4）和式（A5）：

$$\frac{\partial N_B}{\partial t} = \frac{dN_B}{dZ}\frac{\partial Z}{\partial t} = \frac{-x}{4\sqrt{\widetilde{D}t^3}}\frac{dN_B}{dZ} \tag{A4}$$

$$\frac{\partial^2 N_B}{\partial x^2} = \frac{\partial}{\partial x}\left[\frac{dN_B}{dZ}\frac{\partial Z}{\partial x}\right] = \frac{d^2 N_B}{dZ^2}\left(\frac{\partial Z}{\partial x}\right)^2 = \frac{1}{4\widetilde{D}t}\frac{d^2 N_B}{dZ^2} \tag{A5}$$

将式（A4）和式（A5）代入式（A1）得到式（A6）：

$$\frac{-x}{4\sqrt{\widetilde{D}t^3}}\frac{dN_B}{dZ} = \widetilde{D}\frac{1}{4\widetilde{D}t}\frac{d^2 N_B}{dZ^2} \tag{A6}$$

定义一个新的变量 $y \equiv \dfrac{dN_B}{dZ}$，代入式（A6），得到式（A7）：

$$y = -\frac{\sqrt{\widetilde{D}t}}{x}\frac{d^2 N_B}{dZ^2} = -\frac{1}{2Z}\frac{d^2 N_B}{dZ^2} \tag{A7}$$

这是一个简单的微分方程：

$$y = -\frac{1}{2Z}\frac{dy}{dZ} \tag{A8}$$

分离变量，得到式（A9）：

$$-2ZdZ = \frac{dy}{y} \tag{A9}$$

进行不定积分，得式（A10）：

$$-Z^2 = \ln y - \ln A \tag{A10}$$

这里，$-\ln A$ 为积分常数。式（A10）可写成式（A11）：

$$\frac{dN_B}{dZ} = A\exp(-Z^2) \tag{A11}$$

这个一般的解现在可应用于图 A1（b）描述的特殊情况，用下列条件进行积分。（a）初始条件，当 $t = 0$ 时（即 $Z = \infty$），若 $x > 0$，则 $N_B = N_B^0$；（b）边界条件，当 $t > 0$ 时，若 $x = 0$（即 $Z = 0$），则 $N_B = N_B^{(S)}$，得到式（A12）：

$$\int_{N_B^{(S)}}^{N_B^0} dN_B = A\int_0^\infty \exp(-Z^2)dZ \tag{A12}$$

式（A12）右侧的积分是一个标准积分，积分值为 $\dfrac{\sqrt{\pi}}{2}$，这样常数 A 就由式

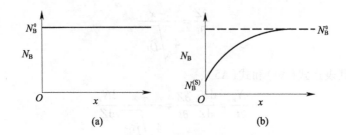

图 A1 （a)合金 A－B 中溶质 B 的初始浓度；
（b)经过一段时间 t 合金表面的 B 消耗后 B 的浓度分布图

(A13)表示：

$$A = \frac{2}{\sqrt{\pi}} (N_B^0 - N_B^{(S)}) \tag{A13}$$

将式(A13)代入式(A11)，并积分，得到任意 $t > 0$ 时的浓度分布曲线方程：

$$\int_{N_B^0}^{N_B} dN_B = \frac{2 (N_B^0 - N_B^{(S)})}{\sqrt{\pi}} \int_{\infty}^{Z} \exp(- Z^2) dZ \tag{A14}$$

对式的左边进行积分，并颠倒右侧的积分限，得到式(A15)：

$$N_B - N_B^0 = - \frac{2 (N_B^0 - N_B^{(S)})}{\sqrt{\pi}} \int_{Z}^{\infty} \exp(- Z^2) dZ = - (N_B^0 - N_B^{(S)}) \mathrm{erfc}(Z)$$

$$\tag{A15}$$

这里 $\mathrm{erfc}(Z)$ 是 Z 的余误差函数。颠倒项的顺序去掉减号，得式(A16)：

$$\frac{N_B - N_B^0}{N_B^{(S)①} - N_B^0} = \mathrm{erfc}(Z) \tag{A16}$$

可重新整理，得到式(A17)和式(A18)：

$$\frac{N_B - N_B^{(S)}}{N_B^0 - N_B^{(S)}} = 1 - \frac{N_B - N_B^0}{N_B^{(S)} - N_B^0} = 1 - \mathrm{erfc}(Z) \tag{A17}$$

$$\frac{N_B - N_B^{(S)}}{N_B^0 - N_B^{(S)}} = \mathrm{erf}(Z) \tag{A18}$$

这里 $\mathrm{erf}(Z)$ 是 Z 的误差函数，可在标准数学表中查到。因此，图 A1 描述的条件下的特定解由式(A19)给出：

$$N_B = N_B^{(S)} + (N_B^0 - N_B^{(S)}) \mathrm{erf}\left(\frac{x}{2\sqrt{Dt}} \right) \tag{A19}$$

这是扩散进入半无限固体或从中扩散出来的菲克第二定律一般解的特例，也可写成式(A20)：

---

① 原文为 N_B^S，疑有误。——译者注

$$N_B = A_1 + B_1 \text{erf}\left(\frac{x}{2\sqrt{Dt}}\right) \qquad\qquad (A20)$$

这里 A_1 和 B_1 是由特定问题的初始和边界条件决定的常数。

□ **参考文献**

1. D. R. Gaskell, *An Introduction to Transport Phenomena in Materials Engineering*, New York, Macmillan Publishing Co., 1992, ch. 10.

附录 B
内氧化动力学的严格推导

下面是以 Wagner[1] 分析为基础的平面样品内氧化动力学的理论处理，由于考虑了溶质的逆扩散，这个处理比文中给出的更具一般性。

考虑原子氧从样品的表面 ($x = 0$) 沿着正 x 方向向内扩散并在 $x = X$ 处与向外扩散的溶质结合形成 BO_ν 的情形。相应的浓度分布曲线如图 B1 所示，假设氧化物非常稳定，在合金中的溶解产物可忽略不计，即在内氧化前沿 N_B 和 N_O 为 0。由于内氧化前沿的渗透将由氧向合金中的扩散控制，令 X 由式 (B1) 表示：

$$X = 2\gamma \sqrt{D_0 t} \tag{B1}$$

这里，γ 是给出 X 和特征扩散长度 $\sqrt{D_0 t}$ 比值的不确定参数。氧扩散的 Fick 第二定律由式 (B2) 给出：

$$\frac{\partial N_O}{\partial t} = D_O \frac{\partial^2 N_O}{\partial x^2} \tag{B2}$$

其符合下列条件，(a) 初始条件：

当 $t = 0$ 时，若 $x = 0$，则 $N_O = N_O^{(S)}$；若 $x > 0$，则 $N_O = 0$。

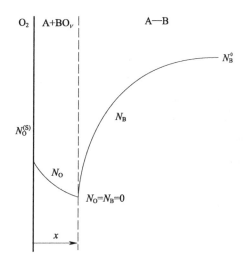

图 B1　A－B 发生内氧化时的浓度分布曲线

（b）边界条件：

当 $t = t$ 时，若 $x = 0$，则 $N_O = N_O^{(S)}$；若 $x = X$，则 $N_O = 0$。

由式（A20），式（B2）的一般解如式（B3）所示：

$$N_O = A_1 + B_1 \mathrm{erf}\left(\frac{x}{2\sqrt{D_O t}}\right) \tag{B3}$$

利用边界条件求出 A_1 和 B_1，得式（B4）：

$$N_O = N_O^{(S)}\left[1 - \frac{\mathrm{erf}\left(\dfrac{x}{2\sqrt{D_O t}}\right)}{\mathrm{erf}(\gamma)}\right] \tag{B4}$$

溶质扩散的 Fick 第二定律由式（B5）给出：

$$\frac{\partial N_B}{\partial t} = D_B \frac{\partial^2 N_B}{\partial x^2} \tag{B5}$$

符合下列条件，（a）初始条件：

当 $t = 0$ 时，若 $x < 0$，则 $N_B = 0$；若 $x > 0$，则 $N_B = N_B^0$。

（b）边界条件：

当 $t = t$ 时，若 $x = X$，则 $N_B = 0$；若 $x = \infty$，则 $N_B = N_B^0$。

式（B5）的一般解由式（B6）给出：

$$N_B = A_2 + B_2 \mathrm{erf}\left(\frac{x}{2\sqrt{D_B t}}\right) \tag{B6}$$

利用边界条件求出 A_2 和 B_2，得到式（B7）：

$$N_{\mathrm{B}} = N_{\mathrm{B}}^0 - \frac{N_{\mathrm{B}}^0\left[\,1 - \mathrm{erf}\!\left(\dfrac{x}{2\sqrt{D_{\mathrm{B}}t}}\right)\right]}{\mathrm{erfc}(\,\Theta^{1/2}\gamma)} \tag{B7}$$

这里 $\Theta \equiv D_0/D_{\mathrm{B}}$。通过写出 $x = X$ 处的流量平衡，得到内氧化动力学（即 γ），

$$\lim_{\varepsilon \to 0}\left(-D_0\,\frac{\partial N_0}{\partial x}\right)_{x = X - \varepsilon} = \nu\left(D_{\mathrm{B}}\,\frac{\partial N_{\mathrm{B}}}{\partial x}\right)_{x = X + \varepsilon} \tag{B8}$$

对式（B4）微分，得到式（B9a）或（B9b）：

$$\left(\frac{\partial N_0}{\partial x}\right)_{x = X} = -①\frac{N_0^{(\mathrm{S})}\,\cancel{2}②}{\mathrm{erf}(\gamma)\sqrt{\pi}}\,\frac{1}{\cancel{2}\,\sqrt{D_0 t}}\exp\!\left(\frac{-X^2}{4 D_0 t}\right) \tag{B9a}$$

$$\left(\frac{\partial N_0}{\partial x}\right)_{x = X} = \frac{N_0^{(\mathrm{S})}}{\mathrm{erf}(\gamma)}\,\frac{1}{\sqrt{\pi}}\,\frac{1}{\sqrt{D_0 t}}\exp(-\gamma^2) \tag{B9b}$$

对式（B7）微分，得到式（B10a）或式（B10b）：

$$\left(\frac{\partial N_{\mathrm{B}}}{\partial x}\right)_{x = X} = \frac{N_{\mathrm{B}}^0}{\mathrm{erfc}(\,\Theta^{1/2\gamma})}\,\frac{\cancel{2}}{\sqrt{\pi}}\,\frac{1}{\cancel{2}\,\sqrt{D_{\mathrm{B}} t}}\exp\!\left(\frac{-X^2}{4 D_{\mathrm{B}} t}\right) \tag{B10a}$$

$$\left(\frac{\partial N_{\mathrm{B}}}{\partial x}\right)_{x = X} = \frac{N_{\mathrm{B}}^0}{\mathrm{erfc}(\,\Theta^{1/2\gamma})}\,\frac{1}{\sqrt{\pi}}\,\frac{1}{\sqrt{D_{\mathrm{B}} t}}\exp(-\Theta\gamma^2) \tag{B10b}$$

将式（B9b）和式（B10b）代入流量平衡式（B8），得式（B11a）：

$$D_0③\,\frac{N_0^{(\mathrm{S})}}{\mathrm{erf}(\gamma)\sqrt{\pi}④\sqrt{D_0 t}}\exp(-\gamma^2)$$

$$= \nu D_{\mathrm{B}}\,\frac{N_{\mathrm{B}}^0}{\mathrm{erfc}(\,\Theta^{1/2\gamma})\sqrt{\pi}\sqrt{D_{\mathrm{B}} t}}\exp(-\Theta\gamma^2) \tag{B11a}$$

重新整理，得式（B11b）或式（B11c）：

$$\frac{N_0^{(\mathrm{S})}}{N_{\mathrm{B}}^0} = \frac{\nu D_{\mathrm{B}}}{D_0}\,\frac{\mathrm{erf}(\gamma)}{\mathrm{erfc}(\,\Theta^{1/2\gamma})}\,\frac{\exp(-\Theta\gamma^2)}{\exp(-\gamma^2)}\left(\frac{D_0}{D_{\mathrm{B}}}\right)^{1/2} \tag{B11b}$$

$$\frac{N_0^{(\mathrm{S})}}{N_{\mathrm{B}}^0} = \frac{\nu}{\Theta^{1/2}}\,\frac{\mathrm{erf}(\gamma)}{\mathrm{erfc}(\,\Theta^{1/2\gamma})}\,\frac{\exp(\gamma^2)}{\exp(\Theta\gamma^2)} \tag{B11c}$$

在任意条件下，式（B11c）可通过数值解法求解，但在两个重要的极端情况下，可通过分析求解。

情况1：溶质的逆扩散可忽略

当溶质的扩散相对于氧来说非常慢，而且氧的溶解度相对于合金中溶质的

---

① 原文此处无 "-" 号，疑有误。——译者注

② 原文为 "$\cancel{t}$"，疑有误。——译者注

③ 原文为 "$-D_0$"，疑有误。——译者注

④ 原文为 "$\mathrm{erfc}(\Theta^{1/2\gamma}\sqrt{\pi})$"，疑有误。——译者注

含量较小时，即 $\dfrac{D_B}{D_0} \ll \dfrac{N_0^{(S)}}{N_B^0} \ll 1$，相当于 $\gamma \ll 1$，$\gamma\Theta^{1/2} \gg 1$，就是这种情况。

这时式（B11c）中的项可简化，见式（B12）~式（B14）：

$$\mathrm{erf}(\gamma) = \frac{2}{\sqrt{\pi}}\gamma \tag{B12}$$

$$\exp(\gamma^2) = 1 + \gamma^2 \approx 1 \tag{B13}$$

$$\mathrm{erfc}(\gamma\Theta^{1/2}) = \frac{2}{\sqrt{\pi}}\frac{\exp(-\gamma^2\Theta)}{2\gamma\Theta^{1/2}} \tag{B14}$$

将式（B12）~式（B14）代入式（B11），得式（B15a）：

$$\frac{N_0^{(S)}}{N_B^0} = \frac{\nu}{\Theta^{1/2}}\frac{\left(\dfrac{2}{\sqrt{\pi}}\gamma\right)(1+\gamma^2)}{\dfrac{2}{\sqrt{\pi}}\dfrac{\exp(-\gamma^2\Theta)}{2\gamma\Theta^{1/2}}\exp(\Theta\gamma^2)} \tag{B15a}$$

简化，得式（B15b）或式（B15c）：

$$\frac{N_0^{(S)}}{N_B^0} = 2\nu\gamma^2 \tag{B15b}$$

$$\gamma = \left(\frac{N_0^{(S)}}{2\nu N_B^0}\right)^{1/2} \tag{B15c}$$

将式（B15c）代入式（B1），就得到了在某一给定时间内氧化区的深度，如式（B16）：

$$X = \left[\frac{2N_0^{(S)}D_0}{\nu N_B^0}t\right]^{1/2} \tag{B16}$$

这与用准稳态近似得到的式（5.9）相同。

情况2：溶质发生显著的逆扩散

对于溶质发生显著的逆扩散的情况，有近似 $\gamma \ll 1$，$\gamma\Theta^{1/2} \ll 1$ 成立，得到表达式（B17）~式（B19）：

$$\mathrm{erf}(\gamma) = \frac{2}{\sqrt{\pi}}\gamma \tag{B17}$$

$$\mathrm{erfc}(\gamma\Theta^{1/2}) = 1 - \frac{2}{\sqrt{\pi}}\gamma\Theta^{1/2} \approx 1 \tag{B18}$$

$$\exp(\gamma^2) \approx \exp(\gamma^2\Theta) \approx 1 \tag{B19}$$

将这些公式代入式（B11c），得式（B20a）和式（B20b）：

$$\frac{N_0^{(S)}}{N_B^0} = \frac{\nu}{\Theta^{1/2}}\frac{\dfrac{2}{\sqrt{\pi}}\gamma}{1}\left(\frac{1}{1}\right) \tag{B20a}$$

$$\gamma = \frac{\sqrt{\pi}\Theta^{1/2}N_0^{(S)}}{2\nu N_B^0}$$ (B20b)

Böhm 和 Kahlweit[2] 给出了内氧化动力学的更一般的处理，考虑了在合金基体中含有有限的氧化物溶解产物的情形，对 Wagner 分析进行了修正。在这种情形下，主要的区别在于在反应前沿 N_B 和 N_0 不为零，反应前沿前面的合金中氧浓度保持在有限值。Laflamme 和 Morral[3] 对氧化物具有大量溶解产物的情形进行了处理。

Morral[4] 对 Wagner 分析进行了评论，指出图 B1 所示的浓度分布曲线违背了局部平衡的原理，对于溶解产物为零的情形，溶质在内氧化区的富集是不可能的。对这个问题的分析不在本书的阐述范围，但应该指出大量实验观察与以 Wagner 模型为基础所得到的结论是一致的。

□ 参考文献

1. C. Wagner, *Z. Elektrochem.*, **63**(1959), 772.

2. G. Böhm and M. Kahlweit, *Acta met.*, **12**(1964), 641.

3. G. R. Laflamme and J. E. Morral, *Acta met.*, **26**(1978), 1791.

4. J. E. Morral, *Mater. High Temp.*, **20**(2003), 275.

附录 C
掺杂对氧化物缺陷
结构的影响

有关高温氧化的书籍的正文中通常涵盖非化学计量化合物的缺陷结构理论的这个方面。掺杂不仅本身是一个有趣的课题，而且对于离子化合物的物理化学和电化学研究极其重要。我们认为，就高温氧化的入门书来说，由于通过掺杂的溶解控制氧化物中的离子和电子的传输性质从而控制氧化速率不是发展抗氧化合金的常用方法，因此这个主题应该放在附录中进行讨论，这样既可恰当地涵盖这方面的内容，又不过分强调它的重要性。

在下面的讨论中，选用 ZnO 作为典型的 n 型氧化物，选用 NiO 作为典型的 p 型氧化物。

负(n 型)氧化物

氧化物本来的缺陷结构包含过剩的间隙阳离子和导带电子，可由式(C1)和(C2)表示：

$$ZnO \Longrightarrow Zn_i^{\cdot} + e' + \frac{1}{2}O_2(g) \tag{C1}$$

$$ZnO \Longrightarrow Zn_i^{\cdot\cdot} + 2e' + \frac{1}{2}O_2(g) \tag{C2}$$

为了表示一个更正的阳离子进入到 ZnO 晶格，把 Al_2O_3 看作掺杂氧化物。Al_2O_3 在 ZnO 中的溶解以两种方式进行。

（a）Al^{3+} 占据正常的 Zn^{2+} 的格位。由于只有两个相应的阴离子格位提供给三个氧离子，因此其中一个氧离子必须放电，向气氛中释放氧，并将两个电子放入导带中，如式（C3）：

$$Al_2O_3 = 2\,Al_{Zn}^{\cdot} + 2e' + 2O_O^X + \frac{1}{2}O_2(g) \qquad (C3)$$

（b）过剩电子进入导带打乱了它们按式（C1）和式（C2）与间隙锌离子达到的平衡，因此 Al_2O_3 还按照式（C4）或式（C5）的方式溶解从而消除一些间隙锌离子：

$$Al_2O_3 + Zn_i^{\cdot\cdot} = 2\,Al_{Zn}^{\cdot} + 3O_O^X + Zn_{Zn}^X \qquad (C4)$$

$$Al_2O_3 + Zn_i^{\cdot} = 2\,Al_{Zn}^{\cdot} + e' + 3O_O^X + Zn_{Zn}^X \qquad (C5)$$

用 Al_2O_3 即高阳离子电荷的氧化物掺杂 ZnO 的总的结果，是降低了间隙阳离子的浓度，并增加导带电子的浓度，因此降低了阳离子电导率，增加了电子的电导率。这样一个结果将会导致形成这样的氧化物的合金表面的氧化物的生长速率下降。

为了表示一个低价态的离子进入到 ZnO 晶格，考虑氧化锂（Li_2O）的溶解，也以两种方式进行。

（a）两个 Li^+ 占据正常的 Zn^{2+} 的格位，而只有一个阴离子格位被占据。通过从气氛中得到 O_2 并从导带中获取电子使其离化来填充第二个阴离子格位：

$$Li_2O + 2e' + \frac{1}{2}O_2(g) = 2\,Li_{Zn}' + 2O_O^X \qquad (C6)$$

（b）由于导带电子的移走打乱了式（C1）和式（C2）的平衡条件，一个相伴的机制为两个 Li^+ 替代一个阳离子格位上的 Zn^{2+}，并释放氧，见式（C7a）或式（C7b）：

$$Li_2O + 2Zn_{Zn}^X = 2\,Li_{Zn}' + 2\,Zn_i^{\cdot} + \frac{1}{2}O_2(g) \qquad (C7a)$$

$$Li_2O + 2Zn_{Zn}^X = 2\,Li_{Zn}' + O_O^X + 2\,Zn_i^{\cdot} \qquad (C7b)$$

这与式（C6）的机制同时发生，以维持导带电子和间隙锌离子之间的平衡。

净结果为增加了间隙锌离子的浓度，降低了导带电子的浓度，从而提高了阳离子电导率，降低了电子的电导率，因此这种掺杂将导致氧化速率增加。

当 n 型导电行为由阴离子空位的存在引起时，也能发生类似的掺杂反应，如式（C8）：

$$MO = V_O^{\cdot\cdot} + 2e' + \frac{1}{2}O_2(g) + M_M^X \qquad (C8)$$

相应的与 Al_2O_3 的掺杂反应如式(C9)和(C10)所示:

$$Al_2O_3 + V_O^{\cdot\cdot} = 2\,Al_M' + 3O_O^X \tag{C9}$$

$$Al_2O_3 = 2Al_M' + 2e' + 2O_O^X + \frac{1}{2}O_2(g) \tag{C10}$$

与 Li_2O 的掺杂反应如式(C11)和(C12)所示:

$$Li_2O + 2e' + \frac{1}{2}O_2(g) = 2\,Li_M' + 2O_O^X \tag{C11}$$

$$Li_2O = 2\,Li_M' + V_O^{\cdot\cdot} + O_O^X \tag{C12}$$

正(p型)氧化物

本征缺陷结构包含阳离子空位和电子空穴,以 NiO 为例,用式(C13)表示:

$$\frac{1}{2}O_2(g) = O_O^X + V_{Ni}'' + 2h^{\cdot} \tag{C13}$$

与 n 型氧化物类似,可进行比镍价态高(例如 Al^{3+})和低(例如 Li^+)的阳离子的溶解的推导,如下。

为保持式(C13)的平衡,Al_2O_3 的溶解可以两种方式同时进行:

(a) 两个 Al^{3+} 占据正常的镍格位,来自 Al_2O_3 的过剩的氧以氧气的形式释放出来,贡献出两个电子,中和两个电子空穴。

$$Al_2O_3 + 2h^{\cdot} = 2\,Al_{Ni}^{\cdot} + 2O_O^X + \frac{1}{2}O_2(g) \tag{C14}$$

(b) 两个 Al^{3+} 占据正常的镍离子格位,三个氧离子占据正常的氧离子格位,从而产生镍离子空位,见式(C15):

$$Al_2O_3 = 2\,Al_{Ni}^{\cdot} + V_{Ni}'' + 3O_O^X \tag{C15}$$

因此高价阳离子在阳离子不足的 p 型氧化物例如 NiO 中的溶解,导致更多的阳离子空位产生和电子空穴浓度的降低,因此增加了阳离子电导率,降低了电子电导率,净效果为增加氧化速率,至少在晶格扩散为速率控制步骤的情况下是这样。

按照同样的思路考虑低价阳离子溶解的影响,例如选用 Li_2O 时,有如下的可能性;

(a) 两个 Li^+ 占据正常的镍格位,来自气相的一个氧原子离化,填充第二个阴离子格位,产生两个电子空穴,见式(C16):

$$Li_2O + \frac{1}{2}O_2(g) = 2\,Li_{Ni}' + 2h^{\cdot} + 2O_O^X \tag{C16}$$

(b) 两个 Li^+ 中的一个占据镍空位,式(C17):

$$Li_2O + V_{Ni}'' = 2\,Li_{Ni}' + O_O^X \tag{C17}$$

净结果是消耗了镍空位,产生了电子空穴来维持式(C13)的平衡。因而,降低了阳离子电导率，提高了电子的电导率，相应地降低了氧化速率。

还可能按式(C18)通过过剩的间隙阴离子产生 p 型行为，

$$\frac{1}{2}O_2(g) = O_i'' + 2h^{\cdot①} \tag{C18}$$

然而由于将一个大氧离子移动到间隙位置涉及高的应变能，因此这样的例子的数量非常有限。

为了保持式(C18)的平衡，相应的 Al_2O_3 和 Li_2O 在具有过剩阴离子的 p 型氧化物 MO 中的溶解机制应如下：

(a) Al_2O_3 的溶解按式(C19)和(C20)进行：

$$Al_2O_3 = 2\,Al_M^{\cdot} + 2O_O^X + O_i'' \tag{C19}$$

$$Al_2O_3 + 2h^{\cdot} = 2\,Al_M^{\cdot} + 2O_O^X + \frac{1}{2}O_2(g) \tag{C20}$$

这将导致间隙氧离子增加，离子电导率升高，电子空穴浓度降低，电子电导率下降。

(b) Li_2O 的溶解按式(C21)和(C22)进行：

$$Li_2O + O_i'' = 2\,Li_M' + 2O_O^X \tag{C21}$$

$$Li_2O + \frac{1}{2}O_2(g) = 2\,Li_M' + 2h^{\cdot} + 2O_O^X \tag{C22}$$

这将导致间隙阴离子浓度和离子电导率降低，电子空穴浓度增加，相应的电子电导率增加。

---

① 原文为 2h，疑有误。——译者注

索 引

材料科学经典著作选译

已经出版

非线性光学晶体手册（第三版，修订版）
V. G. Dmitriev, G. G. Gurzadyan, D. N. Nikogosyan
王继扬 译，吴以成 校

ISBN 978-7-04-027780-7

非线性光学晶体：一份完整的总结
David N. Nikogosyan
王继扬 译，吴以成 校

ISBN 978-7-04-027779-1

脆性固体断裂力学（第二版）
Brian Lawn
龚江宏 译

ISBN 978-7-04-025379-5

凝固原理（第四版，修订版）
W. Kurz, D. J. Fisher
李建国　胡侨丹 译

ISBN 978-7-04-028879-7

陶瓷导论（第二版）
W. D. Kingery, H. K. Bowen, D. R. Uhlmann
清华大学新型陶瓷与精细工艺国家重点实验室　译

ISBN 978-7-04-025600-0

晶体结构精修：晶体学者的SHELXL软件指南（附光盘）
P. Müller, R. Herbst-Irmer, A. L. Spek, T. R. Schneider,
M. R. Sawaya
陈昊鸿 译，赵景泰 校

ISBN 978-7-04-028880-3

金属塑性成形导论
Reiner Kopp, Herbert Wiegels
康永林　洪慧平 译，鹿守理 审校

ISBN 978-7-04-028136-1

金属高温氧化导论（第二版）
Neil Birks, Gerald H. Meier, Frederick S. Pettit
辛丽　王文 译，吴维㽞 审校

ISBN 978-7-04-030273-8

金属和合金中的相变（第三版）
David A.Porter, Kenneth E. Easterling, Mohamed Y. Sherif
陈冷　余永宁 译

ISBN 978-7-04-030567-8

电子显微镜中的电子能量损失谱学（第二版）
R. F. Egerton
段晓峰　高尚鹏　张志华　谢琳　王自强 译

ISBN 978-7-04-031535-6

纳米结构和纳米材料：合成、性能及应用（第二版）
Guozhong Cao, Ying Wang
董星龙 译

ISBN 978-7-04-032624-6

焊接冶金学（第二版）
Sindo Kou
闫久春　杨建国　张广军　译

ISBN 978-7-04-030127-4

晶体材料中的界面
A. P. Sutton, R. W. Balluffi
叶飞　顾新福　邱冬　张敏　译

ISBN 978-7-04-043153-7

透射电子显微学（第二版，上册）
David B. Williams, C. Barry Carter
李建奇　等　译

ISBN 978-7-04-043150-6

粉末衍射理论与实践
R. E. Dinnebier, S. J. L. Billinge
陈昊鸿　雷芳　译，陈昊鸿　校

ISBN 978-7-04-044970-9

材料力学行为（第二版）
Marc Meyers, Krishan Chawla
张哲峰　卢磊　等　译，王中光　校

ISBN 978-7-04-046336-1

晶体生长初步：成核、晶体生长和外延基础（第二版）
Ivan V. Markov
牛刚　王志明　译

ISBN 978-7-04-050061-5

固态表面、界面与薄膜（第六版）
Hans Lüth
王聪　孙莹　王蕾　译

ISBN 978-7-04-047854-9

透射电子显微学（第二版，下册）
David B. Williams, C. Barry Carter
李建奇　等　译

ISBN 978-7-04-052413-0

发光材料
G. Blasse, B. C. Grabmaier
陈昊鸿　李江　译，陈昊鸿　校

ISBN 978-7-04-052656-1

高分子相变：亚稳态的重要性
Stephen Z. D. Cheng
沈志豪　译，何平笙　校

ISBN 978-7-04-053520-4

即将出版

先进陶瓷制备工艺
M. N. Rahaman
宁晓山　译

水泥化学（第三版）
H. F. W. Taylor
沈晓冬　陈益民　许仲梓　译

材料的结构（第二版）
Marc De Graef, Michael E. McHenry
李含冬　王志明　译

位错导论（第五版）
D. Hull，D. J. Bacon
黄晓旭　吴桂林　译

轻金属材料：轻金属物理冶金（第五版）
Ian Polmear, David StJohn, Jian-Feng Nie, Ma Qian
严明　赵大鹏　杨柯　译

郑重声明

高等教育出版社依法对本书享有专有出版权。任何未经许可的复制、销售行为均违反《中华人民共和国著作权法》，其行为人将承担相应的民事责任和行政责任；构成犯罪的，将被依法追究刑事责任。为了维护市场秩序，保护读者的合法权益，避免读者误用盗版书造成不良后果，我社将配合行政执法部门和司法机关对违法犯罪的单位和个人进行严厉打击。社会各界人士如发现上述侵权行为，希望及时举报，我社将奖励举报有功人员。

反盗版举报电话	(010)58581999　58582371
反盗版举报邮箱	dd@hep.com.cn
通信地址	北京市西城区德外大街4号
	高等教育出版社知识产权与法律事务部
邮政编码	100120

策划编辑	刘剑波
责任编辑	董淑静
封面设计	刘晓翔
责任绘图	尹　莉
版式设计	张　岚
责任校对	刘　莉
责任印制	高　峰